高等教育 装配式建筑系列教材

装配式混凝土建筑深化设计

ZHUANGPEISHI HUNNINGTU JIANZHU SHENHUA SHEJI

主　编
王　鑫　吴文勇　李洪涛　郑卫锋

副主编
高华锋　王奇龙　李文军　宋发浩

U0280386

重庆大学出版社

内容提要

本书是"高等教育装配式建筑系列教材"之一。全书分为"装配式混凝土结构深化设计原理"和"装配式混凝土结构深化设计实训"两个部分，从理论和实践两个方面详细阐述了装配式混凝土结构深化设计的原理和方法，分别介绍了深化设计概述、预制混凝土构件深化设计、装配式剪力墙结构深化设计、装配整体式框架结构深化设计、装配式混凝土结构深化设计实例等内容。

本书可作为高校土木工程、建筑工程技术专业及相关专业的教材使用，也可作为建筑从业人员培训和自学用书。

图书在版编目(CIP)数据

装配式混凝土建筑深化设计/王鑫等主编. --重庆：
重庆大学出版社,2020.11(2022.1重印)
高等教育装配式建筑系列教材
ISBN 978-7-5689-2454-2

Ⅰ.①装… Ⅱ.①王… Ⅲ.①装配式混凝土结构—结构设计—高等学校—教材 Ⅳ.①TU37

中国版本图书馆 CIP 数据核字(2020)第 181963 号

高等教育装配式建筑系列教材
装配式混凝土建筑深化设计
主　编　王　鑫　吴文勇　李洪涛　郑卫锋
副主编　高华锋　王奇龙　李文军　宋发浩
策划编辑：林青山
责任编辑：肖乾泉　姜　凤　　　版式设计：林青山
责任校对：邹　忌　　　　　责任印制：赵　晟

*

重庆大学出版社出版发行
出版人：饶帮华
社址：重庆市沙坪坝区大学城西路 21 号
邮编：401331
电话：(023)88617190　88617185(中小学)
传真：(023)88617186　88617166
网址：http://www.cqup.com.cn
邮箱：fxk@cqup.com.cn(营销中心)
全国新华书店经销
重庆荟文印务有限公司印刷

*

开本：787mm×1092mm　1/16　印张：20.25　字数：520 千
2020 年 11 月第 1 版　　2022 年 1 月第 2 次印刷
印数：2 001—5 000
ISBN 978-7-5689-2454-2　定价：55.00 元

编委会

前　言

Preface

20 世纪 80 年代经历的第一次建造革命:计算机辅助设计,采用了有限元计算和 CAD 绘图,开启了我国大基建的时代。当前面临的第二次建造革命:数字化和工业化,采用 BIM 技术,像造汽车一样建房子。BIM 技术是实现数字化的基本技术。装配式建筑是建筑工业化的重要抓手,大力发展装配式建筑可实现标准化设计、工厂化生产、装配化施工、一体化装修和信息化管理,以达到"两提两减"的目标,即提高质量和效率,减少污染和人工。

2016 年 2 月 6 日发布的《中共中央　国务院关于进一步加强城市规划建设管理工作的若干意见》及 2016 年 9 月 27 日国务院常务会议审议通过的《关于大力发展装配式建筑的指导意见》中提出:10 年内我国新建建筑中,装配式建筑比例将达到 30%。由此,我国每年将建造几亿平方米的装配式建筑,其规模和发展速度在世界建筑产业化进程中是前所未有的,我国建筑业面临巨大的转型和产业升级的压力。转型和升级中人才培养需要先行,各高等院校承担主要的人才培养的责任,建筑类毕业生必须掌握一定的装配式建筑知识,众多院校已着手基础课程改革,增加装配式建筑的教学内容。

装配式建造涉及设计、制造和施工 3 个环节,设计是龙头,其中装配式深化设计是整个建造的关键。结构设计和结构识图课程都要学习装配式深化设计,掌握装配式建筑深化设计的基本原理。

为了大力推进装配式建筑深化设计技术,指导高等院校和企业正确掌握装配式建筑深化设计原理和方法,便于工程技术人员在工程实践中操作和应用,我们编写了《装配式混凝土建筑深化设计》这本教材。本书主要由辽宁城市建设职业技术学院、深圳市广厦科技有限公司和广联达科技股份有限公司共同编写完成。其中,上篇(第 1—4 章)由辽宁城市建设职业技术学院王鑫编写;下篇(第 5 章)由深圳市广厦科技有限公司吴文勇和广联达科技股份有限公司李洪涛、郑卫锋编写。本书内容分为"装配式混凝土结构深化设计原理"和"装配式混凝土结构深化设计实训"两个部分,从理论和实践两个方面详细阐述了装配式混凝土结构深化设计的原理和方法。本书可作为工程技术人员和高校教师、学生学习装配式建筑深化设计的入门教材。

本项目化教材是 2019 年度辽宁省教育厅科学研究立项课题"基于全产业链模式的装配式建筑人才培养模式研究"(项目编号:lncj2019-03,主持人:王鑫,辽教办〔2019〕117 号)的研究成果。

由于编者水平有限,书中难免存在疏漏之处,恳请广大读者批评指正。

编　者
2020 年 2 月

目 录

Contents

上篇　装配式混凝土结构深化设计原理

下篇　装配式混凝土结构深化设计实训

上篇
装配式混凝土结构深化设计原理

第1章 深化设计概述

1.1 装配式深化设计现状及发展趋势

1.1.1 国内深化设计现状

在装配式建筑设计中，传统的二维设计图纸首先从平面图开始设计，然后绘制立面图、剖面图，再根据项目进度以及业主的要求来更改所有的图纸，设计周期长、出图量大且细节设计不精密，容易出现失误导致施工无法开展。而 BIM 技术则可改变这种设计方式，建筑师虚拟化设计建筑，模型是设计过程的核心而不是图纸，所需的图纸都可以直接从模型中生成，然后做出十分详细的图纸，如用剖面工具创建墙体详图、用详图索引工具创建屋顶详图等，在此基础上使用包含的数据量也是二维图纸所无法比拟的。常见的基于 BIM 技术的应用软件有 Architecture,Autodesk Revit,Rhinoceros,Tekal,SolidWorks 及 Sketchup 等，还有一些基于 Revit 和 CAD 的插件，包括广厦的 GSRevit、嗡嗡科技的 BeePC 及橄榄山快模等。其中，上述 BIM 软件又适用于不同的建筑类型，Architecture 功能强大，集 3D 建模展示、方案和施工图于一体，使用较为复杂；Autodesk

Revit 广泛用于创建民用建筑;Rhinoceros 则应用于工业设计;Tekal 应用于钢结构设计;Solid-Works 主要应用于装配式深化设计的模具设计;Sketchup 则广泛用于创建建筑方案和园林设计。基于以上建模软件,运用三维建筑设计方式,构建包括建筑、结构、给排水、暖通空调、电气设备、消防等多专业信息的 BIM 模型,可直观地展现整个建筑物的各个构件连接、细节做法和管线布置等,使设计人员可以更加清晰地掌握整个项目的设计节奏。在装配式建筑设计中要求设计精密化,要全面实现精细化设计、产品化加工和精密化装配,而 BIM 技术的应用优势和建筑工业化的"精密建造"特点高度契合,可以实现精细化设计,大大提高初步设计效率。

在装配式建筑设计时会不可避免地出现一些误差,利用 BIM 技术可进行可视化模拟施工,根据精准的数据使用 Navisworks 进行三维动态模仿并进行碰撞检测,处理可能出现的各类碰撞接触问题。可视化设计可提前将设计结果通过模型的方式展现出来,将设计模型与设计的实际结果相对比,能有效地避免设计中的失误或检测误差所造成的损失,便于低成本检测和修改。通过 Revit 将构件组装成三维立体模型,导入 Navisworks 进行预制构件模型之间的碰撞检查,碰撞检测完成后管理器对话框会将所有碰撞结果全部列出来,包括预制构件名称、碰撞的轴网交点、构件及对象的 ID 等。通过对这些问题的检查,有效识别、检验和报告三维项目模型中的碰撞冲突,避免审图过程中审查不清,漏审、难审、审图出错问题,减少审图人员工作量,发现建筑构件、连接节点和钢筋位置间距、厚度等问题,及时交予设计人员修改调整,可有效减小工程支出,降低各类施工损失,从根源上提升施工的效率及质量。

在装配式建筑的深化设计过程中,使用 BIM 技术可以实现建筑设计信息的开放与共享。运用 BIM 技术建立一个信息共享平台,在这个平台上各专业设计工程师共同建模、共同修改、共享信息及协同设计。这个信息共享平台最大的价值在于建筑项目的信息化和协同办理,为参加的各方提供了一个三维规划信息交互的渠道,将不同专业的规划模型在同一渠道上交互合并,让各方可以进行协同作业。任何一个专业出现设计误差或者设计修改,其他专业均可及时获取信息并进行处理。同时,不同专业的设计师可以在同一平台上分工合作,按照一定的标准和原则进行设计,可以大大提高设计精度和效率。针对全部建筑规划周期中的多专业协同规划,各专业将建好的 BIM 模型导入 BIM 问题软件,对施工流程进行模仿,展开施工问题查看,然后对问题点仔细剖析、扫除及评论,处理因信息不互通形成的各专业规划抵触,优化工程规划,在项目施工前预先处理问题,削减不必要的设计变更与返工。设计人员将装配式建筑的设计方案上传到项目的"云端"服务器后,在云端进行建筑构件的尺寸、样式等信息的整合,并建立各类预制构件"族"库。建立预制构件"族"库有助于装配式建筑通用设计规范和设计标准的设立。随着云端服务器中的"族"不断地增加,设计人员将同类型"族"进行对比优化后就可形成装配式建筑预制构件的标准形状和模数尺寸。利用各类标准化的"族"库,设计人员可以积累和丰富装配式建筑的设计户型,节约户型设计和调整的时间,更好地满足居住者对装配式建筑户型规格多样化的需求。

1.1.2　国外深化设计现状

Allplan 是德国内梅切克工程有限公司开发的混凝土预制构件深化设计专业软件,在欧洲预制构件设计和生产单位的使用率大于 90%。国内企业主要使用 Allplan 软件的预制构件设计和构件生产两项功能。预制构件深化设计主要用到 Allplan 软件的 4 个主要模块:基本模块、建筑模块、工程模块及预制模块。

基本模块主要进行草图绘制、文本、尺寸标注及页面布局。建筑模块中将二维 CAD,PDF 等格式的图纸数据导入软件,进行项目参数的定义,快速建立组装楼层 3D 建筑模型。在预制模块中进行装配式建筑预制构件的拆分、深化图纸的设计和生产计划的安排。工程模块主要进行现浇结构钢筋及预制构件中特殊钢筋的布置。Allplan 深化设计成果中的列表发生器、报告和图例功能可一键导出企业所需的物料清单,导出的 Unitechnik 数据可直接对接生产企业生产管理系统。应用 Allplan 进行预制构件深化设计可实现从建筑设计到生产管理的全流程把控,保证数据在各阶段的准确传递。

剪力墙结构为全部或部分剪力墙采用双面叠合墙板,基于 Allplan 的双面叠合剪力墙结构深化设计流程,通过可靠连接并与现场后浇混凝土形成整体的装配整体式混凝土剪力墙结构。主要预制构件类型有竖向构件采用双面叠合墙板和水平构件采用叠合楼板两种。双面叠合墙板和叠合楼板均为板式构件,宜采用自动化流水线生产,是符合工业化发展方向的建筑产品。流水线生产能大幅减少人工、提高生产效率和构件质量。

采用网络版的 Allplan 进行深化设计时,需配置一个关键用户,关键用户为项目其他设计人员分配权限,各设计人员在同一项目组不同的图纸文件中进行独立设计,实现了项目组内既协同工作又互不影响。为了保证最后生成图纸的标准化,如线宽、线型、文字高度与样式、钢筋显示样式等的统一,在建模之前先由关键用户配置选项文件,其他设计人员只需从工具选项导入配置。同时,设计人员也可根据个人的工作习惯进行个性化快捷键设置。

1.2　装配式建筑结构体

该结构体涉及两个名词解释:一是装配式混凝土结构;二是装配整体式混凝土结构。

1) 装配式混凝土结构

根据《装配式混凝土结构技术规程》(JGJ 1—2014) 的定义,装配式混凝土结构是由预制混凝土构件通过可靠的连接方式装配而成的混凝土结构,包括装配整体式混凝土结构、全装配混凝土结构等。在建筑工程中,其简称为装配式建筑;在结构工程中,其简称为装配式结构。

2) 装配整体式混凝土结构

根据《装配式混凝土结构技术规程》(JGJ 1—2014) 的定义,装配整体式混凝土结构是由混凝土预制构件通过各种可靠的方式连接并与现场后浇混凝土、水泥基灌浆料形成整体受力的装配式混凝土结构。

装配式混凝土结构从结构形式的角度分类,主要分为框架结构、剪力墙结构、框架-剪力墙结构、框架-核心筒结构等。

1.2.1　装配整体式混凝土框架结构

全部或部分框架梁、柱采用预制构件构建成的装配整体式混凝土结构,简称装配整体式框架结构。

框架结构是由梁和柱连接而成的。梁柱交接处的框架节点通常为刚接,有时也将部分节点做成铰接或半铰接。柱底一般为固定支座,必要时也可设计成铰支座。为利于结构受力,框架梁宜拉通、对直,框架柱宜纵横对齐、上下对中,梁柱轴线宜在同一竖向平面内。有时由于使用功能或建筑造型上的要求,框架结构也可做成缺梁、内收或梁斜向布置等。

　　框架结构的平面布置既要满足生产施工和建筑平面布置的要求,又要使结构受力合理、施工方便,以加快施工进度、降低工程造价。

　　建筑设计及结构布置时既要考虑构件的最大长度和最大重量,使之满足吊装、运输设备的限制条件,又要考虑构件尺寸的模数化、标准化,并尽量减少规格种类,以满足工厂化生产的要求,提高生产效率。

　　装配整体式框架结构主要适用于低层和多层建筑。因此,装配整体式框架结构主要应用于厂房、仓库、商场、停车场、办公楼、教学楼、医务楼、商务楼等。这些结构具有开敞的大空间和相对灵活的室内布局,同时建筑总高度不高。

1.2.2　装配整体式混凝土剪力墙结构

　　全部或部分剪力墙采用预制墙板构建成的装配整体式混凝土结构,简称装配整体式剪力墙结构。

　　按照主要受力构件的预制及连接方式,国内的装配式剪力墙结构可分为装配整体式剪力墙结构、叠合剪力墙结构和多层剪力墙结构3种。装配整体式剪力墙结构整体性好,承载力及侧向刚度大,适用于高层建筑;叠合剪力墙结构目前主要应用于多层建筑或低烈度区高层建筑中;多层剪力墙结构目前应用较少,但基于其高效、简便的特点,在新型城镇化的推进过程中前景广阔。

1.2.3　装配式混凝土框架-剪力墙结构

　　装配式混凝土框架-剪力墙结构计算中采用了楼板平面刚度无限大的假定,即认为楼板在自身平面内是不变形的。水平力通过楼板按抗侧力刚度分配到剪力墙和框架。剪力墙的刚度大、承受了大部分水平力,因而在地震作用下,剪力墙是框架剪力墙结构的第一道防线、框架是第二道防线。

　　装配式混凝土框架-剪力墙结构体系兼有框架结构和剪力墙结构的特点,该体系中剪力墙和框架布置灵活,适用高度较高,可满足不同建筑功能的要求,可广泛应用于居住建筑、商业建筑、办公建筑、工业厂房等,有利于用户个性化室内空间的改造。

1.2.4　装配式混凝土框架-核心筒结构

　　装配式混凝土框架-核心筒结构体系在建筑空间使用上可起到很好的优化整体,提供宽敞空间的作用。电梯、楼梯、设备用房以及卫生间、茶炉房等服务型用房均向平面中心靠拢,那么相应的办公或居住空间就会拥有最佳的采光位置,视线良好。

1.3　装配式深化设计业务流程

　　装配式深化设计在进行构件设计的过程中,就是对原设计图纸的设计工作,为了促进设计图纸的深化,通常会参考很多不同的意见,进而将这些意见和建议进行整合,最终完成装配式深化设计图纸。其主要参考的对象包括建筑的业主及设计者,同时还有深化构件的生产单位、施工单位等参建各方。而在形成最终的图纸之前,还要经过原来设计单位的复核工作,只有得到了原单位的认可,才能保证深化设计图纸的最终完成,如图1.1所示。

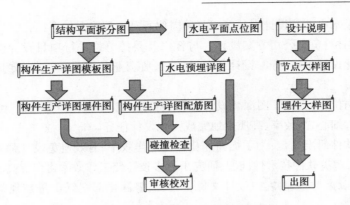

图 1.1 装配式深化设计业务流程图

等到深化设计图纸通过设计完成后,还要进行反复的施工深化设计复核方面的工作。构件生产单位以及施工单位的每项需求,均须经过深化设计单位各个专业协同复核,才能保证工业化建筑在最终完成之后,在结构方面拥有极高的安全性,否则影响工业化建筑在进行使用后,建筑构件与结构钢筋、水电预埋等产生碰撞,不利于日常工作的开展。为了确保建筑符合结构安全以及施工使用要求,调整、复核等方面的工作,施工单位、构件生产单位必须进行不断地循环,从而符合深化设计方面的工作。

例如,从原设计单位下发到深化设计单位的原设计图纸,一部分的建筑、结构、水、暖、电等图纸都是一样的,原本深化设计图纸可只根据原设计图纸设计出一套图纸,但因项目太大,施工单位和构件生产单位有多个,每一单位的施工方式和生产方式不同,可能导致深化设计图纸要设计两套甚至多套。

1.4 装配式深化设计内容

装配式建筑设计在深化过程阶段,要将整体结构拆分成多个部分,进行更细致地设计和检查。根据功能与受力的不同,构件主要分为垂直构件、水平构件及非受力构件。垂直构件主要是预制剪力墙等;水平构件主要包括预制楼板、预制阳台空调板、预制楼梯等;非受力构件包括PCF外墙板及丰富建筑外立面、提升建筑整体美观性的装饰构件等。对构件的科学拆分是装配式建筑标准化设计的核心环节,构件拆分对建筑功能、建筑平立面、主体结构受力状况、预制构件承载能力、工程造价等都会产生重大影响。在具体设计过程中,应根据"模数协调原则"优化各预制构件的尺寸和拆分位置,尽量减少预制构件的种类,实现工厂生产和现场装配的有效衔接,保证房屋在建设过程中使用的是最优方案。在项目中根据工程结构特点、建筑结构图及甲方要求,出具拆分设计图纸,主要包括构件拆分深化设计说明、项目工程平面拆分图、项目工程拼装节点详图、项目工程墙身构造详图、项目工程量清单明细、构件结构详图、构件细部节点详图、构件吊装详图、构件预埋件埋设详图,然后进行构件拆分。

1.5 装配式深化设计岗位能力

装配式深化设计的岗位包含方案设计岗位、深化设计岗位、深化设计软件研发岗位、现场与构件生产岗位以及水电消防设计岗位等。每种岗位所对应的能力如下：

①方案设计岗位：负责公司方案设计。与客户及委托单位进行项目设计沟通，完成原方案基础上的方案深化设计工作，分配设计任务及流程，负责业务洽谈和深化部门完成的施工图审查工作。

②深化设计岗位：负责施工图深化设计工作，将方案部与客户和委托设计理念及要求深化到施工图上，完整、细心、高效率、高质量地完成深化设计任务。

③深化设计软件研发岗位：为了提高深化设计工作效率，有效避免设计师脑力浪费，负责开发 CAD 二次插件，解决软件技术性问题，研究出更多技巧使工作效率得以提高，同时负责整理项目备案、施工图资源素材整理，客户设计文件备案，监督深化部图纸质量与规范，以控制施工图质量与深度。

④现场与构件生产岗位：主要负责每个项目的技术指导与现场施工的问题解决，致力配合委托单位完成施工现场交底及后期图纸修改的调整工作。

⑤水电消防设计岗位：负责水电设计、消防施工图设计等工作，负责水电碰撞检查。

章节测验

1. 选择题

（1）在欧洲，预制构件设计和生产单位的使用率大于（　　）。

A. 60%　　　　　　B. 75%　　　　　　C. 85%　　　　　　D. 90%

（2）国内企业主要使用 Allplan 软件的预制构件设计和构件生产两项功能。预制构件深化设计主要用到 Allplan 的 4 个主要模块：基本模块、（　　）、工程模块及预制模块。

A. 结构模块　　　　B. 施工模块　　　　C. 基础模块　　　　D. 建筑模块

（3）Allplan 是（　　）内梅切克工程有限公司开发的混凝土预制构件深化设计专业软件。

A. 美国　　　　　　B. 法国　　　　　　C. 中国　　　　　　D. 德国

（4）（　　）的平面布置既要满足生产施工和建筑平面布置的要求，又要使结构受力合理、施工方便，以加快施工进度、降低工程造价。

A. 框架结构　　　　B. 剪力墙结构　　　　C. 框架-剪力墙结构　　　D. 框架-核心筒结构

（5）（　　）结构体系在建筑空间使用上可以起到很好的优化整体，提供宽敞空间的作用。电梯、楼梯、设备用房以及卫生间、茶炉房等服务型用房均向平面中心靠拢，那么相应的办公或者居住空间就会拥有最佳的采光位置，视线良好。

A. 装配整体式混凝土框架结构　　　　　　B. 装配整体式混凝土剪力墙结构

C. 装配式混凝土框架-剪力墙结构　　　　D. 装配式混凝土框架-核心筒结构

2. 填空题

（1）装配式混凝土结构从结构形式的角度分类，主要分为剪力墙结构、框架结构、_____、_____、_____。

（2）装配整体式框架结构主要适用于_____建筑。

（3）根据功能与受力的不同，构件主要分为_____、_____及非受力构件；垂直构件主要是预制剪力墙等；水平构件主要包括预制楼板、预制阳台空调板、预制楼梯等。

（4）_____主要应用于厂房、仓库、商场、停车场、办公楼、教学楼、医务楼、商务楼等。

这些结构具有开敞的大空间和相对灵活的室内布局,同时建筑总高度不高。

(5)装配式建筑深化设计的岗位包含方案设计岗位、_____、深化设计软件研发岗位、现场与构件生产岗位以及_____等。

3. 简答题

(1)什么是装配整体式混凝土结构?

(2)什么是装配整体式混凝土剪力墙结构?

(3)装配式深化设计岗位包括哪些内容?

第2章 预制混凝土构件深化设计

2.1 预制混凝土构件的设计过程简介

2.1.1 预制构件生产的基本规定

1）深化设计方案的制订

在项目建筑、结构、水暖电和装饰装修方案定稿后，深化设计人员开始进行深化方案设计，确认深化的种类和部位，绘制各楼层的深化设计平面布置图。在制订方案的过程中，深化设计人员应尽可能充分且深度地思考如何避免或减少生产、运输、施工等项目开展后，在项目进行的各阶段中会发生或可能发生的问题，确保深化方案的准确性、经济性和可实施性，为甲方提供最优质的深化设计方案。

在制订方案时，要遵循基本深化原则，在保证结构安全的前提下，尽可能地对构件进行分组归类，减少构件种类，提高标准化预制构件的应用比例，使装配式的优势体现在项目进行的各个阶段。

2）装配率

为推动全产业链发展，不断扩大产业化应用范围，完善技术标准体系，创新工程管理模式。全国各地纷纷出台了装配率计算的相关文件，对装配率及其计算规则有了具体的规定和解释说明。各地规定均有不同，需根据各地装配率计算规则、规范等，系统地进行分析、计算项目的装配率情况，装配率的计算结果应满足当地的规定及政策要求。如不满足要求，需重新进行深化方案的制订并重新计算。如遇到特殊的但又必须采用装配式的项目，可请专家到场进行讨论，采用专家论证会进行权威论证。

以辽宁省《沈阳市装配式建筑装配率计算细则（试行）》的部分内容为例：

①装配率是指单体建筑室外地坪以上的主体结构、围护墙和内隔墙、装修和设备管线等采用预制部品部件的综合比例。

②装配式建筑的装配率计算应以单体建筑作为计算单元，并应符合下列规定。

a. 单体建筑应按项目建设工程规划许可证批准文件的建筑编号和建筑功能确认。

b. 建筑由主楼和裙房组成时，主楼和裙房可按不同的单体建筑进行计算，主楼和裙房可按主楼标准层正投影范围确认分界。

c. 单体建筑的层数不大于3层，且地上建筑面积不超过500 m² 时，可由多个单体建筑组成建筑组团作为计算单元。

③项目整体装配率可按各单体建筑的装配率和建筑面积进行加权平均计算。

3) 装配率计算方法

（1）建筑的单体装配率

建筑的单体装配率应根据表2.1、表2.2中的分值按下式计算：

$$P = \left(\frac{Q_1 + Q_2 + Q_3}{100 - Q_5} + \frac{Q_4}{100} \right) \times 100\% \tag{2.1}$$

式中 P——装配式建筑的单体装配率；

　　Q_1——主体结构指标实际得分值；

　　Q_2——围护墙和内隔墙指标实际得分值；

　　Q_3——装修与设备管线指标实际得分值；

　　Q_4——加分项实际得分值总和；

　　Q_5——计算项目（$Q_1 \sim Q_3$）中缺少的计算项分值总和。

表2.1 装配式居住建筑装配率计算表

指标项		指标要求	指标分值	最低分值
主体结构 （50分）	柱、支撑、承重墙、延性墙板等竖向构件	35%≤比例≤80%	20~30*	10
		15%≤比例≤35%	10~20*	
	板、楼梯、阳台、空调板等水平构件	50%≤比例≤70%	10~20*	
		30%≤比例≤50%	5~10*	
围护墙和 内隔墙 （20分）	非承重围护墙非砌筑	50%≤比例≤80%	2~5*	5
	围护墙与保温、隔热、装饰一体化	50%≤比例≤80%	2~5*	
	内隔墙非砌筑	30%≤比例≤50%	2~5*	
	内隔墙与管线、装修一体化	50%≤比例≤80%	2~5*	
装修和设 备管线 （30分）	全装修	—	6	6
	干式工法楼面、地面	50%≤比例≤70%	4~6*	—
	集成厨房	70%≤比例≤90%	3~6*	
	集成卫生间	70%≤比例≤90%	3~6*	
	管线与主体结构分离	50%≤比例≤70%	4~6*	
加分项 （23分）	预制混凝土夹心保温外墙板	35%≤比例≤80%	4~6*	—
		15%≤比例≤35%	2~4*	
	预制楼板厚度≥70 mm应用	30%≤比例≤70%	1~3*	
	标准化预制构件应用	30%≤比例≤40%	1~2*	
	结构开间6 m及以上面积占比	比例≥50%	1	
	预制市政、景观构件应用	比例≥50%	1	
	预制施工临时道路板应用	比例≥50%	1	
	地下室楼板采用叠合楼板或空腔楼盖	比例≥50%	1	

续表

指标项		指标要求	指标分值	最低分值
加分项 （23分）	定型装配式模板应用	比例≥70%	1	—
	BIM技术应用	按阶段应用	1～3*	
	信息化管理	按阶段应用	1～2*	
	EPC总承包管理模式		2	

表2.2 装配式公共建筑装配率计算表

指标项		指标要求	指标分值	最低分值
主体结构 （65分）	柱、支撑、承重墙、延性墙板等竖向构件	35%≤比例≤80%	20～30*	20
		15%≤比例≤35%	10～20*	
	板、楼梯、阳台、空调板等水平构件	50%≤比例≤70%	10～20*	
		30%≤比例≤50%	5～10*	
	预制梁或叠合梁构件	50%≤比例≤80%	5～10*	
	预制外墙挂板构件应用	50%≤比例≤80%	2～5*	
围护墙和 内隔墙 （20分）	非承重围护墙非砌筑	50%≤比例≤80%	2～5*	10
	围护墙与保温、隔热、装饰一体化	50%≤比例≤80%	2～5*	
	内隔墙非砌筑	30%≤比例≤50%	2～5*	
	内隔墙与管线、装修一体化	50%≤比例≤80%	2～5*	
装修和设 备管线 （15分）	全装修	—	5	5
	干式工法楼面、地面	50%≤比例≤70%	2～5*	—
	管线与主体结构分离	50%≤比例≤70%	2～5*	
加分项 （22分）	预制混凝土夹心保温外墙板	35%≤比例≤80%	4～6*	—
		15%≤比例≤35%	2～4*	
	预制楼板厚度≥70 mm应用	30%≤比例≤70%	1～3*	
	标准化预制构件应用	30%≤比例≤40%	1～2*	
	预制市政、景观构件应用	比例≥50%	1	
	预制施工临时道路板应用	比例≥70%	1	
	地下室楼板采用叠合楼板或空腔楼盖	比例≥50%	1	
	定型装配式模板应用	比例≥70%	1	
	BIM技术应用	按阶段应用	1～3*	
	信息化管理	按阶段应用	1～2*	
	EPC总承包管理模式		2	

注：①表中带"＊"项的分值采用"内插法"计算，计算结果取小数点后2位。

②采用双面叠合剪力墙结构时，内外叶墙板之间的现浇混凝土体积可计入预制混凝土体积计算；采用单面叠合剪力墙结构时，可按照内(外)叶墙范围内的现浇混凝土体积计入预制混凝土体积计算，但预制混凝土体积应乘以0.5。

③预制保温夹心外墙板中的夹心保温层可计入预制混凝土体积计算。

④非砌筑类型墙体包括采用各种中大型板材、幕墙、木骨架或轻钢龙骨复合墙体、轻质隔墙条板、加气混凝土板、发泡陶瓷墙板、板材骨架复合墙体、高精度蒸压砂加气混凝土砌块墙体(采用干法施工,专用砌筑黏结剂厚度不大于 3 mm,抹灰砂浆厚度不大于 5 mm)等,满足工厂生产、现场安装、以"干法"施工为主的要求。不包括空心砖、二次填充混凝土或砂浆的墙体。

⑤预制外墙挂板包括预制混凝土挂板、金属幕墙板、水泥制品幕墙板、陶土外墙挂板等。

⑥当外围护墙采用预制混凝土夹心保温外墙挂板或预制外墙挂板 + 内保温 + 内装修时,符合围护墙与保温、隔热、装饰一体化要求。

⑦当采用预拌砂浆作为低温热水地面辐射采暖系统的填充层时可按照干式工法楼面、地面计算,但计算得分乘以 0.8。

⑧集成厨房,当橱柜与厨房设备采用集成化整体设计,橱柜采用工厂化制作、现场干法组装,且厨房设备一次安装到位时,装配率得分可按应用比例增加 40% 计算。

⑨集成卫生间,当卫浴配件、设备采用集成化整体设计,工厂化制作、现场干法组装时,装配率得分可按应用比例增加 40% 计算。

(2)主体结构竖向构件预制部品部件的应用比例计算方法

①主体结构竖向构件主要为混凝土材料时,按下式进行计算:

$$Q_{1a} = \frac{V_{1a}}{V} \times 100\% \qquad (2.2)$$

式中 Q_{1a}——主体结构竖向构件中采用混凝土预制部品部件的应用比例;

V_{1a}——主体结构竖向构件中预制混凝土体积之和,符合本细则第 4.2.1 条规定的预制构件间连接部分的后浇混凝土可计入计算;

V——主体结构竖向构件混凝土总体积。

注:

a. 预制剪力墙板之间的宽度不大于 600 mm 的竖向现浇段(预制墙板之间最小现浇段长度)和高度不大于 300 mm 的水平后浇带、圈梁的后浇混凝土体积可计入 V_{1a} 中。

b. 预制剪力墙端部的长度不大于 500 mm 的现浇段混凝土体积可计入 V_{1a} 中。

c. 预制框架柱和框架梁之间柱梁节点区的后浇混凝土体积可计入 V_{1a} 中。

d. 预制柱间高度不大于柱截面较小尺寸的连接区后浇混凝土体积可计入 V_{1a} 中。

②主体结构竖向构件主要为钢结构材料时,可直接得 30 分。

③当主体结构竖向构件为混合结构时,核心筒为混凝土结构且全部采用定型装配式模板,非核心筒区域钢构件比例大于等于 90% 可得 25 分。

注:定型装配式模板,是指由工厂定制,可在施工现场拼装,多次周转使用且 100% 回收使用的绿色无污染模板,如钢模、铝模等。

(3)主体结构水平构件中预制部品部件的应用比例应按下式计算

$$Q_{1b} = \frac{A_{1b}}{A_1} \times 100\% \qquad (2.3)$$

式中 Q_{1b}——板、楼梯、阳台、空调板等构件中预制部品部件的应用比例。

A_1——各楼层建筑水平构件水平投影面积之和(不计入消防连廊面积),为简化计算,可按照结构构件外围面积去掉电梯井等楼层平面开洞面积。

A_{1b}——各楼层中预制装配板、楼梯、阳台、空调板等构件的水平投影面积之和。为简化计算,可按 A_1 减去各楼层现浇水平构件的投影面积。

注:

①预制装配式楼板、屋面板的水平投影面积,包括预制装配式叠合楼板、屋面板的水平投影面积;预制构件间、预制端部宽度不大于 300 mm 的后浇混凝土带水平投影面积;金属楼盖板和屋面板、木楼盖和屋盖及其他在施工现场免支模的楼盖和屋盖的水平投影面积。

②预制水平构件与竖向构件重合部位可计入预制构件水平投影面积。

③出屋面的楼电梯间、水箱间等设备用房可不计入楼层水平构件应用比例。

4)房地产开发项目装配率执行要求

(1)项目预制装配率要求 30% 的开发项目

①适用范围。

a. 从 2018 年 1 月 21 日《沈阳市大力发展装配式建筑工作方案》(以下简称《工作方案》)发布之日起,我市行政区域内(辽中区、新民市、法库县、康平县除外)楼面地价标准在 2 000 元/m² 以上的开发项目。

b.《工作方案》发布之日前,在土地拍卖环节中加入了预制装配率要求 30% 的开发项目。

②装配率执行标准。

项目整体装配率不应低于 50% ,高层建筑、中高层和多层建筑、低层建筑装配率符合第 1 ~ 3 款的要求。

a. 高层建筑(10 层及以上)装配率应符合下列要求:

● 主体结构部分的分值不低于 25 分;

● 围护墙和内隔墙部分的分值不低于 10 分;

● 采用全装修;

● 装配率不低于 50% 。

b. 中高层和多层建筑(4 ~ 9 层)装配率应符合下列要求:

● 主体结构部分的分值不低于 15 分;

● 围护墙和内隔墙部分的分值不低于 10 分;

● 采用全装修;

● 装配率不低于 40% 。

c. 低层建筑(3 层及以下)装配率应符合下列要求:

● 主体结构部分的分值不低于 5 分;

● 装配率不低于 20% 。

注:项目高层建筑的装配率可按照加权平均计算结果符合《工作方案》第 5.1.2 条第 1 款的要求,项目中高层和多层建筑的装配率可按照加权平均计算结果符合《工作方案》第 5.1.2 条第 2 款的要求,同时每个单体建筑的装配率各分项得分还应满足表 4.1.1、表 4.1.2 的最低分值要求。低层建筑的装配率可按照加权平均计算结果符合《工作方案》第 5.1.2 条第 3 款的要求。

(2)项目预制装配率要求 20% 的开发项目

①适用范围。

a. 从 2018 年 1 月 21 日《工作方案》发布之日起,我市行政区域内(辽中区、新民市、法库县、康平县除外)楼面地价标准在 2 000 元/m² 以下的开发项目。

b.在《工作方案》发布之日前,在土地拍卖环节中加入了项目预制装配率要求20%的开发项目。

c.2013年以前获得土地使用权的新开工项目(辽中区、新民市、法库县、康平县除外),执行预制装配率、商品住房成品化比率20%以上政策。

②装配率执行标准。

项目整体装配率不应低于40%,高层建筑、中高层和多层建筑、低层建筑装配率符合第1~3款的要求。

a.高层建筑(10层及以上)装配率应符合下列要求:

- 主体结构部分的分值不低于15分;
- 围护墙和内隔墙部分的分值不低于10分;
- 采用全装修(2013年以前获得土地使用权的除4个郊区市县的新开工项目外,需要项目总建筑面积的20%采用全装修)。
- 装配率不低于40%。

b.中高层和多层建筑(4~9层)装配率应符合下列要求:

- 主体结构部分的分值不低于10分;
- 采用全装修(2013年以前获得土地使用权的除4个郊区市县的新开工项目外,需要项目总建筑面积的20%采用全装修)。
- 装配率不低于30%。

c.低层建筑(3层及以下)装配率应符合下列要求:

- 装配率不低于15%。

注:项目高层建筑的装配率可按照加权平均计算结果符合《工作方案》第5.2.2条第1款的要求,项目中高层和多层建筑的装配率可按照加权平均计算结果符合《工作方案》第5.2.2条第2款的要求,同时每个单体建筑的装配率各分项得分还应满足表4.1.1、表4.1.2的最低分值要求。低层建筑的装配率可按照加权平均计算结果符合《工作方案》第5.2.2条第3款的要求。全装修应用面积按照不低于总建筑面积的20%要求执行。

(3)项目预制装配率要求5%的开发项目

①适用范围。

从2018年1月21日《工作方案》发布之日起,辽中区、新民市、法库县、康平县用于开发建设的土地,项目预制装配率须达到5%以上、商品住房成品化比率达到20%以上。

②装配率执行标准。

a.需要项目总建筑面积的20%采用全装修。

b.装配率不低于20%。

注:装配率可按照各单体建筑加权平均计算结果符合本条的要求。

综上所述,装配率计算表中的指标项、指标要求、指标分值及最低分值均已给出具体的范围及分值,作为基础性数据,通过综合计算可以迅速判断该建筑是否适合做装配式。通过观察各项要求和分值,也可看出各项内容在装配式建筑中需应用的比重。

目前各地的装配式建筑装配率计算文件均以装配率来衡量建筑的综合装配程度,不是单纯地以装配式预制构件应用比例来衡量,这也说明了装配式建筑开始向着全装修、干法施工、集成、BIM、EPC等施工一体化的方向转变,从而起到了很好的推动作用,更好地促进了建筑行业的进步与全面发展。

③深化设计图制作。

装配率计算合格过审后,根据过审的深化设计方案,依据现行的、权威的国家建筑标准设计图集、地方标准结构技术规程、行业标准结构技术规程等相关规范和标准,以及传统建筑、结构、水暖电和装饰装修等相关图纸,考虑实际生产、运输和施工时可能发生的情况及问题来进行编写、绘制深化设计总说明、预制节点总说明、深化平面布置图和深化构件详图。

2.1.2　前期技术策划

项目工程在前期筹备阶段,深化设计师应与建筑设计师、结构设计师、水暖电设备设计师和装饰装修设计师等相关专业设计人员进行充分地交流与沟通。

对于建筑和结构来说,避免设计出怪、奇、特、不规则、重复率小等不适合进行装配式深化设计的造型方案,尽量达到模数化,标准化。在做很多项目时我们会经常发现有两种板型:一边长度相同,另一边长度相差不大的,但却无法将其两种归为一种板型来生产制造,这就直接增加了模具套数,减少了模具周转率,影响生产速度并导致制作成本的增加。标准化、模数化、集成化是降低生产成本的基础,是提高施工速度的基础,更是体现装配式建筑优势的设计基础。

对于水暖电设备及装饰装修来说,箱位布置、管线走向及叠加问题尤为重要。例如,某住宅项目,项目定位为智慧家居,板里需要 5 层管线叠加,暂把管线均按直径为 25 mm 计算,5 层管线叠加后高度为 125 mm,板的保护层一般为 15 mm,还需铺设上下两层钢筋,暂按直径为 8 mm 计算,板厚最少为 187 mm,而预制叠合板最小预制厚度为 60 mm,再加上后期的面层。如果该项目的楼板要做装配式,那么楼板的总厚度将超过 250 mm,因此该项目的楼板并不适合做装配式。

2.1.3　预制混凝土构件深化设计图

深化设计图主要包含深化设计总说明、深化节点总说明、深化平面布置图和深化构件详图。根据要说明的内容,有时深化设计总说明和深化节点总说明也可合为一张深化设计总说明图纸。

1)深化设计总说明

深化设计总说明一般包括:

①工程概况:项目名称、项目地点、项目装配的楼号、层数、高度、结构类型、部位、装配率等具体情况。

②设计依据:现行的、权威的国家、地方及行业的标准设计图集、规范、规程等,需具体列出书名及其对应书号。

③深化混凝土结构拆分:深化拆分原则、深化构件编号规则、节点设计等。

④预制构件深化设计:预制剪力墙内外墙板,预制叠合板,预制楼梯灯构件的生产、制作、安装的要求说明。

⑤钢筋混凝土预制构件生产技术要求:混凝土等级要求,钢筋制作、外漏、连接等要求,预埋件的材质,规格计算等要求,即主要建筑材料和成品性能的设计要求。

⑥预制构件装配施工技术要求:包括验收依据及安装方案、吊装方法、支撑布置及固定措施、节点浇筑及混凝土的等级强度要求、套筒及灌浆料的合格验收标准,灌浆操作规程,构件检测项目及误差控制标准等要求。

⑦构件脱模、存放、运输、吊装:需写明构件在达到何种强度时可以脱模起吊,运输和起吊时需注意的事项。允许堆放的方式及层数,必要时需配有相应的大样图。

⑧其他:对一些需补充说明的在此写明,如单位尺寸、预拌砂浆、预留挂架孔、放线孔、施工洞等说明。

⑨特殊说明:在生产、运输、施工中需特别注意的地方,如非正常条件下的施工要求等情况,应在此处写明。

2)深化节点总说明

单向叠合板板侧分离式拼缝构造示意图、双向叠合板整体式接缝构造示意图、钢筋与线盒或洞口的补强做法,钢筋弯折要求,与中间支座、边支座的连接构造,与后浇带的连接构造,降板接缝连接构造,节点区混凝土要求示意图等,项目中所含有的一切相关节点构造说明示意图。

节点说明中的节点示意图应使用现行的、权威的图集、规范、规程等来作为绘制依据。

3)深化平面布置图

平面布置图中应对构件的预制范围、现浇范围、编号、位置尺寸、距离、后浇带的位置尺寸、安装方向等有明确的标注。剪力墙结构中含有预制外墙板、内墙板、楼板、楼梯等主要构件。框架结构中含有预制梁、板、柱、楼梯等主要构件,都应附上对应的、有变化的、不同楼层的深化平面布置图,并配有加以注明对应的结构层高表。

如预制叠合板布置图纸中,预制构件的位置尺寸、构件编号、安装方向应明确标出,有时也会要求把构件的出筋情况、桁架的位置情况、线盒样式及位置在布置图中体现出来。必要时可在图纸中加以说明,来解释或阐述一些应说明但在图中未能完全表示清楚的内容。

4)深化构件详图

(1)图框信息填写

①委托单位和该项目名称,含项目名及楼号信息。

②图纸名称以叠合板举例 DBS67-1 预制叠合板详图、DBD68-2 预制叠合板详图,其中,DBS 为双向板,DBD 为单向板。

③设计号,即该套图纸的专属编号。

④在制图人、设计人、校对人、专业负责人、审核人、审定人、项目总负责人的对应位置签上电子签章。

⑤图别,如 PC 或 PC-结构等。

⑥图号,即该图纸在整套图纸中的顺序号。

⑦比例,如 1:25,1:50,1:100 等。

⑧日期,即画图日期。

⑨图纸属性,即 A1,A2 等。

⑩条形码,上传图纸时系统自动生成该图纸的唯一代码。

⑪合作单位、公司出图章、注册执业章、会签栏等。

(2)构件详图

①模板图,即构件外形样式尺寸及埋件位置样式需详细明确的标注。

②配筋图,即构件的内部钢筋布置情况,需详细标明尺寸,合理安排、标注清晰、指向明确的标注,标注不可重叠、远离、缺失。

③底视图、剖面图(至少两个),即三视图,构件有异形或需加以说明的部位应按需增加剖面

图加以诠释。

（3）构件信息统计表

①钢筋明细表：编号、型号、尺寸、个数、备注（如长/短向钢筋、加强筋、水平箍筋、桁架筋等）。

②混凝土型号、构件体积、构件质量。

③埋件明细表：编号、名称、个数、规格（如线盒，需标明材质、型号、高度。空洞，方形还是圆形，开洞大小尺寸）。

（4）示意图或说明的标注

构件中需要布置键槽、粗糙面、水洗面、拉毛、倒角、安装方向等，应标出具体样式尺寸或画出详细节点示意图或在备注中有具体说明。让生产制作人员根据图纸中的示意图或说明，即可完成达到设计的效果。

2.2　装配式混凝土结构设计技术要点

2.2.1　基本要求

装配式建筑结构的基本要求等同于现浇结构，即装配式混凝土结构与现浇混凝土结构发挥的作用，达到的效力基本相同。

以现行的国家、地方及行业标准设计图集、规程和规范来作为深化设计时的基本依据和基本原则。

2.2.2　考虑因素

1）生产方面

考虑目前国内生产线的平台情况，大部分的构件生产厂家的国产生产线模台宽度为 3.5 m，像美好集团采用的生产线是德国艾巴维设备，模台宽度为 4 m，一般构件的深化设计尺寸要根据工厂的实际生产情况来考虑。特殊情况除外，如框架结构的预制梁、柱等大型构件或应用预应力等大型构件。

2）运输方面

运输方面需考虑道路的限流、限高、限宽等交通因素，考虑交通运输工具的承载能力、运输距离、运输时间等成本因素。

3）施工方面

吊装时，现场的塔吊位置及吊装范围和能力，也会成为深化时需要考虑的问题，如果现场塔吊的能力较小，那么深化时设计的构件尺寸就要尽量满足施工要求。

4）其他方面

工艺设计、模具设计、构件存放保护设计、运输吊装设计、施工工艺设计等，这些都需要专业的设计人员来负责设计。

总的来说，结构设计结合实际情况，已达到安全、便利、高效等保证能实现生产的设计方案。

2.2.3　装修与设备系统设计

设备系统图套管及基础布置图，由名字即可知道涉及的专业及需要考虑的预留埋件位置。

设备系统图在装配式建筑中需综合考虑及体现。

因深化产生影响到相关专业的问题,应及时沟通调整,避免发生生产及安装时才发现难以调解且必须完成的情况。

预埋套管接头、灯位定位、管线的走向,通孔、预埋、预留等都是预制构件上常见的需全面考虑的情况。不建议后期现场随意开洞钻眼,特别是预制叠合板构件,其本身厚度较薄,随意开洞钻眼会产生细微或较大的裂缝,有时是渗漏、缺角、破坏受力钢筋等不可修复的报废情况,对预制构件的伤害较大。如果是精装房项目,那么基本上是杜绝后期现场开洞加工的情况。这不仅是对生产制作要求较高,更是对深化设计人员的考验。

2.3　装配式结构工程施工图设计的深度要求

2.3.1　建筑专业施工图设计的深度要求

考虑装配式建筑的特点,标准化、模数化和深化设计人员确认需深化的范围来进行符合装配式建筑增加或减少设计的修改。例如,预制楼梯部分的梯梁截面需加宽。左右楼梯尽量采用一样的,这样就可以用一套模具来生产,从而大大降低成本。

尽可能实现建筑、结构、保温、设备、装饰一体化,是建筑专业对装配式最理想的设计。

2.3.2　结构专业施工图设计深度要求

深化布置部分会涉及混凝土等级、配筋、出筋、尺寸的变化,如一般住宅的预制部分板厚需加到 130 mm,钢筋和间距有时会加大加密。

隔墙下加强筋的布置,如遇需要在墙位置处预留线盒或线管时,加强筋建议是配两根间距为 100 mm 的节点示意图,这样就可避免在生产时加强筋需进行弯折。

三明治墙板中的拉结件样式及布置需进行结构计算来保证构件的安全性。

框架结构深化中,有时会遇到梁柱需替换钢筋的瓶颈,钢筋的间距太小,操作不了,所以就需在前期进行合理的结构计算来保证构件的安全性和可实施性。

总的来说,结构需要对设计深化部分的构件进行重新计算分配,使装配式建筑能等同于现浇的设计理念。在此基础上,对后期的生产、运输、吊装、施工等环节进行全方位的考量,从而保证后期各环节的顺利进行。

2.3.3　各专业间协同设计的要求

水、暖、电走线,横向走管时,要考虑管线叠加后对板厚的影响,管线叠加后相应处的板是否仍适合做预制。纵向走管时,要考虑是否需要留洞、穿孔、预埋等情况,如遇预埋,预埋件的高度需要高出预制板面还是平齐于预制板面,均需提前明确沟通。

装饰装修的龙骨固定,窗帘盒、窗帘杆等需后期安装的埋件布置,是否需提前留空或后期打孔。是否有吊顶,吊顶内能否走线管,都应明确沟通。如果吊顶内可以走线管,则对生产的精度要求较小,生产更容易,对结构的板厚设计也无特殊要求。

各专业都涉及管线敷设,预留埋件,当交织在一起时,经常会出现"打架"的情况,可谓是牵一发而动全身,因此,前期的有效沟通就显得尤为重要。

章节测验

1. 选择题

(1)在项目建筑、结构、水暖电和装饰装修方案定稿后,深化设计人员开始进行深化方案设计,确认深化的种类和部位,绘制各楼层的深化设计(   )布置图。

A. 平面   B. 立面   C. 剖面   D. 断面

(2)项目工程在(   )筹备阶段,深化设计师应与建筑设计师、结构设计师、水暖电设备设计师和装饰装修设计师等相关专业设计人员,应进行充分的交流与沟通。

A. 中期   B. 前期   C. 后期   D. 尾期

(3)考虑目前国内生产线的平台情况,大部分的构件生产厂家的国产生产线模台宽度在(   )m。

A. 3.0   B. 3.5   C. 2.5   D. 4.5

(4)深化布置部分会涉及混凝土等级、配筋、出筋、尺寸的变化。如一般住宅的预制部分板厚需加到(   )mm,钢筋和间距有时会加大加密。

A. 100   B. 120   C. 130   D. 150

(5)隔墙下加强筋的布置,如遇需要在墙位置处预留线盒或线管时,加强筋建议是配两根间距为(   )mm 的节点示意图,这样就可以避免在生产时加强筋需进行弯折。

A. 100   B. 120   C. 150   D. 130

2. 填空题

(1)_____是指单体建筑室外地坪以上的主体结构、围护墙和内隔墙、装修和设备管线等采用预制部品部件的综合比例。

(2)_____可按照各单体建筑的装配率和建筑面积进行加权平均计算。

(3)建筑的单体装配率计算公式 $P = $ _____ $\times 100\%$ 中,Q_1 代表_____。

(4)深化设计图主要包含深化设计总说明、_____、深化平面布置图和_____。根据要说明的内容,有时深化设计总说明和深化节点总说明也可合为一张深化设计总说明图纸。

(5)装配式建筑结构的基本要求等同于_____,即装配式混凝土结构与现浇混凝土结构发挥的作用,达到的效力基本相同。

3. 简答题

(1)预制装配率要求 30% 的开发项目中,高层建筑(10 层及以上)装配率应符合哪些要求?

(2)深化设计总说明一般有哪些要求?

(3)建筑专业施工图设计深度有哪些要求?

第3章 装配式剪力墙结构深化设计

3.1 装配式剪力墙结构拆分设计的基本要点

3.1.1 平面、立面的一般要求

平面布局宜采用火柴盒形状,除非北侧楼梯间和电梯间局部有凹凸外,南侧墙体、东西山墙尽可能采用直线型,避免出现厨房、卫生间局部内收狭小豁口户型。户型设计可做加法(凸出墙面),不要做减法(凹入主体结构范围的阳台、厨房、卫生间、空调板等),不宜做窗转角。

外墙尽可能采用混凝土结构,当外墙长度超过 6 m 时可设置窗洞口,窗下的墙可根据具体情况确定是否要采用混凝土结构,在刚度允许的情况下,窗下的墙不设计为连梁,窗下的墙采用砌筑或者预制墙板。当采用预制墙板时,预制墙板可与底部连梁采用钢筋灌浆套筒单排连接。

外墙板内面尽可能不做开关和插座等,如果没有预留管线、线盒等,外墙板构件制作非常方便。

外墙连梁不宜有垂直方向的梁连接,主次梁连接构造相对复杂,影响施工速度,当不可避免时,可采用预制主梁伸出次梁的连接钢筋,与次梁连接的预留钢筋宜采用套筒灌浆连接,若次梁没有连接延性要求,钢筋连接套筒位置不受限制,连接部位设置在次梁端部,现浇部位长度不应小于 300 mm 和套筒连接最小值。

空调板可整块板预制,伸出支座钢筋,钢筋锚固进入叠合板现浇层内。预制空调板应伸入预制墙或梁内。

电梯间墙体宜全部采用现浇混凝土结构,电梯间混凝土与预制无关,主要是考虑电梯的轨道安装,电梯厂家的轨道布置差异会影响预制构件的预埋。

内剪力墙结构布置时,在厨房、卫生间等开关、管线集中的地方不布置混凝土墙体,可采用填充墙,砂加气混凝土砌块、条形墙板等,以利于管线的施工。如果管线不能避开混凝土墙体,应把管线布置在混凝土的现浇部位,最好避开边缘构件部位,因为里面的钢筋较多,布置管线较困难。所以,在结构计算时应优化调整剪力墙内墙的结构布置方案。

建筑内部减少跨度较小的梁,如果楼板跨度在 3 m 以内,厨房和卫生间的隔墙底部不用做梁,采用楼板局部增大荷载进行计算。内部梁应避免纵横方向梁的相交,更要纵横梁相交在一个节点上。

采用十字交叉板预制梁,但构件的生产相对复杂,可采用部分工厂预制然后现场进行连接组装。

3.1.2 钢筋的锚固和搭接

1)钢筋的锚固
预制构件钢筋不宜采用弯锚,宜采用端部焊接短钢筋(锚固长度为 $5d$,d 为钢筋直径)的锚

固方案。

①厚保护层可以修正:指钢筋的保护层厚度为 $3d$ 时的修正系数可取 0.80,保护层厚度为 $5d$ 时的修正系数可取 0.70。

②机械锚固:包括弯钩或者锚固端头在内的锚固长度(投影长度)可取基本锚固长度 L_{ab} 的 0.60。

③厚保护层和机械锚固系数可以连乘,折减系数不可小于 0.60,因此为机械锚固的长度,机械锚固一般采用焊接短钢筋,长度为 $5d$,双面焊接,也可采用焊接锚板,但是钢筋采用焊接锚板,如果侧面伸出钢筋,侧模开孔大;最好采用套丝连接的螺栓锚头,目前螺栓锚头的尺寸规范没有相关规定,应用时需参照相关厂家的产品样本。如果采用螺栓锚头的相关系列产品作为钢筋机械锚固,构件制作过程中侧模组装方便。

2)钢筋的搭接

(1)接触式搭接

常规的搭接连接,100%搭接时,搭接长度为 $1.6l_{aE}$。

(2)非接触式搭接

原则上是属于钢筋的互锚,钢筋净距满足锚固长度要求时可以认为是钢筋互锚,不用按搭接长度计算,若相关规程没有明确规定,可参照梁柱钢筋的最小净距离要求,净距离不小于 30 mm 或者 $1.5d$,竖向构件可参考柱子,钢筋净距离不小于 50 mm 时,可按照钢筋互锚处理。

(3)约束浆锚搭接连接

混凝土预制构件连接部位一端为空腔,通过灌注专用水泥基高强无收缩灌浆料与螺纹钢筋连接。浆锚连接灌浆料是一种以水泥为基本材料,配以适当的细骨料,以及少量的外加剂和其他材料组成的干混料。黑龙江宇辉新型建筑材料有限公司的钢筋连接方式,螺旋箍的大小和间距需参考黑龙江宇辉新型建筑材料有限公司的专利技术、企业标准和相关实验资料。

(4)波纹管浆锚搭接连接

中南集团的钢筋连接方式,钢筋连接属于互锚还是搭接,长度的多少,需根据试验资料确定,或参考相关地方规程,辽宁省地方规程规定波纹管浆锚搭接连接按照100%搭接,搭接长度为 $1.6l_{aE}$。

梁纵向钢筋不用灌浆套筒连接时,如图 3.1 所示,应符合下列要求:

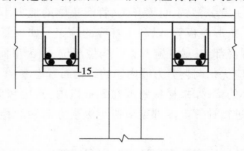

图 3.1 底部钢筋弯折互锚示意图

①钢筋连接位置宜在跨度的 1/4 ~ 1/3 处。

②采用弯折互锚的形式,交接处应附加短筋。

③现浇部位宜采用无收缩混凝土。

3.1.3   细部尺寸要求

①T 字形边缘构件单侧翼缘剪力墙的尺寸要求,主要和钢筋的锚固方式和拆分方式有关。

a. 如果采用整间墙板的拆分方法,单侧翼墙长度不应小于 300 mm,如图 3.2 所示。

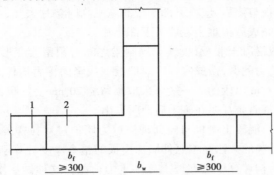

图 3.2   T 字形边缘构件构造示意图

1—预制剪力墙;2—后浇段

b. 如果采用柱梁体系拆分方法,连梁钢筋应尽可能采用机械直锚锚固,单侧翼墙长度如下:

抗震等级为二级时,C16 钢筋,机械直锚锚固长度为 384 mm,因此窗跺净长应取 400 mm;C18 钢筋,窗垛净长应取 450 mm;C20 钢筋,窗垛净长应取 500 mm。连梁纵向钢筋一般采用单排两根(剪力墙厚度为 200 mm)。

c. 如果单侧翼墙长度只有 300 mm,那么连梁纵向钢筋原则上不能超过 18 mm,且采用弯锚锚固,$0.4 \times 40 \times 18$ mm $= 288$ mm。

②现浇长度一般不小于 400 mm,主要考虑施工绑扎钢筋的方便,若考虑水平分布钢筋的搭接,现浇段长度不应小于 500 mm,水平分布钢筋 C8,锚固长度为 $37d$,搭接长度为 474 mm。预制混凝土构件采用键槽、粗糙面,竖向现浇混凝土段长度不小于 300 mm 时,新旧混凝土结合紧密,在外荷载作用下结构受力性能等同于整个构件,可不进行竖向结合面承载力验算。

③墙板预制构件长度一般在 2 m 以上,长度小于 1 m 的构件最好采用现浇,若较小构件规格、重量统一,也可采用组合吊具一次吊装多个构件。一般采用三角形吊具一次吊装两个相同的竖向墙板构件。

3.1.4   连接构造要求

①预制构件拆分后经结合部位现浇形成整体,结构实际的传力途径、连接构造要与计算假定相符合。如果部分构件因施工方法造成计算假定与实际传力不相符,需估算出偏差的范围大小,对结构计算结果进行局部修订,并采取相应的计算和构造措施进行调整。

②如果窗口作为整间板预制,应注意窗下墙在结构计算中是否按照连梁进行计算,如果结构计算中窗下墙作为砌体结构考虑,那么实际窗下墙做成混凝土墙并与剪力墙边缘构件刚性连接,则窗下墙对主体结构的约束性强,结构计算时应考虑窗下墙对结构整体刚度的影响。在结构计算中应按照两根连梁的刚度之和进行折算连梁截面高度,此时墙肢内力符合实际情况,但连梁内力需手算校核。为了简化计算,可根据新模型计算的结构周期对原未考虑窗下墙约束的结构周期进行折减。需要注意的是,此种计算方法为近似计算。实际墙肢内力会有差异,应取

两种模型计算的较大值进行墙肢配筋。

③连梁和下部墙板(无洞口或有洞口)证件预制时,如果底部垫片设置在墙下,安装完成后墙板竖向力已经传递完毕。顶部连梁和叠合楼板整浇后,竖向荷载会通过楼板→连梁→连梁下墙体→下层连梁→下层连梁下墙体→下层连梁,应避免传力途径不清晰。如果计算中墙板只考虑单层传力,当连梁和楼板整浇后,应将下部墙板的施工临时垫片去除,可避免竖向荷载连续传递。需要注意的是,施工完成后很难去除墙板下部垫片。

④内隔墙板如果做成混凝土墙板,板顶与预制梁之间需预留梁变形的缝隙,否则会造成因梁变形引起的竖向连续传力问题,造成实际内隔墙板变成竖向传力构件。应进行内隔墙上部梁的长期变形计算;跨度在 6 m 以内的梁一般可采取预留缝 20 mm。如果内墙板和上部结构梁整体预制,那么施工中板下临时垫片要在施工后及时取出。

⑤如果外墙仅做模板,混凝土墙板与内部现浇剪力墙通过对拉螺栓连接,那么外墙对整体刚度影响很难估算。最不利的方法是按照外墙加模板的整个厚度计算刚度,但结构受力只能按照现浇墙板厚度计算。结构计算中可在墙上施加重力荷载。这种做法增加了结构重量且浪费材料,故不推荐。

3.2　钢筋连接方式

前面提到了钢筋的 3 种连接方式,分别是灌浆套筒连接、约束浆锚搭接连接和波纹管浆锚搭接连接。下面分别介绍这 3 种搭接方式。

3.2.1　灌浆套筒连接

(1)钢筋连接套筒的种类

①通过高强度灌浆料注入套筒内,实现钢筋和连接套筒咬合的钢筋连接。

②竖向钢筋连接套筒(柱、剪力墙),一端丝扣连接,一端注浆连接;水平钢筋连接套筒(梁)为两端注浆连接。

③连接材料宜为球墨铸铁,铸造工艺成型。

④钢筋套丝后,要求丝扣全部扭入套筒内。

⑤需注意的是直径 C12 以下的钢筋连接套筒,市场上供应量较少。

(2)钢筋连接套筒的应用要点

①采用钢筋套筒灌浆连接的混凝土结构,设计应符合国家标准《混凝土结构设计规范(2015年版)》(GB 50010—2010)、《建筑抗震设计规范(2016 年版)》(GB 50011—2010)、《装配式混凝土结构技术规程》(JGJ 1—2014)的有关规定。

②采用套筒灌浆连接的构件混凝土强度等级不宜低于C30。

③当装配式混凝土结构采用符合本规程规定的套筒灌浆连接接头时,全部构件纵向受力钢筋可在同一截面上连接。

④混凝土结构中全截面受拉构件同一截面不宜全部采用钢筋套筒灌浆连接。

(3)采用套筒灌浆连接的混凝土构件设计应符合的规定

①接头连接钢筋的强度等级不应高于灌浆套筒规定的连接钢筋强度等级。

②接头连接钢筋的直径规格不应大于灌浆套筒规定的连接钢筋直径规格,且不宜小于灌浆套筒规定的连接钢筋的直径规格级别以上。

③构件配筋方案应根据灌浆套筒外径、长度及灌浆施工要求确定。

④构件钢筋插入灌浆套筒的锚固长度应符合灌浆套筒的参数要求。

⑤竖向构件配筋设计应结合灌浆孔、出浆孔位置。

⑥底部设置键槽的预制柱,应在键槽处设置排气孔。

⑦混凝土构件中灌浆套筒的净距不应小于25 mm。

⑧混凝土构件的灌浆套筒长度范围内,预制混凝土柱箍筋的混凝土保护层厚度不应小于20 mm,预制混凝土墙最外层钢筋的混凝土保护层厚度不应小于15 mm。

⑨灌浆套筒连接钢筋不能用作防雷引下线,防雷采用镀锌钢板单独设置或采用其他现浇部位焊接连接钢筋。

(4)套筒采用的方式

①正连接。套筒在上,下端伸出钢筋插入套筒内,然后进行封堵注浆;也可采用套筒在下,上端伸出钢筋插入套筒内的连接方式。第一种方法应用的较多,构件制作运输和安装方便,但是套筒灌浆需要压力灌浆,而且连接部位容易吸水,灌浆料施工完毕后产生回落。

②套筒先灌浆后再插入钢筋,套筒内灌浆饱满,但必须保证安装精度,在灌浆料初凝之前完成墙板构件调整和连接部位灌浆。

(5)套筒注浆连接工艺检验

属于下列情况时,应进行接头型式检验:

①确定接头性能时。

②灌浆套筒材料、工艺、结构改动时。

③灌浆料型号、成分改动时。

④钢筋强度等级、肋形发生变化时。

⑤型式检验报告超过4年时。

用于型式检验的钢筋、灌浆套筒、灌浆料应符合国家标准《钢筋混凝土用钢 第2部分:热轧带肋钢筋》(GB 1499.2—2018)、《钢筋混凝土用余热处理钢筋》(GB/T 13014—2013)、《钢筋连接用灌浆套筒》(JG/T 398—2019)、《钢筋连接用套筒灌浆料》(JG/T 408—2019)的规定。

(6)套筒灌浆连接接头要求

每种套筒灌浆连接接头型式检验的试件数量与检验项目应符合的规定。

①对中接头试件应为9个,其中3个做单向拉伸试验、3个做高应力反复拉压试验、3个做大变形反复拉压试验。

②偏置接头试件应为3个,做单向拉伸试验。

③钢筋试件应为3个,做单向拉伸试验。

④全部试件的钢筋均应在同一炉(批)号的1根或2根钢筋上截取。

(7)套筒灌浆连接接头型式检查

用于型式检验的套筒灌浆连接接头试件应在检验单位监督下由送检单位制作,并应符合规定。

3个偏置接头试件应保证一端钢筋插入灌浆套筒中心,一端钢筋偏置后钢筋横肋与套筒壁接触;9个对中接头试件的钢筋均应插入灌浆套筒中心;所有接头试件的钢筋应与灌浆套筒轴线重合或平行,钢筋在灌浆套筒的插入深度应为灌浆套筒的设计锚固深度。

（8）接头试件应按下列标准进行灌浆

灌浆料使用前，应检查产品包装上的有效期和产品外观。

①拌和用水应符合现行行业标准《混凝土用水标准》（JGJ 63—2006）的有关规定。

②加水量应按灌浆料使用说明书的要求确定，并应按质量计量。

③灌浆料拌合物应采用电动设备搅拌充分、均匀，并宜静置 2 min 后使用。

④搅拌完成后，不得再次加水。

⑤每工作班应检查灌浆料拌合物初始流动度不少于 1 次，指标应符合《钢筋套筒灌浆连接应用技术规程》（JGJ 355—2015）第 3.1.3 条的规定。

⑥强度检验试件的留置数量应符合验收及施工控制要求。

（9）灌浆施工应按下列标准实施

①灌浆操作全过程应有专职检验人员负责现场监督并及时形成施工检查记录。

②灌浆施工时，环境温度应符合灌浆料产品使用说明书的要求；环境温度低于 5 ℃时不宜施工，低于 0 ℃时不得施工；当环境温度高于 30 ℃时，应采取降低灌浆料拌合物温度的措施。

③对竖向钢筋套筒灌浆连接，灌浆作业应采用压浆法从灌浆套筒下灌浆孔注入，当灌浆料拌合物从构件其他灌浆孔、出浆孔流出后应及时封堵。

④竖向钢筋套筒灌浆连接采用连通腔灌浆时，宜采用一点灌浆的方式；当一点灌浆遇到问题而需要改变灌浆点时，各灌浆套筒已封堵灌浆孔，出浆孔应重新打开，待灌浆料拌合物再次流出后进行封堵。

⑤对水平钢筋套筒灌浆连接，灌浆作业应采用压浆法从灌浆套筒灌浆孔注入，当灌浆套筒灌浆孔、出浆孔的连接管或连接头处的灌浆料拌合物均高于灌浆套筒外表面最高点时应停止灌浆，并及时封堵灌浆孔和出浆孔。

⑥灌浆料宜在加水后 30 min 内用完。

⑦散落的灌浆料拌合物不得二次使用；剩余的拌合物不得再次添加灌浆料和水后混合使用。

（10）半灌浆套筒连接规定

对半灌浆套筒连接，机械连接端的加工应符合现行行业标准《钢筋机械连接技术规程》（JGJ 107—2016）的有关规定。

①采用灌浆料拌合物制作的 40 mm×40 mm×160 mm 试件不应少于 1 组，并宜留设不少于 2 组；接头试件及灌浆料试件应在标准养护的条件下养护；接头试件在试验前不应进行预拉。

②型式检验试验时，灌浆料抗压强度不应小于 80 N/mm²，且不应大于 95 N/mm²；当灌浆料 28d 抗压强度合格指标 f_g 的数值高于 85 N/mm² 时，试验时的灌浆料抗压强度低于 28d 抗压强度合格指标 f_g 的数值不应大于 5 N/mm²，且超过 28d 抗压强度合格指标 f_g 的数值不应大于 10 N/mm² 与 0.1f 二者的较大值；当型式检验试验的灌浆料抗压强度低于 28d 抗压强度合格指标 f_g 时，应增加检验灌浆料 28d 抗压强度。

（11）型式检验方法

型式检验的试验方法应符合行业标准《钢筋机械连接技术规程》（JGJ 107—2016）的有关规定。

①偏置单向拉伸接头试件的抗拉强度试验应采用零到破坏的一次加载制度。

②大变形反复拉压试验的前后反复 4 次变形加载值分别应取 $2\varepsilon_{yk}L_g$ 和 $5\varepsilon_{yk}L_g$，其中，ε_{yk} 是应力为屈服强度标准值时的钢筋应变，长度 L_g 应按下式计算：

全灌浆套筒连接：

$$L_g = \frac{L}{4} + 4d_s \tag{3.1}$$

半灌浆套筒连接：

$$L_g = \frac{L}{2} + 4d_s \tag{3.2}$$

式中　L——灌浆套筒长度，mm；

　　　d_s——钢筋公称直径，mm。

当型式检验试验结果符合下列规定时，可评为合格。

a. 强度检验：每个接头试件的抗拉强度实测值均应符合钢筋套筒灌浆连接接头的抗拉强度不应小于连接钢筋抗拉强度标准值，且破坏时应断于接头外钢筋。3 个对中单向拉伸试件、3 个偏置单向拉伸试件的屈服强度实测值均应符合钢筋套筒灌浆连接接头的屈服强度不应小于连接钢筋屈服强度标准值。

b. 变形检验：对残余变形和最大力下总伸长率，相应项目的 3 个试件实测值的平均值应符合表 3.1 的规定。套筒灌浆连接接头的变形性能应符合表 3.1 的规定。当频遇荷载组合下，构件中钢筋应力高于钢筋屈服强度标准值 f_x 的 0.6 倍时，设计单位可对单向拉伸残余变形的加载峰值 u_0 提出调整要求，见表 3.1。

表 3.1　套筒灌浆连接接头的变形性能

项目		变形性能要求
对中单向拉伸	残余变形/mm	$u_0 \leq 0.10(d \leq 32)$ $u_0 \leq 0.14(d > 32)$
	最大力下总伸长率/%	$A_{sgt} \geq 6.0$
高应力反复拉压	残余变形/mm	$u_{20} \leq 0.3$
大变形反复拉压	残余变形/mm	$u_4 \leq 0.3$ 且 $u_8 \leq 0.6$

注：u_0——接头试件加载至 $0.6f_{yk}$ 并卸载后在规定标距内的残余变形；

A_{sgt}——接头试件的最大力下伸长率；

u_{20}——接头试件按规定加载制度经高应力反复拉压 20 次后的残余变形；

u_4——接头试件按规定加载制度经大变形反复拉压 4 次后的残余变形；

u_8——接头试件按规定加载制度经大变形反复拉压 8 次后的残余变形。

（12）剪力墙纵向钢筋连接套筒位置

①墙体分布钢筋可采用套筒梅花连接，但在结构受力计算时，剪力墙分布钢筋配筋率按照实际采用与套筒连接的钢筋面积输入。

②采用套筒连接位置的竖向分布钢筋的保护层厚度以套筒外侧的水平分布钢筋为准，套筒位置的纵向钢筋位置应向墙内侧偏移。

③墙体竖向分布钢筋可采用单排钢筋套筒连接，可减少连接套筒的数量，如图 3.3 所示。

（13）梁纵向钢筋连接套筒位置

①如果连梁有延性要求，且钢筋采用套筒连接，套筒位置应避开梁端塑性铰区域，一般为 1.0 倍梁高范围内不出现套筒，如图 3.4 所示。

②次梁没有延性要求，套筒位置不受限制，次梁端部可采用套筒连接。

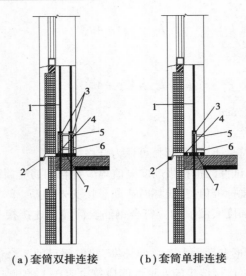

（a）套筒双排连接　　（b）套筒单排连接

图 3.3　两种套筒灌浆连接构造

1—竖向连接钢筋；2—背衬材料；3—纵筋连接套筒；4—硬质橡胶条；
5—出浆孔；6—注浆孔；7—坐浆

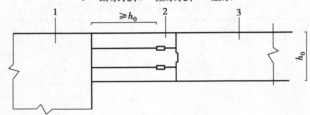

图 3.4　纵向钢筋在后浇梁段内连接示意图

1—预制剪力墙；2—后浇节点；3—预制连梁

3.2.2　约束浆锚搭接连接

①在墙板内插入预埋专用螺旋棒，在混凝土初凝后旋转取出，形成预留孔道，下部钢筋插入预留孔道，在孔道外侧钢筋连接范围外侧设置附加螺旋箍筋，下部预留钢筋插入预留孔道，然后在孔道内注入微膨胀高强灌浆料形成的连接方式，如图 3.5 所示。

②钢筋搭接（非接触）的长度小于搭接长度，大于钢筋套筒连接的长度，具体搭接长度和螺旋箍的规格需根据厂家资料或相关规程确定。

③约束浆锚搭接连接理论上属于钢筋非接触式搭接，但因螺旋箍的存在，搭接长度可相应缩短，连接部位钢筋强度没有增加，不会影响塑性铰。

④约束浆锚搭接连接的主要缺点是预埋螺旋棒必须在混凝土初凝后取出，需在取出时间和操作规程的掌握上要求较高，时间早了容易塌孔，时间晚了预埋棒取不出来。因此，成孔质量很难保证，如果孔壁局部混凝土损伤，对连接质量有影响。比较理想的做法是预埋棒刷缓凝剂，成型后冲洗预留孔，但应注意孔壁冲洗后是否满足约束浆锚搭接连接的相关规程。

⑤注浆时可在一个预留孔上插入连通管，连通管内灌浆料回灌，保持注浆部位充满。此方法同样适用于套筒灌浆连接。

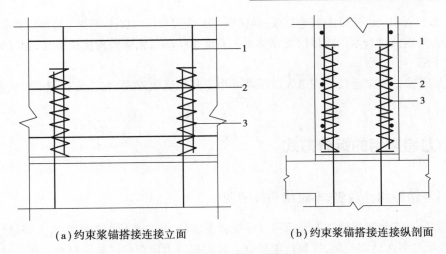

（a）约束浆锚搭接连接立面　　　　　（b）约束浆锚搭接连接纵剖面

图3.5　约束浆锚搭接连接构造

1—竖向连接钢筋；2—横向分布钢筋；3—约束螺旋箍筋

3.2.3　波纹管浆锚搭接连接

①在混凝土墙板内预留波纹管（薄钢板），下部预留钢筋插入波纹管，然后在孔道内注入微膨胀高强灌浆料形成的连接方式，如图3.6所示。

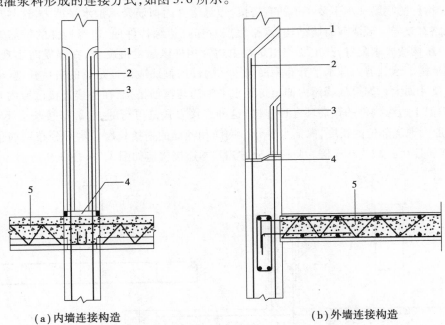

（a）内墙连接构造　　　　　　　　　（b）外墙连接构造

图3.6　波纹管浆锚搭接连接构造

1—注浆孔；2—竖向连接钢筋；3—金属波纹浆锚管；4—坐浆层；5—叠合楼板

②钢筋搭接（非接触）的长度小于搭接长度，大于套筒长度，搭接长度在无可靠试验资料的前提下，一般可按照搭接长度选用。

③波纹管混凝土保护层厚度一般不小于50 mm，所以在制作剪力墙构件时，两侧纵向钢筋应设置

成梅花形,波纹管相互错开,但这样会造成钢筋在连接位置需弯折内收,钢筋加工精细度要求较高。

④也有外墙波纹管水平连接位置在楼板上高度 500 mm,免除楼板浇筑模块,但在外墙需预留楼板胡子筋。

⑤波纹管浆锚搭接连接结构最大适用高度小于其他连接方式,主要是目前试验资料和工程经验不足。

3.3 剪力墙常用的拆分方式

3.3.1 边缘构件现浇,非边缘构件预制

此种拆分方式和连接构造为国家现行行业标准推荐,其主要原因是现浇剪力墙结构试验资料多,已经历过多次地震检验,抗震性能较好。装配式剪力墙结构试验资料和工程经验不多,如果边缘构件采用现浇,那么边缘构件内纵向钢筋连接可靠,剪力墙结构的整体抗震性能就能得到保证;剪力墙竖向分布钢筋在地震作用下不屈服,因此,即使分布钢筋套筒连接达不到要求,也不会影响结构整体抗震性能。这是由于目前对国内装配式剪力墙结构没有经历实际地震检验的前提下提出的。

此种拆分方式的问题主要在于墙体水平分布钢筋不能实现与现浇结构相同的锚固和搭接连接,边缘构件的箍筋和水平分布钢筋有搭接,边缘构件内箍筋会承担水平剪力,这与现浇结构的设计思路有差异。现浇剪力墙结构,水平钢筋弯锚在边缘构件内,边缘构件的箍筋不受水平力影响,应按构造要求配置,其主要作用是约束边缘构件区域的混凝土,在强震时出现塑性铰,形成耗能结构。预制剪力墙水平分布钢筋与边缘构件内箍筋应保证足够的搭接长度,但会造成现浇部位尺寸加大。如果从墙体内伸出封闭水平钢筋与箍筋搭接,在搭接连接区域内有 4 根纵向钢筋,类似于边缘构件的箍筋环套环连接,这种连接方式是可行的,一般搭接长度不小于 200 mm;也可加大现浇部位的长度,保证水平分布钢筋和箍筋的搭接长度。水平分布钢筋也可做成弯钩,搭接长度可折减为 0.6 倍。此种拆分方式基本连接构造如图 3.7—图 3.9 所示。

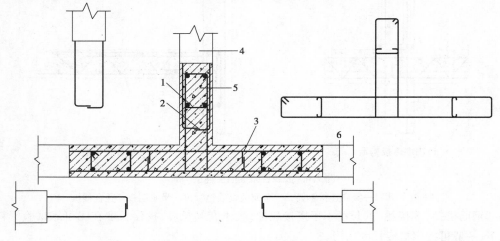

图 3.7 T 形节点构造

1—水平连接钢筋;2—拉筋;3—边缘构件箍筋;4—预制墙板;5—现浇部分;6—预制外墙板

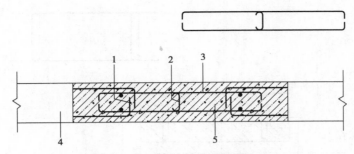

图 3.8　"一"字形节点构造

1—预留弯钩钢筋;2—拉结筋;3—附加弯钩连接钢筋;4—预制墙板;5—现浇部分

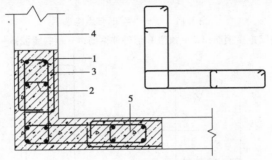

图 3.9　L 形节点构造

1—水平连接钢筋;2—拉筋;3—边缘构件箍筋;4—预制墙板;5—现浇部分

此种拆分方式的优点为边缘构件现浇,抗震性能基本等同于现浇结构。仅墙体竖向分布钢筋采用套筒连接,套筒数量减少。

此种拆分方式的缺点为边缘构件现浇模板复杂,水平分布钢筋与边缘构件箍筋如果满足搭接长度,或者按照箍筋的要求进行搭接,那么现浇区域大。

3.3.2　边缘构件部分预制、水平钢筋连接环套环

①现浇段长不小于 300 mm,宽不小于 200 mm,但需注意现浇段内钢筋的绑扎问题(图 3.10—图 3.12)。

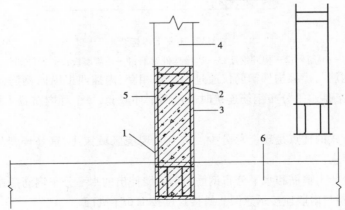

图 3.10　T 形节点构造

1—钢筋环;2—构件钢筋;3—边缘构件箍筋;4—预制墙板;5—现浇部分;6—预制外墙板

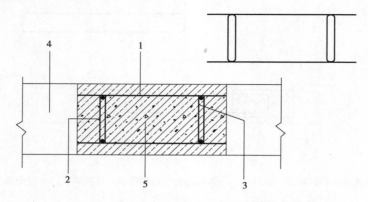

图 3.11 "一"字形节点构造

1—附加封闭连接钢筋;2,3—预留 U 形外伸钢筋;4—预制墙板;5—现浇部分

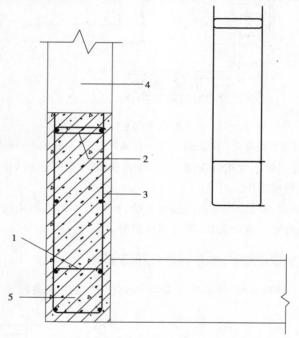

图 3.12 L 形节点构造

1—钢筋环;2—构件钢筋;3—边缘构件箍筋;4—预制墙板;5—现浇部分

②水平分布钢筋与边缘构件箍筋仅通过一个环相套,内插两根纵向钢筋,水平箍筋(环筋)搭接长度不够;如果是水平分布钢筋连接时通过两个环嵌套,每个环内布置 4 根钢筋,才能符合箍筋嵌套的要求。

③此种拆分方式的优点是现浇部分少。缺点是现浇区域狭小,箍筋环套环很难操作,存在搭接长度不满足要求。

④外剪力墙上伸出箍筋和水平分布钢筋与剪力墙伸出的水平分布钢筋搭接连接,图 3.13—图 3.15 外墙全预制与内墙连接示意图。搭接长度按 $1.6l_{aE}$ 执行。

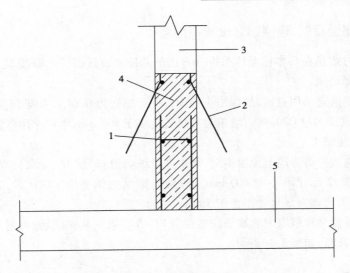

图 3.13　T 形节点构造

1—边缘构件钢筋;2—水平连接钢筋;3—预制墙板;4—现浇部分;5—预制外墙板

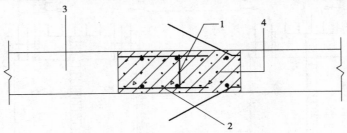

图 3.14　"一"字形节点构造

1—拉筋;2—水平连接钢筋;3—预制墙板;4—现浇部分

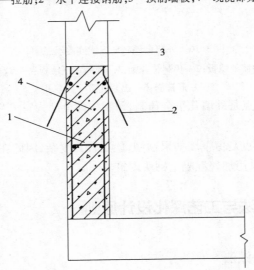

图 3.15　L 形节点构造

1—拉筋;2—水平连接钢筋;3—预制墙板;4—现浇部分

3.3.3 外墙全预制、现浇部分设置在内墙

①此种拆分方式是在日本柱梁体系拆分方法的基础上改进的。外墙基本全预制,内墙可选择部分预制或全部现浇。

②连梁底部钢筋宜采用直锚,加焊锚头锚固长度可缩短为 $0.6l_{aE}$,如果抗震等级为二级,l_{aE} 为 $40d$,如果钢筋直径超过 C20,剪力墙单边翼缘长度小于 500 mm,也可采用弯锚,连梁上部钢筋最好采用直锚,方便施工。

③基本连接构造是剪力墙上预留梁窝,如果连梁纵向钢筋为 C16,梁窝长度不小于 400 mm,要求 T 形剪力墙翼缘尺寸不小于 400 mm。如果连梁纵向钢筋为 C18,C20,梁窝长度不小于 500 mm,要求 T 形剪力墙翼缘尺寸不小于 500 mm。

④剪力墙上预留梁窝范围内的箍筋应做成开口,待连梁安装完成后,可通过 U 形钢筋搭接或焊接,形成封闭箍筋,如图 3.16 所示。

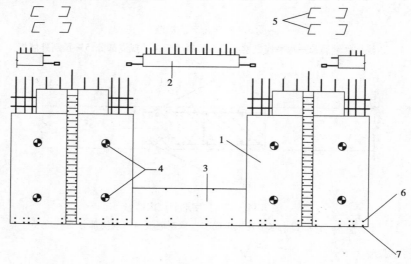

图 3.16 外墙全预制与连梁连接示意图

1—预制剪力墙外墙板;2—预制叠合梁;3—预制窗下墙板;4—斜支撑连接件;
5—U 形箍筋;6—出浆孔;7—注浆孔

⑤此种拆分方式的优点是外墙几乎全预制,预制构件全部为"一"字形,构件制作简单,现浇部分模板基本为"一"字形。

⑥此种拆分方式的缺点是窗下墙如果预制,施工较为复杂,因此在施工水平不高的前提下,可选择窗下墙砌筑,也可采用加气混凝土砌块砌筑。

3.4 剪力墙节点做法与工艺深化设计原则

3.4.1 剪力墙节点做法

1)中间层剪力墙边支座

中间层剪力墙边支座,如图 3.17 所示。

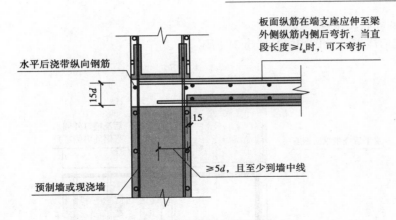

图 3.17 中间层剪力墙边支座

2）顶层剪力墙边支座

顶层剪力墙边支座，如图 3.18 所示。

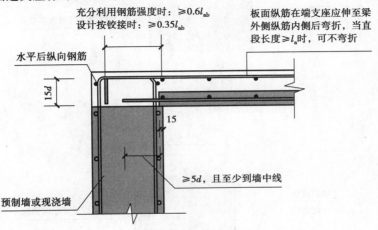

图 3.18 顶层剪力墙边支座

3）中间层剪力墙中间支座和顶层剪力墙中间支座

中间层剪力墙中间支座和顶层剪力墙中间支座，如图 3.19 所示。

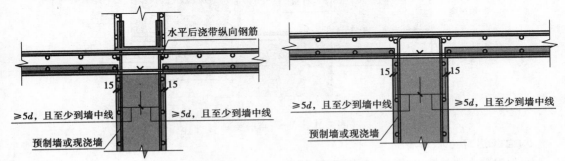

图 3.19 中间层剪力墙中间支座和顶层剪力墙中间支座

4）剪力墙留后浇槽口

剪力墙留后浇槽口，如图 3.20、图 3.21 所示。

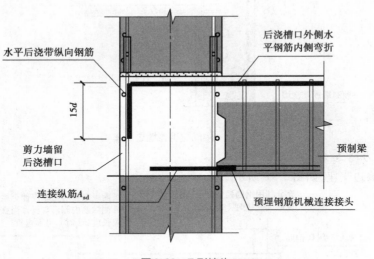

水平后浇带纵向钢筋

后浇槽口外侧水平钢筋内侧弯折

$15d$

剪力墙留后浇槽口

预制梁

连接纵筋 A_{sd}

预埋钢筋机械连接接头

图 3.20　T 形接头

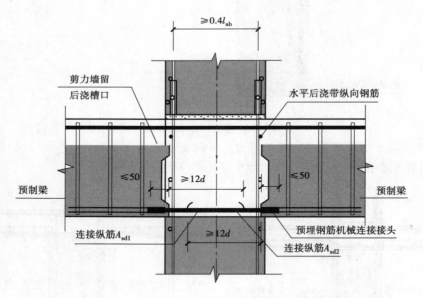

$\geqslant 0.4l_{ab}$

剪力墙留后浇槽口

水平后浇带纵向钢筋

$\leqslant 50$　$\geqslant 12d$　$\leqslant 50$

预制梁　预制梁

连接纵筋 A_{sd1}　$\geqslant 12d$　预埋钢筋机械连接接头

连接纵筋 A_{sd2}

图 3.21　"十"字形接头

5）自保温剪力墙外墙

自保温剪力墙外墙，如图 3.22、图 3.23 所示。

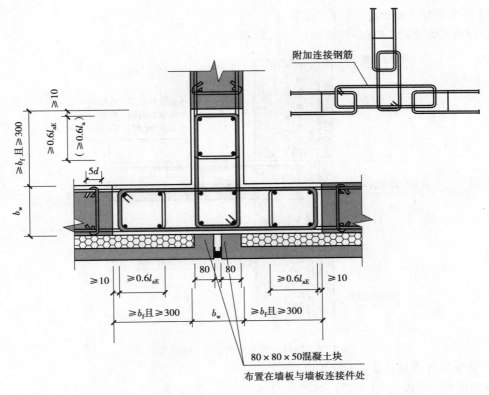

图 3.22　T 形接头

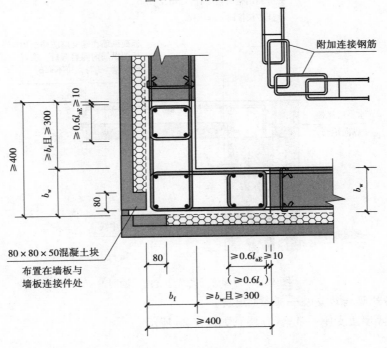

图 3.23　L 形接头

6）自保温剪力墙边支座（中间层）

自保温剪力墙边支座（中间层），如图3.24所示。

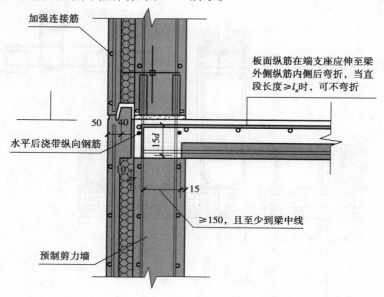

图3.24　自保温剪力墙边支座（中间层）

7）自保温剪力墙边支座（顶层）

自保温剪力墙边支座（顶层），如图3.25所示。

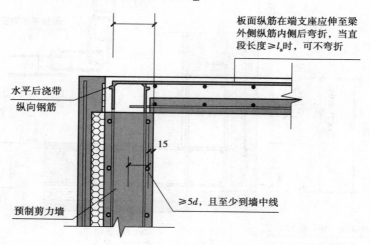

图3.25　自保温剪力墙边支座（顶层）

8）自保温外隔墙边支座—带梁（顶层）

自保温外隔墙边支座—带梁（顶层），如图3.26所示。

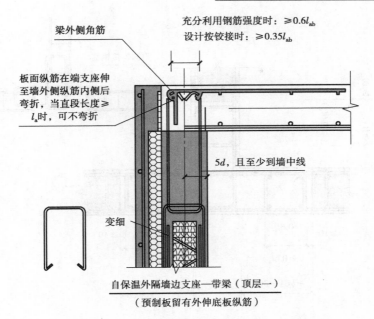

图3.26 自保温外隔墙边支座—带梁（顶层）

9）自保温外隔墙边支座—带梁（中间层）

自保温外隔墙边支座—带梁（中间层），如图3.27所示。

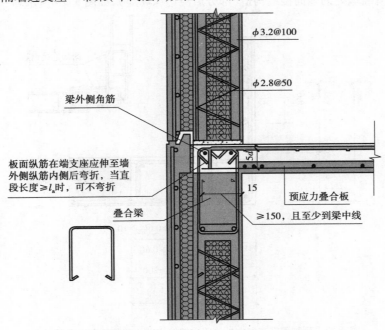

图3.27 自保温外隔墙边支座—带梁（中间层）

10）约束边缘翼墙

约束边缘翼墙，如图3.28所示。

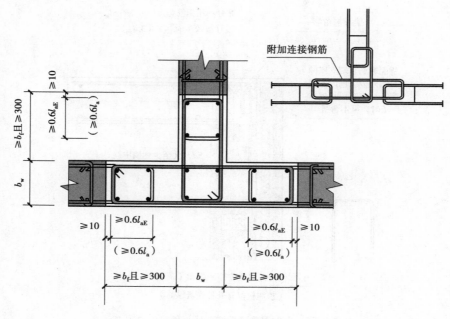

图 3.28　约束边缘翼墙

11）预制墙在有翼墙处的竖向接缝构造（部分后浇边缘翼墙）

预制墙在有翼墙处的竖向接缝构造（部分后浇边缘翼墙），如图 3.29 所示。

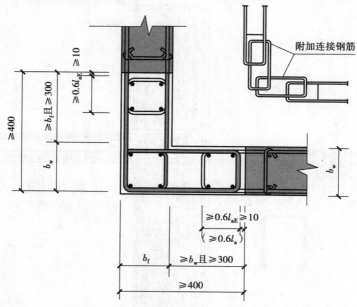

图 3.29　预制墙在有翼墙处的竖向接缝构造（部分后浇边缘翼墙）

12）预制墙竖向分布钢筋部分连接

预制墙竖向分布钢筋部分连接，如图 3.30、图 3.31 所示。

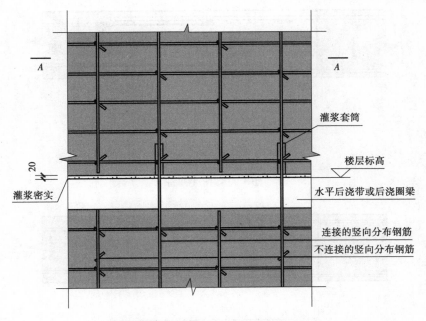

图 3.30　预制墙竖向分布钢筋部分连接

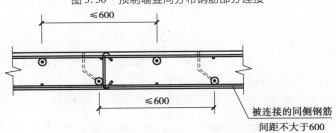

图 3.31　*A—A* 截面

13）预制连梁与缺口墙连接构造（顶层）

预制连梁与缺口墙连接构造（顶层），如图 3.32—图 3.34 所示。

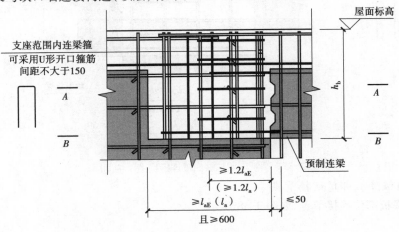

图 3.32　预制连梁与缺口墙连接构造（顶层）

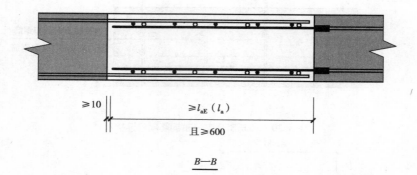

$\geq 1.2l_{aE}$
$(\geq 1.2l_a)$　≥ 10

$A—A$

图 3.33　$A—A$ 截面

≥ 10　$\geq l_{aE}(l_a)$
且 ≥ 600

$B—B$

图 3.34　$B—B$ 截面

14）预制连梁与缺口墙连接构造（中间层）

预制连梁与缺口墙连接构造（中间层），如图 3.35—图 3.37 所示。

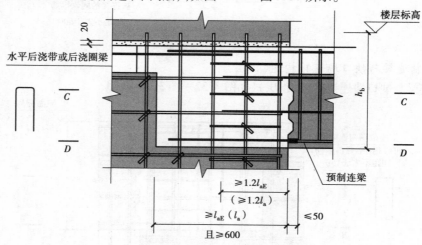

图 3.35　预制连梁与缺口墙连接构造（中间层）

15）外墙板降板部位连接节点

外墙板降板部位连接节点，如图 3.38 所示。

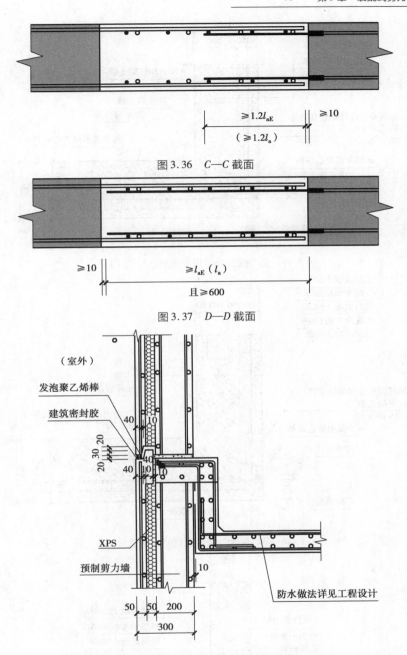

图3.36　C—C截面

图3.37　D—D截面

图3.38　外墙板降板部位连接节点

16）夹心保温外墙板竖缝防水构造

夹心保温外墙板竖缝防水构造，如图3.39—图3.42所示。

17）外墙板与楼板连接节点（中间层）

外墙板与楼板连接节点（中间层），如图3.43所示。

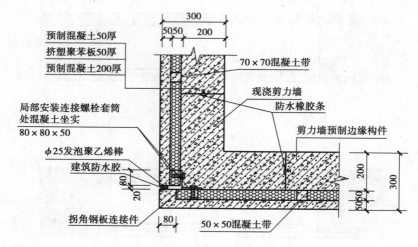

图 3.39　夹心保温外墙板竖缝防水构造（1）

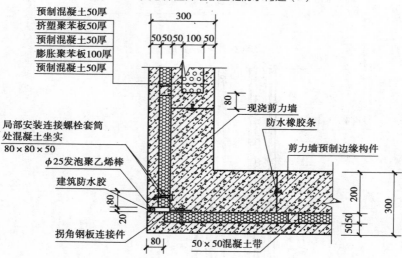

图 3.40　夹心保温外墙板竖缝防水构造（2）

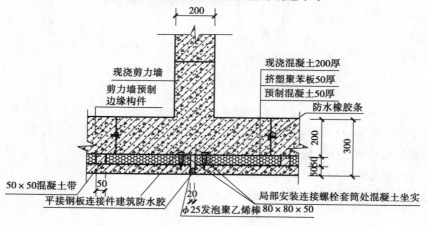

图 3.41　夹心保温外墙板竖缝防水构造（3）

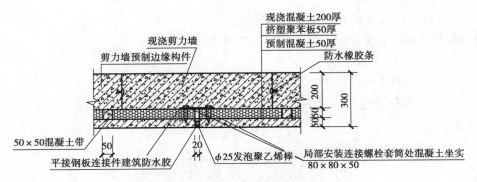

图3.42 夹心保温外墙板竖缝防水构造（4）

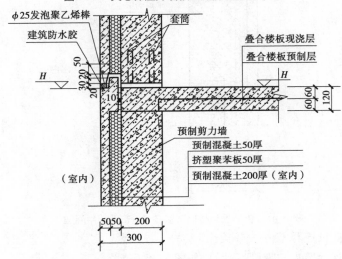

图3.43 外墙板与楼板连接节点（中间层）

18）外墙板与楼板连接节点（顶层）

外墙板与楼板连接节点（顶层），如图3.44所示。

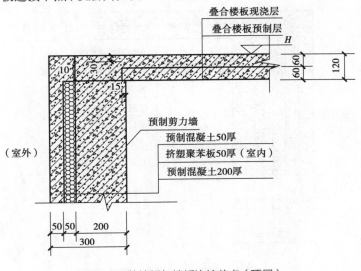

图3.44 外墙板与楼板连接节点（顶层）

19）外墙板与楼板连接节点—带梁（中间层）

外墙板与楼板连接节点—带梁（中间层），如图3.45所示。

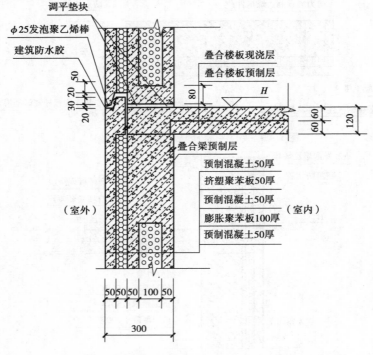

图3.45　外墙板与楼板连接节点—带梁（中间层）

20）外墙板与楼板连接节点—带梁（顶层）

外墙板与楼板连接节点—带梁（顶层），如图3.46所示。

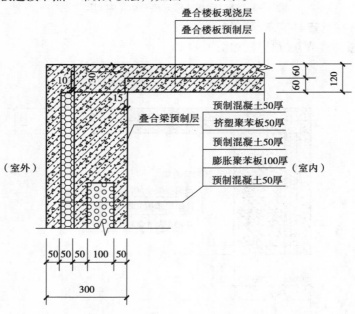

图3.46　外墙板与楼板连接节点—带梁（顶层）

21)卫生间预制剪力墙连接节点

卫生间预制剪力墙连接节点,如图3.47所示。

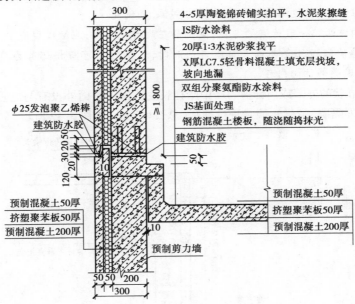

图3.47　卫生间预制剪力墙连接节点

3.4.2　剪力墙工艺深化设计原则

1)装配整体式剪力墙结构中剪力墙工艺拆分原则

①装配式剪力墙结构,L,T形等外部或内部剪力墙中墙身长≥800 mm时,墙身(非阴影部分)一般预制,但其边缘构件处现浇。外隔墙(带梁)一般为预制,如图3.48所示。

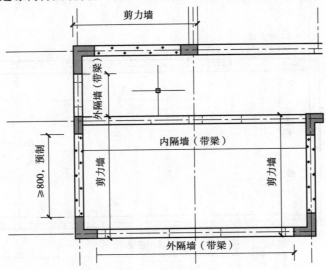

图3.48　剪力墙工艺设计(1)

注：

（1）边缘构件现浇，基于以下因素设计：

第一，是受力的角度，边缘构件为重要受力部位，应现浇。

第二，边缘构件两端一般为梁的支座，梁钢筋在此部位锚固，应做成现浇。

（2）预制外墙比较短且全部都开窗或者门洞时，预制外墙可与相邻剪力墙的边缘构件（暗柱）一起预制，将现浇部位向内移。

②L，T形等形状的外部或内部剪力墙中暗柱长度范围内平面外没有与之垂直相交的梁时，此暗柱与相邻的外隔墙（带梁）、墙身进行预制（总长≤5 m），如图3.49所示。

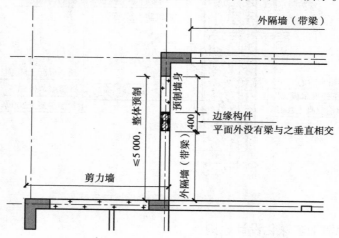

图3.49　剪力墙工艺设计（2）

③外隔墙或内隔墙垂直方向一侧有剪力墙与之垂直相交时，如果隔墙总长≤5 m，可将隔墙连成一块，方便吊装与施工，与剪力墙的连接如图3.50所示。

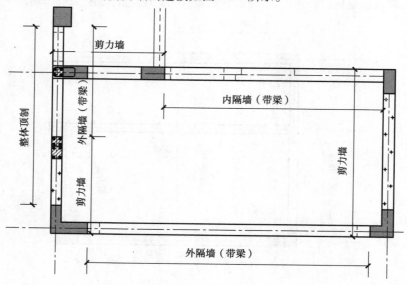

图3.50　剪力墙工艺设计（3）

④现场装配的外部剪力墙设计时,图 3.51 中暗柱区域现浇,此时尚存 200 mm 长的施工空间,现场施工困难,可采用图 3.52 中的设计方法。

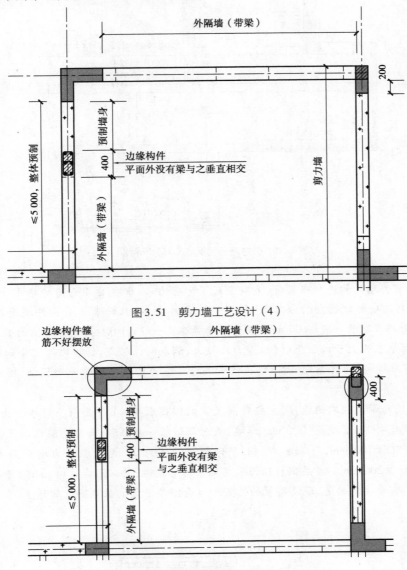

图 3.51　剪力墙工艺设计（4）

图 3.52　剪力墙工艺设计（5）

2）外墙板 WQY201 详图

①预制剪力墙身结构:外叶 50 mm（混凝土）+保温层 50 mm（XPS）+内叶 200 mm（剪力墙）;预制非剪力墙身结构:外叶 50 mm（混凝土）+保温层 50 mm（XPS）+内叶 200 mm（梁+填充墙）,内、外叶通过预埋连接件连接;外墙板 WQY201 中的外叶 50 mm（混凝土）+保温层 50 mm（XPS）拆分与套筒连接（图 3.54、图 3.55）。

此工程剪力墙工艺拆分（部分示意图）,如图 3.53 所示。

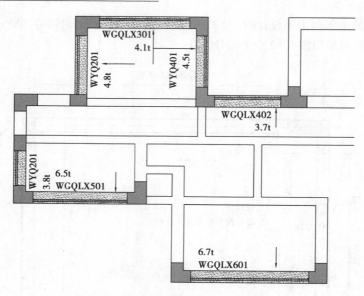

图 3.53　剪力墙工艺拆分（部分示意图）

注：

（1）在对剪力墙结构进行布置时，多布置 L,T 形剪力墙，少在 L,T 形剪力墙中再加翼缘，特别是外墙，否则拆墙时被拆分的很零散，约束边缘构件太多，且约束边缘构件现浇时模板不稳（外墙）；L 形外墙翼缘长一般≤600 mm。T 形外墙翼缘长一般≤1 000 mm，且留出的填充墙窗垛≥200 mm。当翼缘长度大于以上值时（地震力比较大，调层间位移角、位移比等需要），此时可让翼缘端部顶着窗户端部，让翼缘充当窗垛，将梁带隔墙与剪力墙部分翼缘一起预制，留出现浇的长度即可。

（2）剪力墙与带梁隔墙的连接，主要是满足梁的锚固长度，在平面内一般不会出现问题，因为往往暗柱留有 400 mm 现浇（200 mm 厚墙）或者与暗柱一起预制；一字形剪力墙平面外一侧伸出的墙垛一般可取 100 mm，门垛≥200 m，整体预制时可为 0。无论在剪力墙平面内还是平面外，门垛或窗垛≥200 mm。当梁钢筋锚固采用锚板的形式时，梁纵筋应≤14 mm（200 mm 厚剪力墙，平面外）。需要注意的是，现浇暗柱的位置可以在图集规定的位置附近转移。

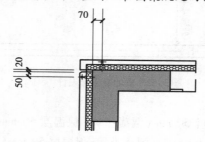

图 3.54　外墙板 WQY201 连接与构造（1）

注：

外叶 50 mm（混凝土）+保温层 50 mm（XPS）拆分时，L 形拐角处留出 20 mm 间隙，其与边缘构件之间用 M16 套用连接。当外叶 50 mm（混凝土）+保温层 50 mm（XPS）伸出边缘构件外边缘时，套筒与边缘构件外边缘的距离可取 70 mm；当外叶 50 mm（混凝土）+保温层 50 mm（XPS）

在边缘构件外边缘内部时,套筒距外叶50 mm(混凝土) + 保温层50 mm(XPS)的边缘距离可取50 mm。

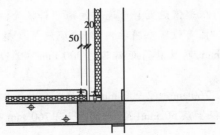

图3.55 外墙板WQY201 连接与构造（2）

注:

（1）当外叶50 mm(混凝土) + 保温层50 mm(XPS)垂直延伸至边缘构件外边缘时,套筒可以定位在外叶50 mm(混凝土) + 保温层50 mm(XPS)的中间位置。

（2）当外叶50 mm(混凝土) + 保温层50 mm(XPS)在边缘构件外边缘内部时,套筒距外叶50 mm(混凝土) + 保温层50 mm(XPS)的边缘距离可取50 mm。

②外墙板WQY201 详图,如图3.56—图3.58 所示。

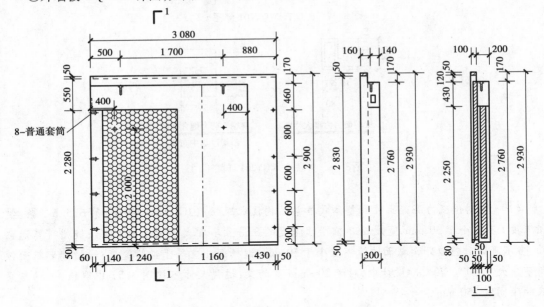

图3.56 外墙板WQY201 详图（1）

注:

（1）根据起吊质量,可用两个吊钉;吊钉距外墙边缘一般最小为200 ~ 300 mm,可取500 mm左右。中间两个吊钉的间距一般可取1 200 mm 左右,最大不超过2 400 mm。

（2）外叶50 mm(混凝土) + 保温层50 mm(XPS)上的M16套筒可按以下原则布置:距离墙底部为300 mm,以间距600,600,800,800 mm布置。

（3）墙斜支撑布置原则:5 m以内布置2道,5 ~ 7 m布置3道,7 m以上布置4道,斜支撑距楼面高度一般为2 000 mm,且不小于2/3PC 板高度,遇门窗洞口可将预留点上移。斜支撑距PC

件端头水平为 300 ~ 700 mm,面向临时通道 PC 板面上不宜设置临时支撑,宜设置在相反的一面。

(4)预制外墙(非剪力墙)根部需设置 L 形连接件用塑料胀管,对应位置可参考斜支撑,距板底 50 mm,当遇洞口无法设置时,可设置在暗柱内;外墙现浇长度超过 1 m 同时其根部设置连接 L 件用 M16 套筒,距板底 50 mm,两端套筒距离其边 300 mm,中间均匀布置,间距不大于 1.5 m 一个。

(5)外墙板(带梁)高度 2 760 mm = 2 900 mm(层高) - 20 mm(坐浆) - 120 mm(叠合板厚度);外叶 50 mm(混凝土) + 保温层 50 mm(XPS)高度 = 2 760 mm + 120 mm(叠合板厚度) + 50 mm(企口高度) = 2 930 mm。

(6)有高差、看不见的地方应用实线及虚线表示。

(7)图中的截面形状及尺寸应与建筑中的构造一一对应。

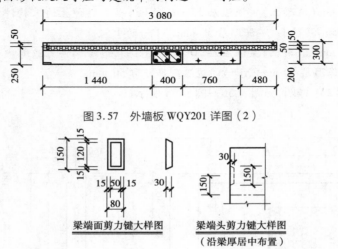

图 3.57　外墙板 WQY201 详图（2）

图 3.58　外墙板 WQY201 详图（3）

注:

(1)《预制预应力混凝土装配整体式框架结构技术规程》(JGJ 224—2010)第 6.5.5-2 条:键槽深度 t 不宜小于 30 mm,宽度 ω 不宜小于深度的 3 倍且不宜大于深度的 10 倍;键槽可贯通截面,当不贯通时槽口距离截面边缘不宜小于 50 mm;键槽间距宜等于键槽宽度;键槽端部斜面倾角不应大于 30°。在实际设计中,对于 200 mm 宽的梁,键槽尺寸可按图 3.57 中取值,键槽与梁底的距离取 150 mm。

(2)《装配式混凝土结构技术规程》(JGJ 1—2014)第 10.3.2 条:外挂墙板宜采用双层、双向配筋,竖向和水平钢筋的配筋率不应小于 0.15%,且钢筋的直径不宜小于 5 mm,间距不宜大于 200 m;《建筑设计振震规范》第 6.4.3 条:一、二、三级抗震墙的竖向和横向分布钢筋最小配筋率不应小于 0.25%,四级抗震墙分布钢筋最小配筋率不应小于 0.2%;第 6.4.4-1 条:抗震墙的竖向和横向分布钢筋的间距不宜大于 300 mm。外墙板 WQY201 在图 3.57 中预制墙身的长度为 760 mm,一般用直径为 14 mm 的纵筋与套筒连接,抗震等级为四级,则需要直径为 14 mm 的纵筋个数 = 200(墙厚) × 760(长度) × 0.2%(配筋率) ÷ 154(单根纵筋面积) ≈ 1.97,则需要 2 根即可,本工程布置 3 根,从右到左,间距可分别为 100 mm(墙边距第一根纵筋的距离)、300 mm、200 mm、160 mm,此间距也可以随意调整,在实际工程中,直径为14 mm的纵筋个数也可根据需要增加1~2个。

（3）当"外叶+保温层"处的边缘构件现浇混凝土长度≤300 mm时,可满足浇筑时结构受力要求,当"外叶+保温层"处的边缘构件现浇混凝土长度为300~700 mm时,可采用分层浇筑的办法,或者采用新材料做成的外叶,让外叶刚度、冲击性能均满足施工时结构上的要求。

③外墙板WQY201配筋图,如图3.59、图3.60所示。

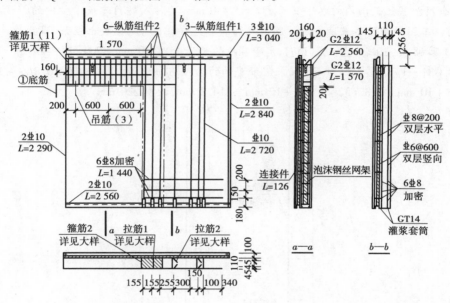

图3.59　外墙板WQY201深化设计（1）

注:

（1）梁箍筋、纵筋布置可参考"预制预应力混凝土装配整体式框架结构节点做法及构件工艺深化设计原则"中3.1.2屋面层梁 KLX101 工艺深化设计;直锚固长度取160 mm = 200 mm(梁宽)−40 mm(保护层+箍筋直径+竖向纵筋直径),但不满足$0.4l_{aE} = 0.4 \times 32 \times 18$ mm(底筋直径)= 230.4 mm,可以端头加短钢板。

（2）吊筋是吊200 mm厚的含泡沫钢丝网架填充墙,距离墙端部一般最小可取200 mm,然后每隔600 mm布置吊筋。

（3）预制剪力墙身中与直径14 mm的纵筋交错布置的是直径为6 mm的分布筋(不伸入上层剪力墙中),间距为600 mm(不伸入上层剪力墙中)。剪力墙墙身水平分布筋为 φ8@200(双层水平)。

（4）《钢筋套筒灌浆连接应用技术规程》(JGJ 355—2015)第4.2.3条:采用套筒灌浆连接的预制混凝土墙应符合下列规定:

①灌浆套筒长度范围内最外层钢筋的混凝土保护层厚度不应小于15 mm。

②当在墙根部连接时,自灌浆套筒长度向上延伸300 mm范围内,墙水平分布筋应加密;加密区水平分布筋的最大间距及最小直径应符合表3.2的规定,灌浆套筒上端第一道水平分布钢筋距离套筒顶部不应大于50 mm。

表 3.2   墙水平分布钢筋

抗震等级	最大间距/mm	最小直径/mm
一、二级	100	8
三、四级	150	8

（5）套筒加密区范围内的水平筋长度 $L = 1\,440$ mm，其伸入转角墙或暗柱中的形式参考《混凝土结构施工图平面整体表示方法   制图规则和构造详图（现浇混凝土框架、剪力墙、梁、板）》11G101—1 第 68 页，应该为直 + 弯（15d），水平直段的长度应为 300 mm + 200 mm − 40 mm = 460 mm；也可参考 G31—1 ~ 2 第 P29 页 Q5-2，采用带弯钩的插入筋，伸出的直锚长度 $\geq 0.8 l_{aE} + 10$ mm = $0.8 \times 32d + 10$ mm = $0.8 \times 32 \times 8$ mm + 10 mm = 214.8 mm，故取 220 mm。

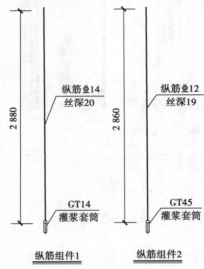

图 3.60   外墙板 WQY201 深化设计（2）

注：

纵筋组件 1：纵筋 C14 的长度 = 2 760 mm（外墙高）− 156 mm（套筒长度）+ 120 mm（叠合板厚度）+ 20 mm（伸入套筒内长度）+ 20 mm（坐浆）+ 112 mm（插入套筒内长度）= 2 876 mm。

注：

连接钢筋 3 和连接钢筋 1 的长度取值及伸入边缘构件或者墙中的长度，都是经验值，可按图中取；连接钢筋 3 距墙底可取 230 mm，然后以间距 200 mm 布置；连接钢筋 1 距墙底可取 150 mm，然后以间距 400 mm 布置。

④外墙板 WQY201 配筋及预埋件布置图，如图 3.61—图 3.63 所示。

注：

（1）图中 270 = 15d = 15 × 18（270 mm），为了便于施工，一般向下弯锚；

（2）为了防止底部纵筋与边缘构件中分布筋打架，可以把梁底部纵筋弯锚固，一根纵筋弯折后高度上的变化一般为 20 ~ 50 mm；

（3）连接钢筋 3 伸入现浇边缘构件内的长度可参考 G310—1 ~ 2 第 P29 页 $\geq 0.6 l_{aE} = 0.6 \times$

$32d = 0.6 \times 32 \times 8$ mm $= 153.6$ mm，可取 200 mm。其他一般均为构造。

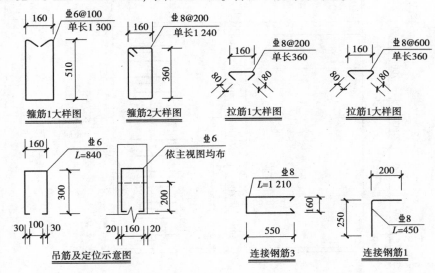

图 3.61　外墙板 WQY201 深化设计（3）

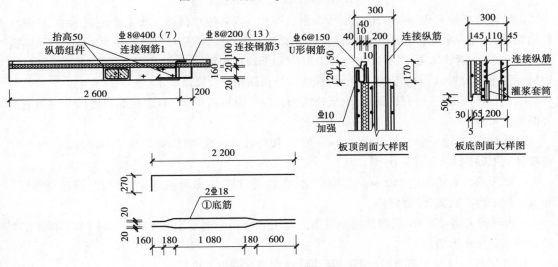

图 3.62　外墙板 WQY201 深化设计（4）

注：

外墙挂板内外叶墙用玄武岩纤维筋连接，按 500 mm × 500 mm 或 500 mm × 600 mm 等呈梅花形布置，距底边一般 200 mm 或 150 mm。

⑤外墙板工艺设计说明。本项目外墙板采用预制剪力墙体系（三明治夹芯板），外墙墙体包括预制剪力墙、预制非剪力墙（梁＋填充墙）、预制混合墙体、预制混凝土单板形式，具体见工艺设计详图。

A. 外墙板预制剪力墙：（混凝土强度 C35）。

a. 预制剪力墙身结构：外叶 50 mm（混凝土）＋保温层 50 mm（XPS）＋内叶 200 mm（剪力墙），内外叶通过预埋连接件连接。

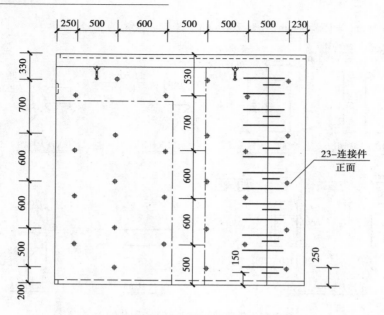

图 3.63　外墙板 WQY201 深化设计（5）

b. 墙板外叶配置中 φ6@150 单层双向钢筋网片。内叶按结构施工图要求配置水平、纵向及拉结钢筋，设置纵筋组件用于边缘构件及剪力墙身竖向连接，墙身对角做抬高 50 mm 处理；墙板四周配 2 单 10 钢筋加强，门洞口四周配 2 单 10 钢筋及抗裂钢筋（2 单 10，L=600 mm），当洞口周边网片筋不能放置时，需加钢筋补强，特殊注明处钢筋加强按图纸要求。

c. 无特殊注明处，所有钢筋端面、最外侧钢筋外缘距板边界 20 mm。钢筋标注尺寸均为钢筋外缘标注尺寸。

d. 除详图特殊标明外，保温层 50 mm（XPS）按外叶整面墙满铺，如遇预留预埋件（除内外叶连接件）位置按要求开孔避让。

e. 墙板预埋套筒周边 150 mm 范围内不放置轻质材料，内外叶连接钢筋位置（穿过保温层）50 mm 范围内不放置轻质材料。

f. 内叶剪力墙身顶面、底面及两侧端面混凝土表面粗糙度不小于 6 mm，其中两侧端面沿墙厚居中布置防水橡胶条。

B. 外墙板一预制非剪力墙（梁+填充墙）：（混凝土强度 C35）。

a. 预制非剪力墙身结构：外叶 50 mm（混凝土）+保温层 50 mm（XPS）+内叶 200 mm（梁+填充墙），内外叶通过预埋连接件连接。

b. 墙板外叶配置 φ6@150 单层双向钢筋网片；内叶包括上部梁与下部填充墙，其中梁按结构施工图要求配置所需钢筋，填充墙沿墙厚居中配置泡沫 EPS（$t=100$ mm）钢丝网架，即内叶结构为 50 mm（混凝土）+泡沫 100 mm（EPS+钢丝）+50 mm（混凝土）；墙板四周配 2 单 10 钢筋加强，门窗洞口四周配 2 单 10 钢筋及抗裂钢筋（2 单 10，L=600 mm），当洞口周边网片筋不能放置时，需加钢筋补强，特殊注明处钢筋加强按图纸要求。

c. 除详图特殊标明外，保温层 50 mm（XPS）按外叶整面墙满铺，如遇预留预埋件（除内外叶连接件）位置按要求开孔避让（见第 7 点说明）。

d. 预制梁结合面（上表面）粗糙度不小于 6 mm，若无特殊注明，梁顶部统一配 2φ10 构造筋。

预制梁两端需设置剪力键(详见梁端头剪力键大样图)。

e. 预制填充墙距两侧端面 200 mm 范围内不放置轻质材料,且端面沿墙厚居中布置防水橡胶条。

f. 除特殊标注外,填充墙窗洞四周及底部均有 80 mm 混凝土封边。

g. 墙板预埋套筒周边 150 mm 范围内不放置轻质材料,内外叶连接钢筋位置(穿过保温层)50 mm 范围内不放置轻质材料。

h. 窗洞口设置结构防水翻边、预埋窗框及成品滴水槽;门洞口设置预留预埋件。

C. 预制混合墙体(剪力墙 + 边缘构件 + 梁 + 填充墙):(混凝土强度 C35)。

a. 预制混合墙身结构:外叶 50 mm(混凝土) + 保温层 50 mm(XPS) + 内叶 200 mm(剪力墙 + 梁 + 填充墙),内外叶通过预埋连接件连接。

b. 预制边缘构件设计按结构施工图要求配置箍筋及拉结钢筋,设置纵筋组件用于边缘构件墙身竖向连接。

c. 预制混合墙体兼备预制剪力墙与预制非剪力墙工艺设计特点,预制混合墙身详图设计应按照上述 A 和 B 所述工艺设计说明的对应内容要求执行。

D. 预制混凝土单板(外挂板):(混凝土强度 C35)。

a. 预制混凝土单板墙身结构:100 mm(混凝土)。

b. 墙板四周配 2 Φ 10 钢筋加强;墙板上部设置 ϕ12@ 600 连接钢筋,锚入后浇混凝土墙体内。

c. 墙板按设计要求预埋套筒。

E. 其他。

a. 总说明只包括通用做法和大样,其他大样及钢筋大小、规格详见工艺详图,按图生产。

b. 本项目预制边缘构件和剪力墙身分别采用 GT-12 与 GT-14 灌浆套筒进行纵向连接。

c. 预埋灌浆套筒灌浆孔需用软套管接出至墙板表面,同时应采取有效措施防止管路堵塞;灌浆套筒接管过程中,严禁将各软套管绑扎在一起进行混凝土浇筑。

d. 图纸未做要求的其他预埋(保温材料、门窗、线盒、线管、木方等),具体要求详见建筑、结构、水电、装修施工图;门洞口预埋木方按装修要求,参考装修标准及文件。

F. 图例及说明,如图 3.64 所示。

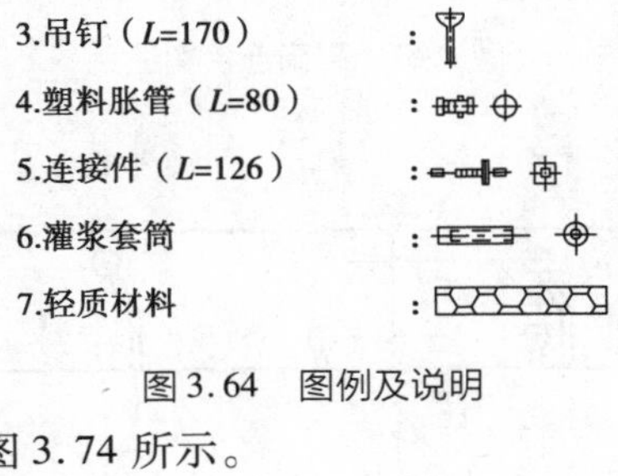

1. 一级、二级、三级钢:φ、Φ、Φ
2. 普通套筒(M16×70钢)
3. 吊钉(L=170)
4. 塑料胀管(L=80)
5. 连接件(L=126)
6. 灌浆套筒
7. 轻质材料

图 3.64　图例及说明

G. 图例大样,如图 3.65—图 3.74 所示。

3) 外墙板 WQY401 详图

① 外墙板 WQY401 详图如图 3.75、图 3.76 所示。

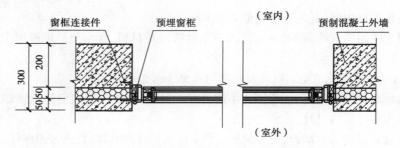

图 3.65　剪力墙窗框连接构造

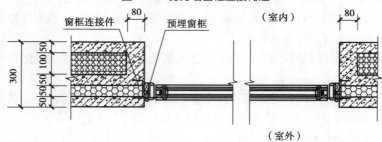

图 3.66　填充墙窗框连接构造

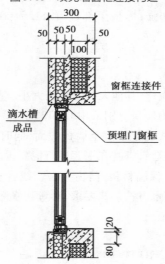

图 3.67　平窗连接构造

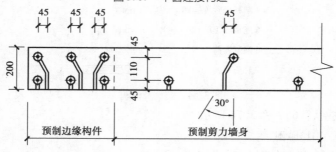

图 3.68　灌浆套筒注浆软管布置示意图

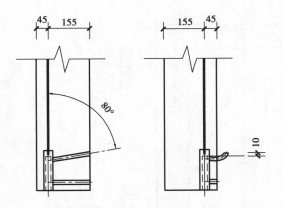

图 3.69　灌浆套筒注浆软管布置示意图

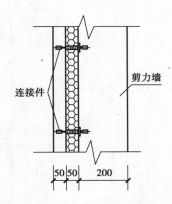

图 3.70　连接件预埋示意图（剪力墙）

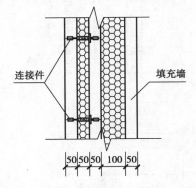

图 3.71　连接件预埋示意图（填充墙）

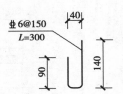

图 3.72　企口 U 形筋大样

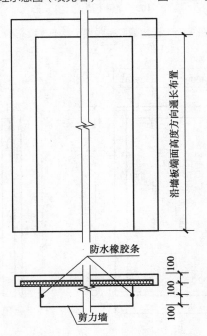

图 3.73　防水橡胶条预埋示意图（剪力墙）

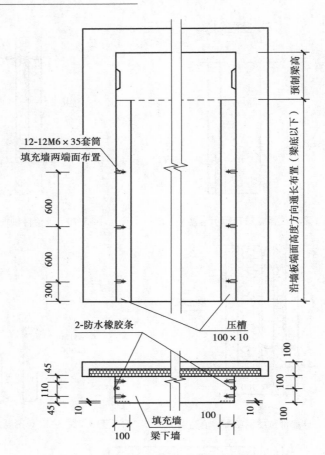

图 3.74 防水橡胶条预埋示意图（填充墙）

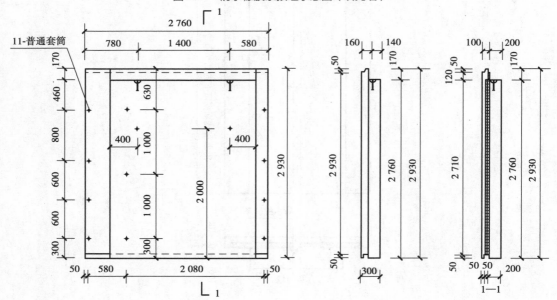

图 3.75 外墙板 WQY401 工艺深化设计

注：

（1）从墙左侧开始距墙边布置 M16 套筒是固定外叶 50 mm（混凝土）＋保温层 50 mm（XPS）；可从墙底 300 mm 以间距 600,600,800,800 mm 开始布置。

（2）由图 3.53 可知，外墙板 WQY401 在垂直方向有填充墙与之相连，填充墙与剪力墙之间用盒子＋M16 套筒连接，盒子一般固定在填充墙反端部，剪力墙中布置套筒。预制墙板与预制墙板 T 形相接时，在一侧墙板上预留套筒，另一侧预留 100 mm×100 mm×100 mm 或 100 mm×100 mm×80 mm（宽度）铁盒通过螺杆相连，沿墙高 300 mm,1 000 mm,1 000 mm；竖向现浇与 PC 墙边板（包括预制剪力墙）为防止后期开裂，在 PC 墙板端头预留 M6 套筒，PC 墙板吊装完成后，安装模板前，用丝螺杆连接，螺杆外露长度不小于 150 mm，带梁墙板沿墙高 300,600,800 mm 设置，无梁墙板沿墙高 300,600,600,800 mm 设置。

（3）起吊吊钉及墙斜支撑布置原则可参考"2. 外墙板 WQY201 详图"。

（4）前视图与剖面图中的外形应与建筑节点一一对应。

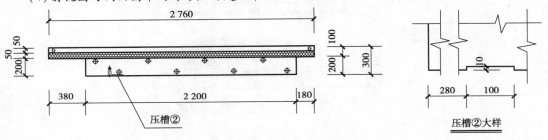

图 3.76　外墙板 WQY401 工艺深化设计

注：

在竖向现浇（预制）与预制部位，每边设置压槽，宽度为每边 100 mm，深度 10 mm 沿全高设置。需要注意的是，为了更好地黏结，压槽应从墙边进入 20 mm，当墙厚 100 mm 时，与之垂直的墙上压槽可以拉通，如图 3.77 右图所示，当墙厚 200 mm 时，压槽应从墙边进入 20 mm，与之垂直的墙上压槽可以不拉通，如图 3.77 中左图所示。

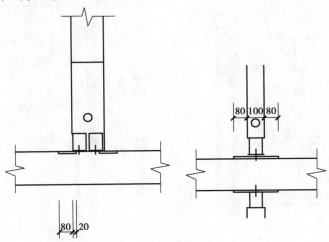

图 3.77　外墙板 WQY401 工艺深化设计

②外墙板 WQY401 配筋图,如图 3.78、图 3.79 所示。

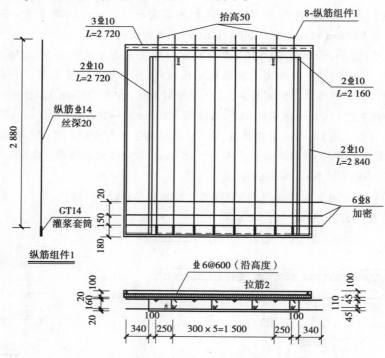

图 3.78　外墙板 WQY401 工艺深化设计

注:

墙身用套筒连接时,在保证构件安全、延性设计及配筋率的前提下,为了减小连接套筒个数,竖向连接纵筋最大值取 14 mm,同时配置适量的防开裂等分布筋,直径为 6 mm,不延伸至上层。

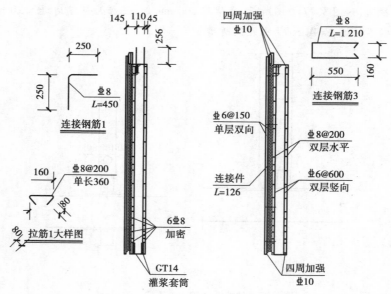

图 3.79　外墙板 WQY401 工艺深化设计

③WQY401 配筋及预埋件布置图,如图 3.80、图 3.81 所示。

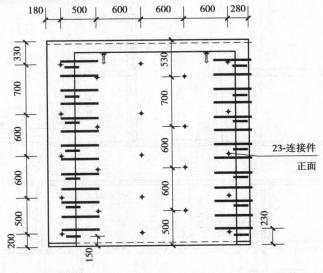

图 3.80 外墙板 WQY401 工艺深化设计

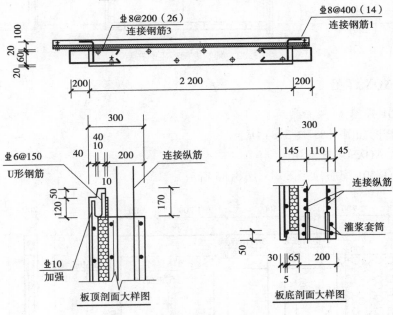

图 3.81 外墙板 WQY401 工艺深化设计

3.5 内墙(带梁)工艺深化设计原则

3.5.1 预制内墙板平面布置

预制内墙板平面布置图,如图 3.82 所示。

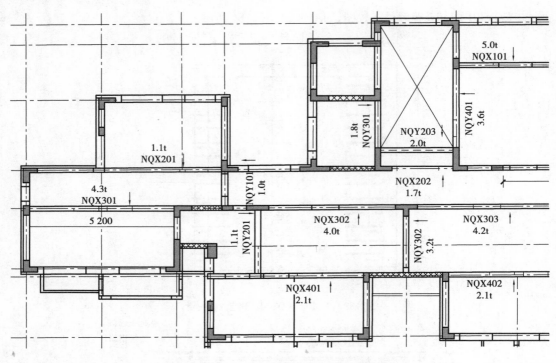

图 3.82　预制内墙板平面布置

3.5.2　NQX 详图

1) NQX301 详图

NQX301 详图如图 3.83、图 3.84 所示。

2) 内墙板 NQX301 配筋图

内墙板 NQX301 配筋,如图 3.85、图 3.86 所示。

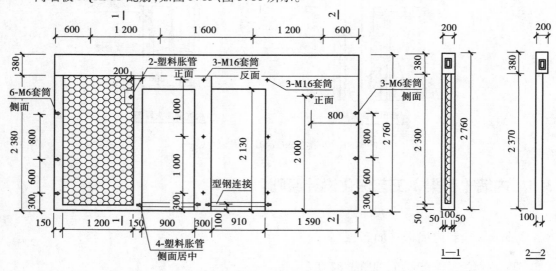

图 3.83　NQX301 工艺深化设计(一)

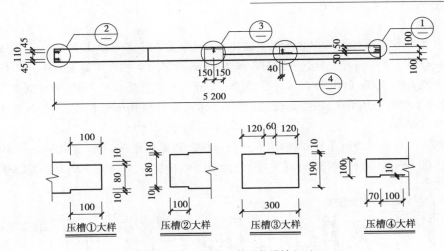

图 3.84　NQX301 工艺深化设计（二）

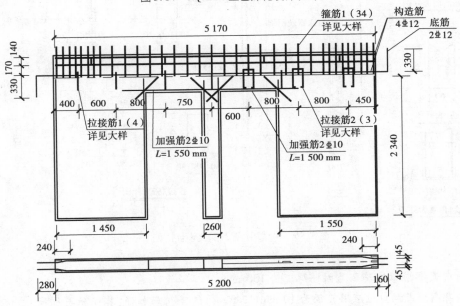

图 3.85　NQX301 工艺深化设计（三）

注：

①内隔墙带梁进行工艺深化设计时，应考虑很多细节问题，还要与周边垂直相交的隔墙用连接构件相连；梁与内隔墙之间应根据墙厚的不同，用不同的连接件相连。

②吊钉的定位，一般吊钉距墙边至少 200～300 mm，常取 500 mm 左右，中间的吊钉间距常取 1 200 mm 左右，如果吊钉根数比较多，中间吊钉间距一般应根据实际工程取，一般不超过 2 400 mm；吊钉应对称布置，当吊钉与其他预埋件或者开键槽"打架"时，应根据具体情况调整吊钉位置，以 50 mm 为模数。

③NQX301 左端与现浇暗柱先连接，竖向现浇与 PC 墙边板（包括预制剪力墙）之间为防止后期开裂，在 PC 墙板端头预留 M6 套筒，PC 墙板吊装完成后，安装模板前，用丝螺杆连接，螺杆外露长度不小于 150 mm，带梁墙板沿墙高 300,600,800 mm 设置，无梁墙板沿墙高 300,600,600,

800 mm 设置。

④墙斜支撑布置原则:5 m 以内布置 2 道,5~7 m 布置 3 道,7 m 以上布置 4 道,斜支撑距离楼面高度一般为 2 000 mm,且不小于 2/3PC 板高度,遇门窗洞口可将预留点上移。斜支撑与 PC 件端头水平距离为 300~700,面向临时通道 PC 板面上不宜设置临时支撑,宜设置在相反的一面;门洞处为了增强整体刚度,用型钢连接,型钢之间用 2 根塑料胀管相连,塑料胀管距墙底距离一般可取 100 mm。

⑤预制墙板与预制墙板 T 形相接时,在一侧墙板上预留套筒,一侧预留 100 mm × 100 mm × 100 mm 或 100 mm × 100 mm × 80 mm(宽度)铁盒通过螺杆相连,沿墙高 300,1 000,1 000 mm。

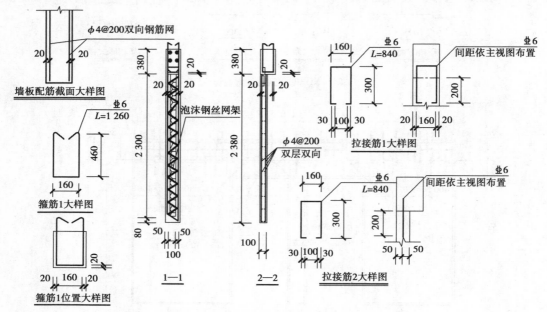

图 3.86　NQX301 工艺深化设计(四)

注:

①图中梁下用拉接筋 2 是因墙厚变为 100 mm。

②墙身周边或洞口边应用直径为 10 mm(三级钢)的竖向筋加强,其保护层厚度可取 20 mm;底筋锚固时,如果直锚不够,则采用“直 + 弯”的锚固形式;本工程剪力墙抗震等级为四级,混凝土强度等级 C35,查 11G101 第 53 页,l_{abE} 可取 $32d = 32 \times 22$ mm $= 704$ mm;左端支座为 400 mm 暗柱,直锚长度取 $0.4 l_{abE} = 704$ mm $\times 0.4 = 281.6$ mm,可取 290 mm 或 280 mm,弯锚 $= 15d = 330$ mm;右端支座为 200 mm 厚剪力墙平面外宽度,则直锚长度 $= 200$ mm(墙厚) $- 40$ mm(保护层 + 箍筋直径 + 竖向分布筋) $= 160$ mm,弯锚 $= 15d = 330$ mm;可采用加锚板的锚固形式。

3)NQX301 工艺图技术说明、图例说明

①墙板厚度为 100/200 mm:其中 100 mm 厚墙体为实心混凝土墙,墙体网片钢筋为 φ4@200 双层双向;200 mm 厚墙体为外侧 50 mm(混凝土) + 钢丝网架泡沫板 100 mm + 内侧 50 mm(混凝土);混凝土强度 C35。

②无特殊注明处,所有钢筋端面、最外侧钢筋外缘距梁、板边界 20 mm;预制梁结合面(上表面)不小于 6 mm 粗糙度。

③除特殊注明外,墙左右侧和底部以及门窗洞口四周配2 Φ 10 加强筋;门窗洞口角部设置2 Φ 10, $L=600$ mm 抗裂钢筋,构件出厂前需在识图方向注明正反面。

④预制梁箍筋加密区长度应为 1.5 × 梁高,详见大样图说明;预制梁部分顶部若无特殊标注统一配2 Φ 10 架立筋,长度见详图。

⑤除特殊注明外,墙板预埋位置周边 150 mm 范围内不放置轻质材料。

⑥吊钉的规格为 $L=170$ mm、载荷 2.5 t,沿梁厚居中布置,底部加持 2 Φ 10($L=200$ mm)防拔钢筋。

⑦门洞周边预留木方,木方尺寸和定位见《门洞预留木方标准图》;门洞两侧配置塑料胀管架与预留木方位置冲突,可适当调整木方位置。

⑧图纸未做要求的其他预埋(保温材料、门窗、线盒、线管、木方等),具体要求详见建筑施工图、结构施工图、水电施工图和装修施工图。

⑨图例说明,如图 3.87 所示。

塑料胀管($L=80$ mm):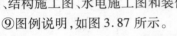

吊钉($L=170$ mm):

M6($L=35$ mm)、M16($L=70$ mm)套筒:

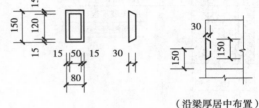

（沿梁厚居中布置）

图 3.87　梁端面剪力键大样图

3.6　内隔墙（不带梁）节点做法与工艺深化设计原则

3.6.1　内隔墙节点做法

1) 内隔墙与楼板连接节点

内隔墙与楼板连接节点如图 3.88 所示。

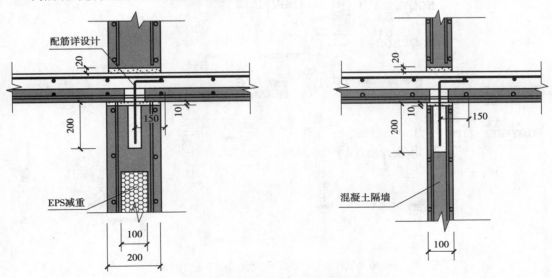

图 3.88　内隔墙与楼板连接节点详图

2) 预制内墙连接

预制内墙连接如图 3.89 所示。

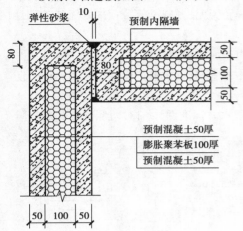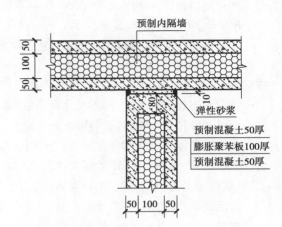

图 3.89　预制内墙连接详图

3.6.2　内隔墙(不带梁)工艺深化设计原则

1) 内隔墙(不带梁)平面布置图

内隔墙(不带梁)平面布置(部分)如图 3.90 所示。

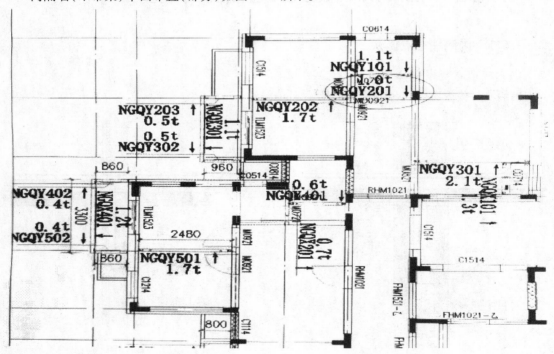

图 3.90　内隔墙（不带梁）平面布置（部分）详图

注：

①面向临时通道 PC 板面上不宜设置临时支撑,宜设置在相反的一面;卫生间为了方便贴瓷砖等,一般把预制内隔墙毛糙面布置在卫生间内,所以卫生间内的隔墙正面一般在卫生间,如图中画圈所示。

②内隔墙与内隔墙或内隔墙与剪力墙之间应留 10 mm 安装缝,当内隔墙与现浇剪力墙部分相连时,不留 10 mm 安装缝。

③层高 2 900 mm,叠合板厚度 120 mm,隔墙底部坐浆 20 mm,隔墙与上层板底之间留有 10 mm 安装缝,内部隔墙高度为(2 900 − 120 − 20 − 10) mm = 2 750 mm。

④空调板上隔墙高度 = 2 900 mm(层高) − 100 mm(空调板厚度) − 20 mm(墙底座浆) − 10 mm(隔墙与上层板底之间安装缝) = 2 770 mm。

⑤阳台外隔墙高度 = 2 900 mm(层高) − 20 mm(墙底座浆) = 2 880 mm。

⑥客厅处板厚 130 mm,则此处内隔墙高度 = 2 900 mm(层高) − 130 mm(叠合板厚度) − 20 mm(墙底座浆) − 10 mm(隔墙与上层板底之间安装缝) = 2 740 mm。

2) 内隔墙 NGQY101 详图

①内隔墙 NGQY101 详图如图 3.91 所示。

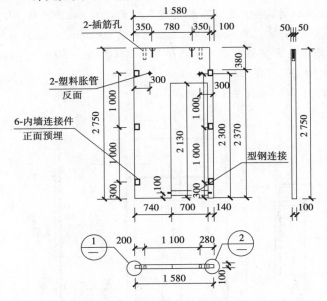

图 3.91   内隔墙 NGQY101 详图

注：

①吊钉隔墙边的距离一般至少为 200 ~ 300 mm,当吊钉根数比较多时,中间部分的吊钉间距一般可取 1 200 mm 左右,最大一般不超过 2 400 mm,且中间部分吊钉的间距应大于两边吊钉的间距。

吊钉与隔墙上插筋孔中心距的距离一般最小取 100 mm,所以内隔墙 NGQY101 吊钉与隔墙边的距离取 200 mm + 100 mm = 300 mm;吊钉应对称布置,当吊钉与其他预埋件或开键槽"打架"时,应根据具体情况调整吊钉位置,以 50 mm 为模数:隔墙上插筋孔中心距离隔墙边的最小距离一般为 200 mm,一般布置 2 个。

②预制墙板与预制墙板 T 形相接时,在一侧墙板上预留套筒,一侧预留 100 mm × 100 mm × 100 mm 或 100 mm × 100 mm × 80 mm(宽度)铁盒(一般以内部隔墙为主)通过螺杆相连,沿墙高 300,1 000,1 000 mm。

③内隔墙 NGQY101 右边开缺是因为与梁"打架",梁设计高度为 500 mm,减去叠合楼板高度 120 mm,则开缺高度应为 500 mm − 120 mm = 380 mm,且隔墙与上层板底之间留有安装缝 10 mm,能保证正常安装,开缺宽度为 100 mm,因为"打架部位"的宽度为 100 mm,且内隔墙与内隔墙或内隔墙与剪力墙之间应留 10 mm 安装缝,能保证正常安装。

④墙斜支撑布置原则:5 m 以内布置 2 道,5 ~ 7 m 布置 3 道,7 m 以上布置 4 道,斜支撑距离楼面高度一般为 2 000 mm,且不小于 2/3PC 板高度,遇门窗洞口可将预留点上移。斜支撑距离 PC 件端头水平距离为 300 ~ 700 mm,面向临时通道 PC 板面上不宜设置临时支撑,宜设置在相反的一面。

NGQY101 布置两道墙斜支撑,距离隔墙底部的高度一般以 2 000 mm 居多,遇到洞口时最大不超过 2 400 mm。

⑤门洞处为了增强整体刚度,用型钢连接,型钢之间用 2 根塑料胀管相连,塑料胀管距墙底一般可取 100 mm。

⑥开门洞或其他洞口时,应根据门洞表或建筑立面图绘制;内隔墙 NGQY101 门洞尺寸为 700 mm × 2 100 mm;由于隔墙有 20 mm 坐浆,且房间内有 50 mm 找平装修层等,因此在数学上应符合以下公式:内隔墙上门洞实际高度 + 坐浆厚度 = 2 100 mm + 50 mm,所以,内隔墙上门洞实际高度 = 2 100 mm + 50 mm − 20 mm = 2 130 mm。

⑦内隔墙 NGQY101 配筋图如图 3.92 所示。

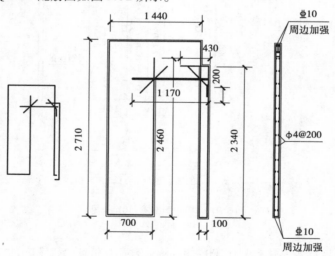

图 3.92　内隔墙 NGQY101 配筋详图

注:

①内隔墙四周属于不连续的地方,墙板四周配 2 Φ10 钢筋加强,门洞口四周配 2 Φ10 钢筋及抗裂钢筋(2 Φ10,L = 600 mm)。

②对于 100 mm 厚的内隔墙,可设置 Φ4@200 的水平与竖向分布筋,属于构造,但不满足 0.15% 的配筋率。Φ4@200 = 63 mm²,两侧总面积 = 126 mm²,小于 0.15% × 100 mm × 1 000 mm =

150 mm²。

③洞口上加强筋从墙边伸至隔墙内的长度可按受拉锚固长度取,32d = 320 mm;在实际设计中,当计算出受拉锚固长度后,可以 50 mm 模数进行调整,取 350 mm。

④门洞附加筋的长度取 600 mm,45°或 135°布置;一般可复制。如果布置时,钢筋伸出墙外,可按图 3.93 进行处理,以附加钢筋端点为圆心,做直径为 200 mm 的圆。

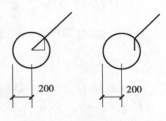

图 3.93　门洞附加筋处理详图

⑤当洞口边垛宽度≤100 mm 时,可以"砍掉"洞口高度范围内的垛,现浇处理,否则在施工中容易被破坏。

③内隔墙 NGQY101 工艺图技术说明、图例说明如图 3.94 所示。

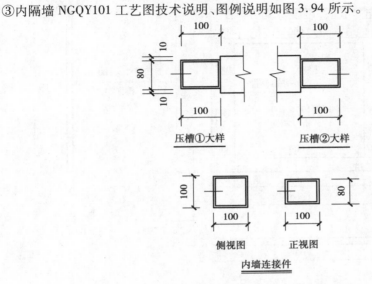

图 3.94　内隔墙 NGQY101 工艺详图

a. 采用 C35 混凝土,配 φ4@200 双层双向钢筋网。

b. 无特殊注明处,沿墙板外轮廓 2 ⊥ 10 加强钢筋;窗洞口四周配 2 ⊥ 10 钢筋及抗裂钢筋(2 ⊥ 10,L = 600 mm)。

c. 无特殊注明处,所有钢筋墙面、最外侧钢筋外缘距板边界 20 mm。

d. 无特殊注明处,板表面做抹平处理,所有构件出厂前需按视图方向注明正反面。

e. 吊具采用规模为 L = 170 mm 锚钉、载荷 2.5t,沿墙厚居中布置,底部加持 2 ⊥ 10 防拔钢筋,详见大样图。

f. 墙板顶部采用 φ50 波纹管预留插筋孔,孔深 200 mm,沿墙厚居中布置。

g. 墙板两端做 C10 倒角处理,具体见大样,未注端面不做处理。

h. 图纸未作要求的其他预埋(保温材料、门窗、线盒、线管等)。

i. 具体要求详见建筑施工图、结构施工图、水电施工图;图例说明如下:

● 一级、二级、三级钢:A,B,C。

● 塑料胀管(L = 80):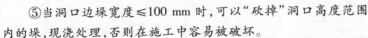

- 吊钉($L=170$)：$\perp$。
- 普通套筒(M16×70)：$\oplus$ $\oplus$ $\sqsubset$。
- 插筋孔：$\circ$ $\square$。

3) 内隔墙 NGQY301 详图

① 内隔墙 NGQY301 详图如图 3.95 所示。

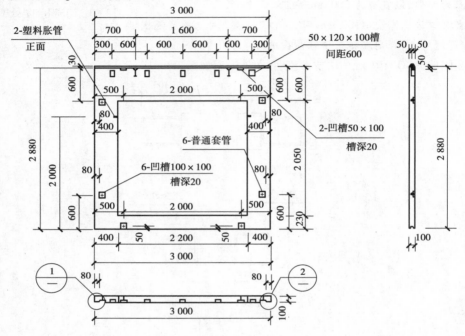

图 3.95　内隔墙 NGQY301 详图

注：

①内隔墙 NGQX301 不支撑在楼板上,应根据建筑图中的企口尺寸(图 3.96)绘制剖面图。

②内隔墙 NGQX301 不支撑在楼板上,其稳定性可在底部与两边设置凹槽 20 mm×100 mm×100 mm,用角钢及套筒分别与楼板、侧面相邻隔墙相连;在底部,由于阳台板降了标高 50 mm,因此设置了 20 m×100 m×50 mm 凹槽用角钢与阳台板相连。凹槽距墙边可取 500 mm 左右,凹槽间距离可取 2 000 mm 左右。

内隔墙 NGQX301 不支撑在楼板上,在其顶部向下 50 mm(阳台降 50 mm)开始设置 50 mm×120 mm×100 mm 的槽口,在槽口中用钢筋与阳台上现浇层楼板相连。槽口距隔墙边可取 300 ~ 500 mm,槽口间距可取 600 ~ 1 500 mm,为了保证结构的稳定性,NGQX301 中的槽口可取小值,本工程中槽口间距根据建筑节点取值。

③侧面凹槽 20 mm×100 mm×100 mm 距墙边可取 80 mm,是为了方便放置角钢,如图 3.97 所示。

②内隔墙 NGQY301 配筋图如图 3.98 所示。

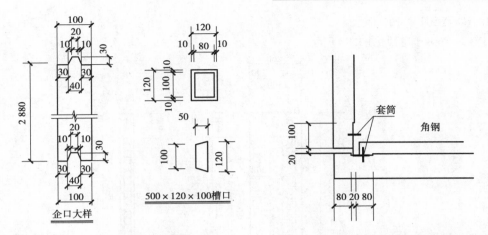

图 3.96　内隔墙 NGQX301 企口详图　　　　图 3.97　内隔墙 NGQX301 侧面凹槽详图

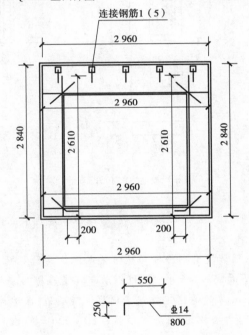

图 3.98　内隔墙 NGQY301 配筋详图

注：

①连接钢筋：根据建筑节点取值，距隔墙边 300 mm，以间距 600 mm 布置。

②甩筋水平段长度可按受拉锚固长度取值：$32d = 448$ mm，加上伸到隔墙内的长度，可保守取 550 mm；弯折长度可取 $15d = 210$ mm，以 50 mm 为模数，可取 250 mm。从受力的角度分析，钢筋靠与混凝土之间的咬合力和混凝土共同受力，钢筋主要承受拉应力，在满足"直锚"的前提下，直锚固长度没必要放大很多，因为现浇层与叠合层在板跨不是很大、受力不大的前提下，经有关实验验证，预制＋现浇的受力模式与传统现浇受力差别不大。弯折锚固属于构造要求。

③甩筋与隔墙顶距离取 80 mm＝50 mm（阳台板降标高）＋30 mm（保护层厚度＋板面筋直径）。

4）NGQY601 详图

①NGQY601 详图如图 3.99 所示。

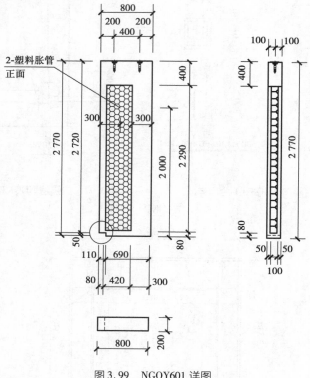

图 3.99　NGQY601 详图

注：

①NGQY601 支撑在空调板上，空调板上有翻边，所以根据建筑节点，在底部留有一个 80 mm×50 mm×200 mm 的缺口。

②NGQY601 在设计时，周边没有内隔墙与楼板帮助保证其稳定性，所以设计时，顶部设计成 200 mm×400 mm 暗梁，吊下面隔墙，墙身中通过钢筋与其支座剪力墙相连。

③根据建筑节点，200 mm 厚的泡沫钢丝网架内隔墙距墙边、底边为 80 mm，由于在墙右端要通过直径为 6 mm 的甩筋与剪力墙相连，则应留距离为 $80+32d=80$ mm $+32×6$ mm $=272$ mm，取 300 mm。

②内隔墙 NGQY601 配筋如图 3.100、图 3.101 所示。

注：

①暗梁配筋应通过计算确定。

②暗梁下部墙身甩出的钢筋可构造配置，直径为 6 mm，间距取 400～600 mm；锚固长度按 32d 取 192 mm，一般取 250 mm 偏于安全。

注：

①为了防止面筋、底部纵筋与边缘构件中的钢筋"打架"，可将梁面部、底部纵筋弯锚固，一根纵筋弯折后高度差一般为 20～50 mm。

②混凝土强度等级 C35，四级抗震，面筋直锚长度 $32d=32×14$ mm $=448$ mm，取 450 mm；底筋为悬挑构件，参考图集 11G101 第 89 页，直锚长度 $15d=15×14$ mm $=210$ mm，取 210 mm。

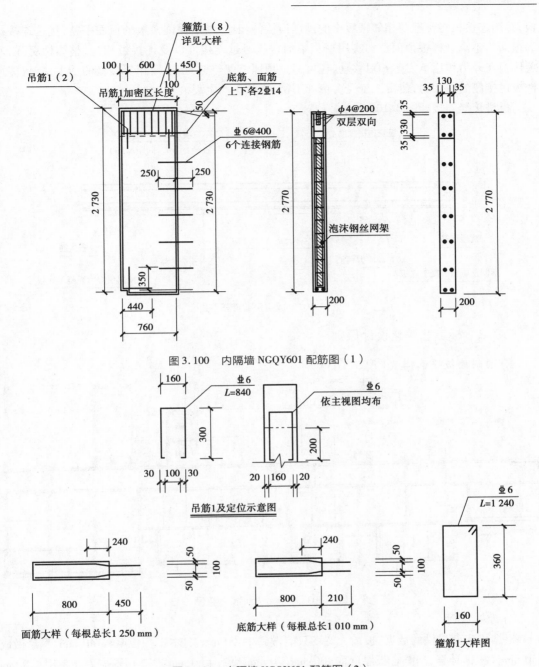

图 3.100 内隔墙 NGQY601 配筋图（1）

图 3.101 内隔墙 NGQY601 配筋图（2）

3.7 板节点做法与工艺深化设计原则

3.7.1 板节点做法

装配过程中,相邻设置的楼板分别搭接在墙板或梁上,二者密拼连接,在槽口内设置连接板,并用连接板将预埋与相邻楼板中的预埋连接件相连,为了保证楼板的板面平整,优选连接板的顶面应不高于楼板顶面。本实用新型中的楼板通过连接件以及连接板相连,整体性更强,避免楼板在外力作用下发生相对移动,还可通过预埋组件传递力,平衡相邻楼板的受力,有效传递楼板拼接侧的剪切力,使得二者受力更加平衡,不至于产生裂痕。

板拼接缝连接如图3.102所示。

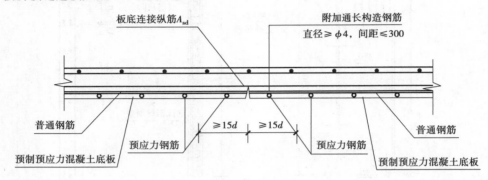

图3.102　板拼接缝连接详图

3.7.2　板工艺深化设计原则

1)预制楼板平面布置(图3.103)

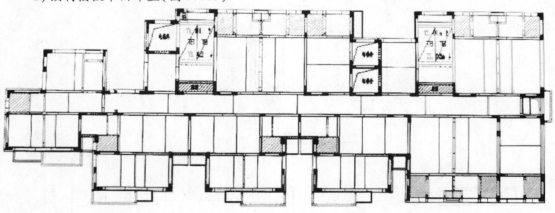

图3.103　预制楼板平面布置图

2)拆板原则

根据供应商提供的数据,板最大宽度只能做到2 400 mm,且本工程板厚≤140 mm,尽量做成130 mm。根据计算,当叠合板厚度取130 mm(70 mm预制+60 mm现浇),预应力筋采用4.8 mm螺旋肋钢丝时,板最大长度一般不超过4 800 mm。

由于该剪力墙结构中很少有次梁,基本上为大开间板且左右及上下板块之间具有对称性,总结出如下拆板原则:

①当板短边 a = 2 400 ~ 4 800 mm,长边 b = a ~ 8 000 mm,一般以长边为支座比较经济,板在安全的前提下,让力流的传递途径短这样比较节省材料。在拆分时,由于剪力墙结构中除了走廊,其他开间很少有 >8 000 mm 的,所以一般每块板的宽度可为: $b/2$ 或 $b/3$,在满足板宽≤2 400

mm 时尽量让板块更少,如图 3.104 所示。

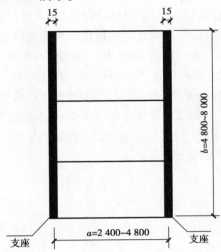

图 3.104　走廊楼板详图

②当板短边长为 1 200 ~ 2 400 mm,长边很长时,则可以以长边为支座,预应力筋沿着板长跨方向,但不伸入梁中,板受力钢筋沿短方向布置,如图 3.105 所示。

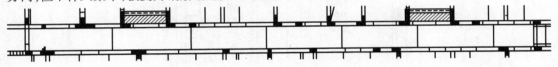

图 3.105　板受力筋详图

③当短边尺寸≤2 400 mm,长边尺寸≤4 800 mm 时,此时可布置一块单独的单向预应力板,但板四周都是梁时,可以以长边为支座,让力流的传递途径短,这样比较节省,如图 3.106 所示。当四周支座有剪力墙与梁时,应让支座尽量为剪力墙,这样传力直接,能增加结构的安全性,如图 3.107 所示。

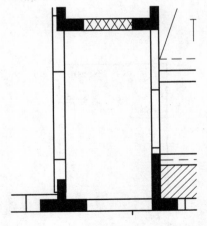

图 3.106　单向预应力板（无剪力墙）

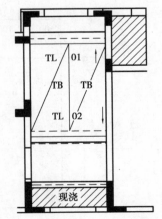

图 3.107　单向预应力板（有剪力墙）

④拆分板时,尽量避免隔墙在板拼装缝处。

在实际工程中,当允许板厚(预制+现浇)可以做到160~180 mm 时,在板宽≤2 400 mm 时,板的最大跨度可做到7.0 m 左右(板连续),此处拆板原则会与以上原则有很大的不同,一般可以以"短边"为支座,能减小拆分板的个数,减小生产、运输及装配时的成本。不同的产业化公司有不同的拆板原则,某产业化公司拆板时,以2 400 mm 与1 100 mm 宽的单向预应力叠合板为模数,外加宽度为2 000 mm 左右1~2 种机动板宽,板侧铰缝连接板规格可为200 mm 或300 mm,尽量密拼,总板厚为130~180 mm,最大跨度不超过7.2 m(板连续时),则拆板原则又和以上拆板原则有很大不同,一般以短边为支座,最好的办法是建筑户型尺寸应进行模块化设计,尽量与拆板原则一致,方便拆板、生产及装配。

3)楼板 LB04 详图

①楼板 LB04 构建信息。

楼板 LB04 平面图如图 3.108 所示。

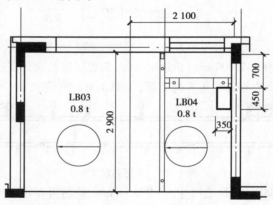

图 3.108　楼板 LB04 平面图

②楼板 LB04 详图如图 3.109 所示。

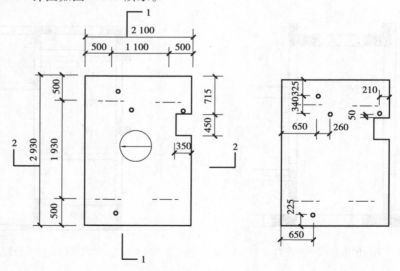

图 3.109　楼板 LB04 详图

注：

①LB04 短边长 2 100 mm,长边 = 2 900 mm + 15 mm(每边搁置 15 mm)×2 = 2 930 mm。

②底板长边 L_1 ≤6.5 m 时采用 4 个吊钩。吊钩设置位置:对于 2 400 mm 宽度的板,吊环中心点在短边方向距板边可取 500 mm;对于 1 200 mm 宽度的板,吊环中心点在短边方向板边可取 250 mm;对于 600 mm 宽度的板,吊环中心点在短边方向距板边可取 200 mm;对于任何板宽(≤2 400 mm),吊环中心点在长边方向距板边可取 0.2L,且小于 1 200 mm。

③在实际设计中,当板宽≥2 000 m 时,吊环中心点在短边方向距板边可取 500 mm 或按以上原则进行插值法取值;本工程长边为 2 930 mm,2 930 mm×0.2 = 586 mm,取 500,550,600 mm 均可。

④为了防止起吊时板开裂,吊环距离洞边一般应大于等于 200 mm。

⑤楼板 LB04 配筋图如图 3.110、图 3.111 所示。

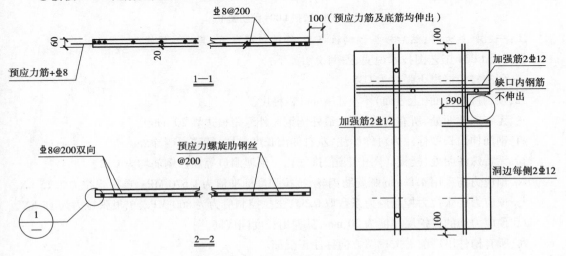

图 3.110　楼板 LB04 配筋图(1)

注：

①《预制预应力混凝土装配整体式框架结构技术规程》(JGJ 224—2010) 第 5.1.4 条:预制板端部预应力筋外露长度不宜小于 150 mm,搁置长度不宜小于 15 mm。在实际工程中,有的产业化公司为了留出施工误差,取 10 mm。

楼板 LB04 是底部普通纵筋与预应力共同受力,伸出板边的长度根据相关图集,应≥5d 且伸过墙中心线,所以取 100 mm。

②《预制预应力混凝土装配整体式框架结构技术规程》(JGJ 224—2010) 第 3.3.3 条:预制板厚度不宜小于 50 mm,且不应大于楼板总厚度的 1/2。预制板的宽度不宜大于 250 mm,且不宜小于 600 mm。预应力筋宜采用直径 4.8 mm 或 5 mm 的高强螺旋肋钢丝。钢丝的混凝土保护层厚度不应小于表 3.3 中的数值。

表 3.3　预制板保护层厚度取值

预制板厚度/mm	保护层厚度/mm
50	17.5
60	17.5
≥70	20.5

楼板 LB04 保护层厚度取 20 mm。

③100 mm 厚内隔墙下一般应配置 2 ϕ 12,200 mm 厚内隔墙下一般应配置 3 ϕ 12,以解决墙下应力集中的问题,加强纵筋间距可取 50 mm,可与板底受力钢筋一样,伸出板边 100 mm;洞口边应添加加强筋,可配置 2 ϕ 12,伸入板的长度可取 $l_{abE} = 32d = 384$ mm,一般取 390 mm。

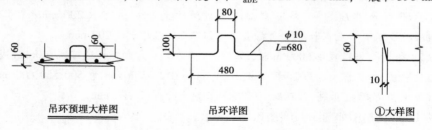

图 3.111　楼板 LB04 配筋图（2）

注:一般拷贝大样,然后根据预制板厚度,修改板厚即可,其他不用修改。

④楼板 LB04 工艺图技术说明、图例说明如下:

一、预制楼板混凝土强度为 C35。

二、预制楼结合面(上表面)不小于 4 mm 粗糙度。

三、无特殊注明处,所有钢筋端面、最外侧钢筋外缘距板边界 20 mm。

四、钢筋伸出长度标注为对称标注,左右伸出长度一样,特殊说明除外。

五、无特殊注明处,楼板详图中烟道、排气孔与预埋洞口等加强钢筋均为 C12。

六、预应力筋采用 4.8 mm 螺旋肋钢丝,抗拉强度标准值为 1 570 MPa,单根张拉力为 15 kN。

七、预应力筋张拉力控制应力系数取 0.55,张拉控制应力为 860 MPa,单根张拉力为 15 kN。

八、预应力筋的保护层厚度为 20 mm,且伸出长度同底筋。

九、所有构件出厂前需按视图方向标注正反面。

十、当平面中布置马镫形状抗剪构造钢筋时,X 方向及 Y 方向均为 400 mm,若与其他钢筋或空洞干涉,可适当调整。

十一、吊环若与其他干涉时,可根据重心适当调整。吊环需放置在网片之下。

十二、如未特殊说明,钢筋标注尺寸均为钢筋外缘标注尺寸。

注:

①《装配式混凝土结构技术规程》(JGJ 1—2014) 第 6.6.8 条:当未设置桁架钢筋时,在下列情况下,叠合板的预制板与现浇混凝土叠合层之间应设置抗剪构造钢筋:

a. 单向叠合板跨度大于 4.0 m 时,距支座 1/4 跨范围内;

b. 双向叠合板短向跨度大于 4.0 m 时,距四边支座 1/4 短跨范围内;

c. 悬挑叠合板;

d. 悬挑板的上部纵向受力钢筋在相邻叠合板的后浇混凝土锚固范围内。

②《装配式混凝土结构技术规程》(JGJ 1—2014) 第 6.6.9 条:叠合板的预制板与后浇混凝土叠合层之间设置的抗剪构造钢筋应符合下列规定:

a. 抗剪构造钢筋宜采用马镫形,间距不宜大于 400 mm,钢筋直径 d 不应小于 6 mm;

b. 马镫钢筋宜伸到叠合板上、下部纵向钢筋处,预埋在预制板内的总长度不应小于 15d,水平段长度不应小于 50 mm。

③马镫钢筋距板边的距离可为 100 ~ 200 mm。

4）卫生间板 WB01 详图

①卫生间板 WB01 详图如图 3.112 所示。

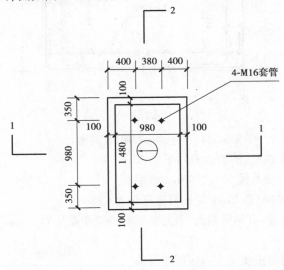

图 3.112　卫生间板 WB01 详图

注：

①起吊一般布置吊钉，但布置吊钉时，卫生间板太薄（一般为 100 mm），吊钉外露，影响后续使用，故改用 M16 的套筒起吊。

②套筒定位时，一般距板边的距离最小为 200 ~ 300 mm，取 300 ~ 500 mm 居多。

②卫生间板 WB01 配筋图如图 3.113、图 3.114 所示。

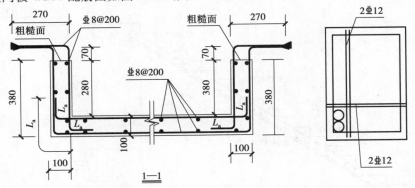

图 3.113　卫生间板 WB01 配筋图（1）

注：

一般拷贝大样，然后修改板厚、板沉降高度等。锚固长 270 mm 可按受拉锚固长度取：$32d = 256$ mm，一般取 270 mm。

注：一般拷贝大样，然后修改板厚、板沉降高度等。锚固长度 270 mm 可以按受拉锚固长度取：$32d = 256$ mm，一般取 270 mm。

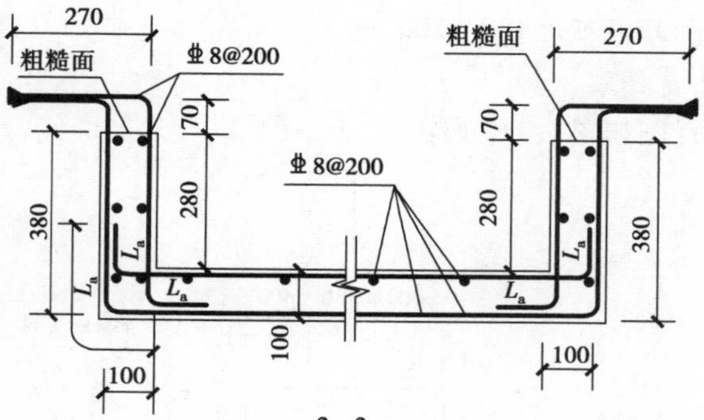

图 3.114 卫生间板 WB01 配筋图（2）

③WB01 工艺图技术说明、图例说明如下：

一、预制 U 形板结合面上做不小于 4 mm 粗糙面。

二、钢筋均采用 HRB400 钢筋，混凝土强度等级为 C35。

三、如无特殊注明处，所有钢筋端面、最外侧钢筋外缘距梁边界 20 mm，钢筋的标注尺寸均为钢筋外缘的标注尺寸。

四、所有构件出厂前需按视图方向注明正反面。

3.8 楼梯工艺深化设计原则

①在 TSSD 软件中的板式楼梯计算中，输入荷载，板厚按 1/25 取，踏步高度与宽度按实际尺寸输入，选取合适的配筋后绘图，也可拷贝楼梯结构施工图或建筑施工图中的轮廓进行修改，如图 3.115 所示。

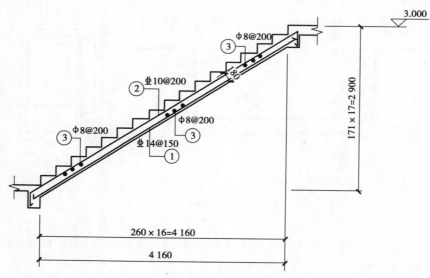

图 3.115 楼梯结构施工图

②将图 3.116 复制在 CAD 或天正旁边，再删除纵筋、分布筋及尺寸等，如图 3.117 所示。

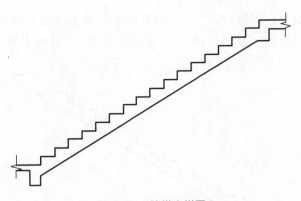

图 3.116 楼梯大样图

③删除剖断符号、平台板底板线等,图 3.117 中线性标注 260 mm 长度根据建筑确定,标注 190 mm 的长度≥170 mm(200 – 30 的缝长度),并且 260 + 190 之和最好为 50 mm 的模数。梯梁高度一般取 400 mm,梯段板支座处板厚一般取 200 mm。根据以上数据,再将梯段板底线延伸,测量梯段板底边线终点与梯段板支座处外边线的距离为 167 mm,由于此值大于等于 170 mm,故应拉伸 190 mm 部分,拉伸长度为 50 mm(以 50 mm 为模数拉伸),如图 3.117 所示。裁剪修改后,再把底部支座按上述原则修改,如图 3.118 所示。

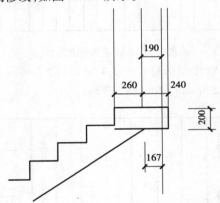

图 3.117 楼梯尺寸标注

注:不同的企业做法不一样,有的企业认为可以从梯段上边缘伸出 400 mm 即可(本工程取值为 500 mm),留出 30 mm 缝,一般可包罗所有情况。

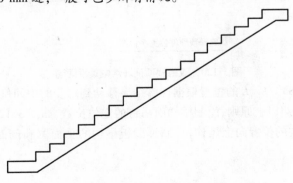

图 3.118 楼梯大样

④绘制梯段板平面图(参照建筑图)。先用矩形命令,根据梯段板的长与宽(宽度要注意减去一个 20 mm 的缝),绘制一个矩形。再用偏移与阵列命令完成剩下的线段绘制,如图 3.119 所示。

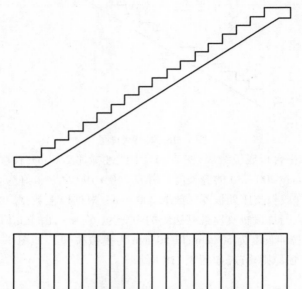

图 3.119　楼梯参照建筑图

⑤绘制并添加梯段板上楼梯面吊钉(一般 4 个即可)。梯段板的宽度为一般不宽,比如 1 200 ～ 1 600 mm,则满足 $b = 350$ mm 即可(图 3.120)。

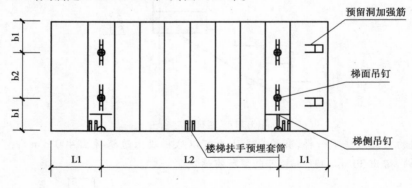

双跑梯预埋件位置平面图

图 3.120　双跑楼顶预埋件位置平面图

梯段板总长度/4.83 = L_1,L 的位置根据计算结果移动到踏步的中间位置(左边的向右移动,右边的向左移动)。按照以上原则,绘制楼梯面吊钉的定位位置,如图 3.121 所示。

将梯段板平面吊钩的位置向上延伸,复制梯段板吊钩的平面图和剖面图到指定位置,如图 3.122 所示。

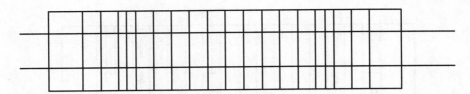

图 3.121 楼梯面吊钉的定位位置

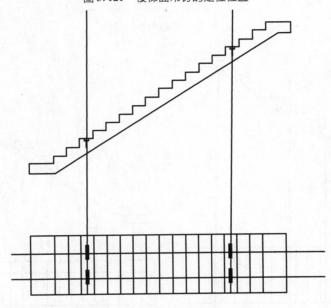

图 3.122 梯段板吊钩的平面图、剖面图

⑥添加梯段板梯侧吊钉。通过验算起吊时(考虑动荷载,动力系数取1.5)梯侧吊钉的荷载,若单个吊钉超过 25 kN,则需增设侧面吊钉2个(一般至少2个)。

CAD 把梯段板剖面图用 pe 或 bo 命令变成封闭线段,再输入命令 area/o,即可查看面积,本例中面积约为 1.48 m²,再乘以梯段板宽度 1.23 m,乘以重度 25 kN/m³,乘以动力系数 1.5,即可得到梯段板的质量为 69 kN(需要注意的是,梯段板梯侧吊钉要么2个,要么4个,应成对出现)。

如果只需两个梯段板梯侧吊钉,则梯段板总长度/4.83 = L_{11},L_{11} 的位置根据计算结果移动到踏步的中间位置(左边的向右移动,右边的向左移动)。

如果需要4个梯段板梯侧吊钉,则梯段板总长度/9.07 = L_{11},L_{11} 的位置根据计算结果移动到踏步的中间位置(左边的向右移动,右边的向左移动),L_{22} = 2.83 × L_{11},L_{11} 的位置根据计算结果(最边上的直线偏移 3.83 × L_{11} 的距离)移动到踏步的中间位置(左边的向右移动,右边的向左移动)按照以上原则,绘制梯段板梯侧吊钉的定位位置。再把梯段板梯侧吊钉剖面图(块)复制到定点位置,如图 3.123 所示。

再引线到梯段板剖面图中,梯段板厚度假如是 180 mm,则把梯段板剖面图中的底板线向上偏移 90 mm,把段板梯侧吊钉平面图(块)复制到定点位置,如图 3.124 所示。

⑦绘制梯段板支座处 80 mm × 80 mm 的插筋预留洞口,洞口中心线与梯段板长边的距离为 100 mm,短边为 250 mm,洞口边还有预留洞口加强筋。将洞口中心线引上去,绘制梯段板剖面图中的预留口,如图 3.125 所示。

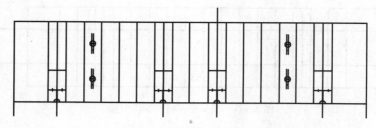

图 3.123　梯段板梯侧吊钉

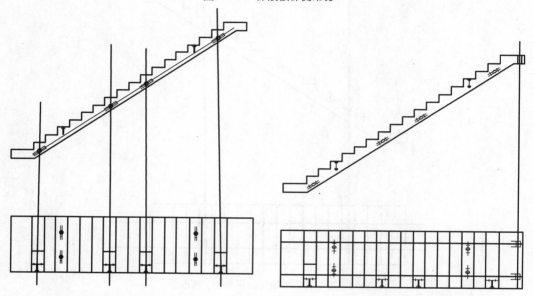

图 3.124　梯段板剖面图、梯段板梯侧吊钉平面图　　图 3.125　梯段板剖面图预留孔洞

⑧标注尺寸。标注踏步尺寸、板厚尺寸、支座尺寸,在梯段板梯侧吊钉、梯段板梯面吊钉位置定位,添加文字说明,如图 3.126 所示。

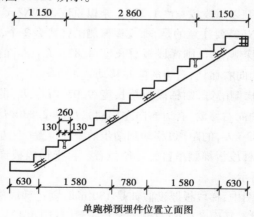

单跑梯预埋件位置立面图

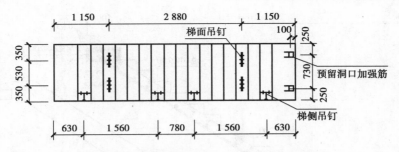

图 3.126　梯段板梯侧吊钉、梯段板梯面吊钉详图

⑨绘制钢筋及钢筋大样。从图 3.127 中复制画圈的线段,并将其修改为封闭线段,自己手动绘制封闭箍筋及纵筋,然后定点复制到梯段板剖面图中。

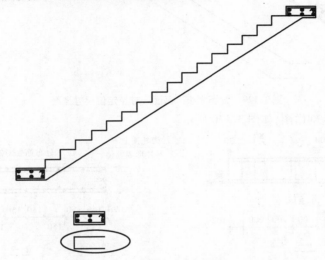

图 3.127　梯段板钢筋详图

在图 3.127 中上绘制面筋、纵筋及分布筋,然后放样,如图 3.128 所示。

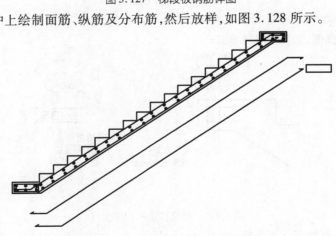

图 3.128　面筋、纵筋及分布筋放样图

标注配筋大小、截面尺寸及定位尺寸等,如图 3.129 所示。

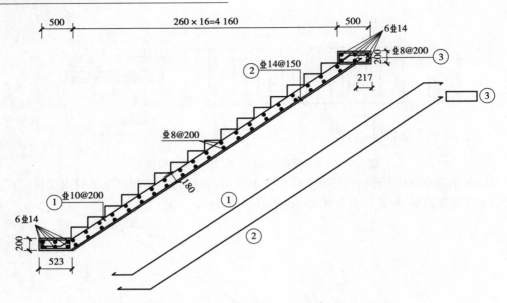

图 3.129　配筋大小、截面尺寸及定位尺寸详图

绘制 1—1、2—2 剖面图，如图 3.130 所示。

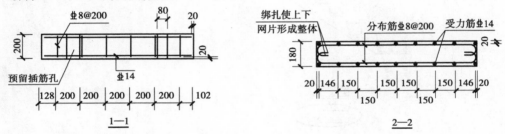

图 3.130　楼梯剖面图

注：一些尺寸应根据实际情况做适当调整。

绘制预留孔洞详图，如图 3.131 所示。

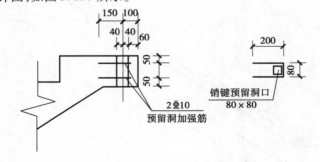

图 3.131　楼梯预留孔洞详图

绘制吊钉尺寸图，如图 3.132 所示。

绘制吊钉附加筋图，如图 3.133 所示。

绘制梯梁钢筋，如图 3.134、图 3.135 所示。

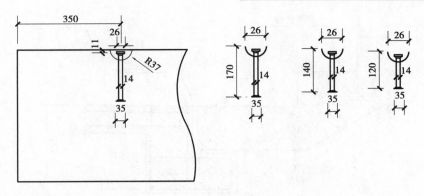

吊钉尺寸图

说明：
1.混凝土强度达到15 MPa时承载力2.5 t选用以上3种规格。
2.吊钉的长度选取原则：吊钉的长度宜从踏步面至超过楼梯板面受力筋。

图 3.132　吊钉尺寸图

图 3.133　吊钉附加筋图

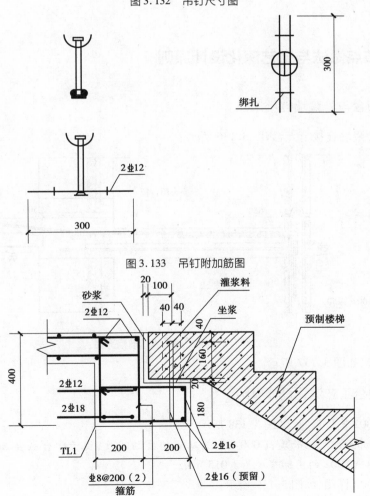

图 3.134　梯梁钢筋图（1）

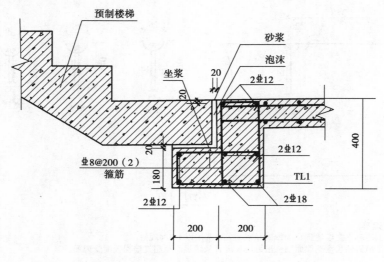

图 3.135　梯梁钢筋图（2）

3.9　阳台节点做法与工艺深化设计原则

3.9.1　阳台与外隔墙连接节点

①阳台与外隔墙连接节点，如图 3.136 所示。

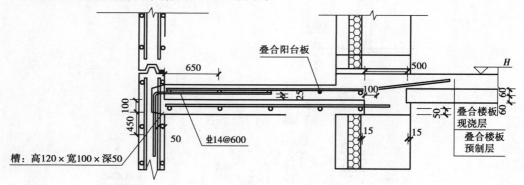

图 3.136　阳台与外隔墙连接节点详图

②阳台连接，如图 3.137 所示。

3.9.2　阳台工艺深化设计原则

①阳台 YTB02 构件信息，如图 3.138 所示。

注：3 100 mm 为阳台的长度；1 000 mm 为从梁边线的宽度，由于阳台板要搁置在叠合板上 15 mm，因此阳台 YTB02 的实际宽度为 1 015 mm。

②阳台 YTB02 详图，如图 3.139 所示。

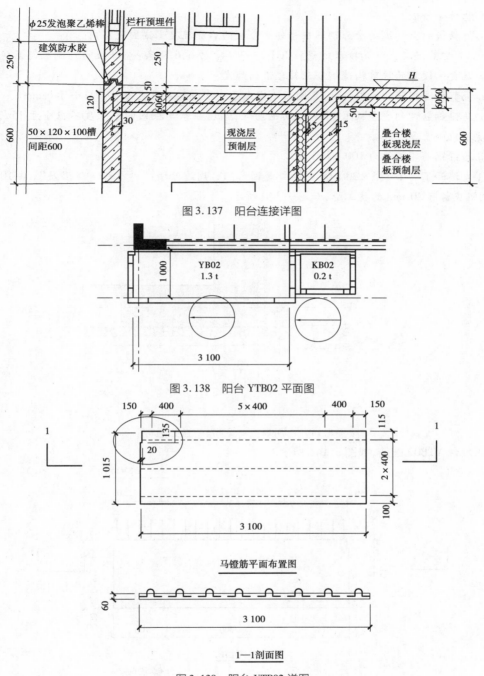

图 3.137　阳台连接详图

图 3.138　阳台 YTB02 平面图

马镫筋平面布置图

1—1剖面图

图 3.139　阳台 YTB02 详图

注：

①《装配式混凝土结构技术规程》(JGJ 1—2014) 第 6.6.8 条：当未设置桁架钢筋时，在下列情况下，叠合板的预制板与现浇混凝土叠合层之间应设置抗剪构造钢筋：

a.单向叠合板跨度大于 4.0 m 时，距支座 1/4 跨范围内。

b.双向叠合板短向跨度大于 4.0 m 时，距四边支座 1/4 短跨范围内。

c. 悬挑叠合板。

d. 悬挑板的上部纵向受力钢筋在相邻叠合板的后浇混凝土锚固范围内。

②《装配式混凝土结构技术规程》(JGJ 1—2014)第 6.6.9 条:叠合板的预制板与后浇混凝土叠合层之间设置的抗剪构造钢筋应符合下列规定:

a. 抗剪构造钢筋宜采用马镫形,间距不宜大于 400 mm,钢筋直径 d 不应小于 6 mm。

b. 马镫钢筋伸到叠合板上、下部纵向钢筋处,预埋在预制板内的总长度不应小于 15d,水平段长度不应小于 50 mm。

③马镫钢筋距板边为 100 ~ 200 mm。

④左端开了一个 135 × 20 × 60 的缺口是因为阳台周边外墙:"外叶板 + 保温层"(共 100 mm 厚)之间应留有 20 mm 的施工缝,如图 3.140 所示。

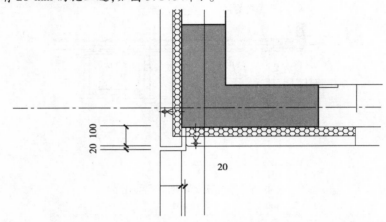

图 3.140　"外叶板 + 保温层"施工缝详图

③阳台 YTB02 配筋,如图 3.141 所示。

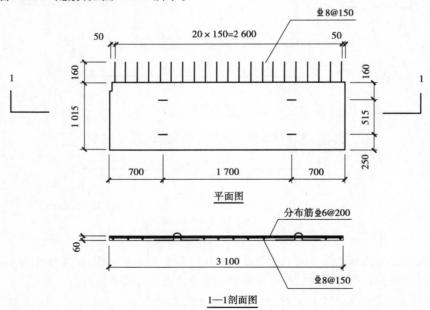

图 3.141　阳台 YTB02 配筋图

注：

①YTB02 由于悬挑长度不大(≤1.5 m)，在布置马镫钢筋后，"叠合＋现浇"的叠合板与现浇阳台差别不大，加上在混凝土强度达到要求后，才拆模，因此底部分布筋没必要配太大。

②$\phi 8@150$ 的底筋深入梁内的锚固长度可按 $15d$ 取，即 120 mm，在实际设计中，可取 200 mm（梁宽）－40 mm（保护层＋箍筋直径＋构造腰筋直径）＝160 mm。

④YTB02 工艺图技术说明、图例说明(图 3.142)。

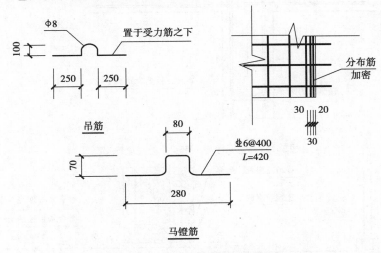

图 3.142　YTB02 工艺图图例说明

说明：

①预制阳台板结合面(上表面)的粗糙度不小于 4 mm。

②在板端 100 mm 范围内设 3 道加密横向均布的分布钢筋，分布钢筋在受力钢筋上绑牢或预先点焊成网片再安装。

③板边第一根受力钢筋距边小于 50 mm，中间为均布分布。

3.10　空调板节点做法与工艺深化设计原则

3.10.1　空调板节点做法

①空调板与(带梁)外隔墙连接(图 3.143)。

②预制空调板连接(图 3.144)。

空调板连接节点，其特征在于所述预制墙板具有双面槽口，一面槽口用来搁置预制空调板，另一面槽口用来搁置叠合楼板预制层和叠合楼板现浇层。

3.10.2　空调板工艺深化设计原则

①KB02 构件信息(图 3.145)。

②空调板 KB02 详图(图 3.146)。

注：剖面图应与建筑节点一一对应。

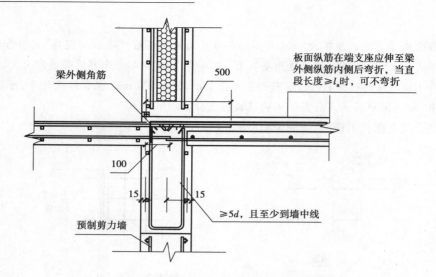

梁外侧角筋

500

板面纵筋在端支座应伸至梁外侧纵筋内侧后弯折,当直段长度≥l_a时,可不弯折

100

15   15

≥5d,且至少到墙中线

预制剪力墙

图 3.143　空调板与(带梁)外隔墙连接图

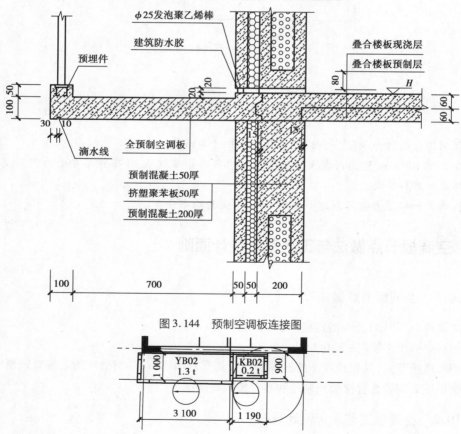

ϕ25发泡聚乙烯棒

建筑防水胶

叠合楼板现浇层

叠合楼板预制层

预埋件

80

H

100 50

20

20

60 60

30 10

15   15

滴水线

全预制空调板

预制混凝土50厚

挤塑聚苯板50厚

预制混凝土200厚

100   700   50 50   200

图 3.144　预制空调板连接图

YB02
1.3 t

KB02
0.2 t

1 000

900

3 100   1 190

图 3.145　KB02 平面图

③空调板 KB02 配筋(图 3.147)。

注:受力筋锚固长度可取 1.1l_{aE};底部分布筋可按 15d 取;然后对长度进行归并。

④空调板 KB02 工艺图技术说明、图例说明(图3.148)。

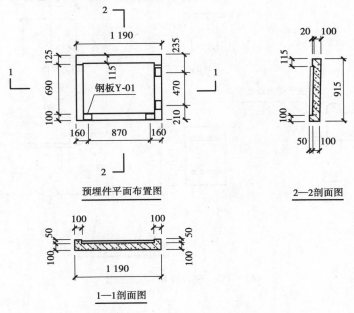

预埋件平面布置图

2—2剖面图

1—1剖面图

图3.146   空调板 KB02 详图

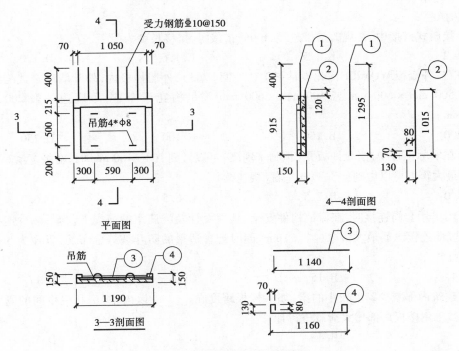

平面图

4—4剖面图

3—3剖面图

图3.147   空调板 KB02 配筋图

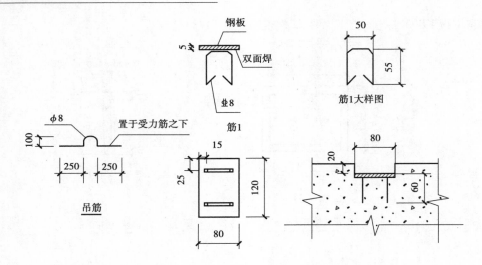

图 3.148　空调板 KB02 工艺图

章节测验

1. 选择题

（1）接触式搭接中，常规的搭接连接，100% 搭接时，搭接长度为（　　　）l_{aE}。

A. 1.2　　　　　　　B. 1.5　　　　　　　C. 1.6　　　　　　　D. 1.0

（2）在"外墙板 WQY201 深化设计（5）中"（图 3.63），外墙挂板内，外叶墙用玄武岩纤维筋连接，按 500 mm × 500 mm 或 500 mm × 600 mm 等呈梅花形布置，距底边一般 200 mm 或（　　　）mm。

A. 200　　　　　　　B. 150　　　　　　　C. 100　　　　　　　D. 250

（3）在实际工程中，当允许板厚（预制 + 现浇）可以做到 160 ~ 180 mm 时，在板宽≤2 400 mm 时，板的最大跨度可以做到（　　　）m 左右（板连续）。

A. 7.0　　　　　　　B. 7.5　　　　　　　C. 6.5　　　　　　　D. 6.0

（4）墙身用套筒连接时，在保证构件安全、延性设计及配筋率的前提下，为了减少连接套筒的个数，竖向连接纵筋最大值取（　　　）mm，同时配置适量的防开裂等分布筋，直径为 6 mm，不延伸至上层。

A. 14　　　　　　　B. 15　　　　　　　C. 16　　　　　　　D. 17

（5）建筑内部减少跨度较小的梁，如果楼板跨度在（　　　）以内，厨房和卫生间的隔墙底部不用做梁，采用楼板局部增大荷载进行计算。

A. 2　　　　　　　　B. 3　　　　　　　　C. 4　　　　　　　　D. 5

2. 填空题

（1）在装配式结构中，钢筋的 3 种连接方式分别是：_____、_____、_____。

（2）当洞口边垛宽度≤_____时，可以"砍掉"洞口高度范围内的垛，现浇处理，否则在施工中易被破坏。

（3）拆分板时，尽量避免_____在板拼装缝处。

（4）在对剪力墙结构进行布置时，多布置 L,T 形剪力墙，少在 L,T 形剪力墙中再加翼缘，特别是外墙，否则拆墙时被拆分的很零散，约束边缘构件太多，且约束边缘构件现浇时防止模板不稳（外墙）；L 形外墙翼缘长度一般≤_____mm。

（5）预制构件钢筋不宜采用弯锚，宜采用_____的锚固方案。

3. 简答题

（1）装配式剪力墙结构拆分设计的基本要点有哪些？

（2）剪力墙常用的拆分方式有哪些？

（3）当未设置桁架钢筋时，在什么情况下，叠合板的预制板与现浇混凝土叠合层之间应设置抗剪构造钢筋。

第4章　装配整体式框架结构深化设计

装配整体式框架结构是指框架梁、柱、板等受力构件采用预制装配式构件,通过节点后浇连接,使得承载力和变形满足要求的结构。该体系工业化程度高,可达80%预制比例,内部空间大,使用空间可灵活改变;框架梁、柱构件便于标准化、定型化和大规模工业化生产制作;施工简便且效率较高。研究表明,合理的构造措施和可靠的节点连接可使装配整体式框架结构等同现浇混凝土框架结构。

装配整体式框架结构的缺点是室内梁柱外露,影响空间利用和观感;由于是梁柱结构,在强震下,结构产生较大水平位移导致严重非结构性破坏;对高层住宅,梁、柱的内力增加明显,材料消耗和成本变大,限制了其在高层住宅建筑中的应用。

预制装配式建筑即集成房屋,是将建筑的部分或全部构件在工厂预制完成,然后运输到施工现场将构件通过可靠的连接方式组装而建成的房屋。在欧美及日本被称为产业化住宅或工业化住宅。

装配式建筑有两个主要特征:第一个特征是构成建筑的主要构件(特别是结构构件)是预制的;第二个特征是预制构件的连接方式必须可靠。

装配式建筑按结构材料分,可分为装配式钢结构建筑、装配式钢筋混凝土建筑、装配式轻钢结构建筑和装配式复合材料建筑(钢结构、轻钢结构与混凝土结合的装配式建筑)。

装配式建筑按高度分,可分为低层装配式建筑、多层装配式建筑、高层装配式建筑和超高层装配式建筑。

装配式建筑按结构体系分,可分为框架结构、框架-剪力墙结构、筒体结构、剪力墙结构、无梁板结构、预制钢筋混凝土柱单层厂房结构等。

装配式建筑按预制率分,可分为高预制率(70%以上)、普通预制率(30%~70%)、低预制率(20%~30%)和局部使用预制构件等。本章主要介绍装配式框架结构。

(1)主要组成

框架结构是由梁和柱连接而成的。梁柱交接处的框架节点通常为刚接,有时也将部分节点做成铰接或半铰接。柱底一般为固定支座,必要时也可设计成铰支座。为利于结构受力,框架梁宜拉通、对直,框架柱宜纵横对齐、上下对中,梁柱轴线宜在同一竖向平面内。有时由于使用功能或建筑造型上的要求,框架结构也可做成缺梁、内收或梁斜向布置等,如图4.1、图4.2所示。

(2)平面布局

框架结构的平面布置既要满足生产施工和建筑平面布置的要求,又要使结构受力合理、施工方便,以加快施工进度、降低工程造价。

图4.1　装配式结构(1)

图4.2　装配式结构(2)

建筑设计及结构布置时既要考虑构件的最大长度和最大质量,使之满足吊装、运输设备的限制条件,又要考虑构件尺寸的模数化、标准化,并尽量减少规格种类,以满足工厂化生产的要求,提高生产效率。

　　注:装配整体式框架梁柱节点核心区抗震受剪承载力验算和构造应符合国家标准《混凝土结构设计规范》(GB 50010—2010)和《建筑抗震设计规范》(GB 50011—2010)中的有关规定;混凝土叠合梁端竖向接缝受剪承载力设计值和预制柱底水平接缝受剪承载力设计值应符合行业标准《装配式混凝土结构技术规程》(JGJ 1—2014)中的有关规定。

4.1　工程概况

本工程位于辽宁沈阳,为某公司产业园项目总部的办公大楼,采用预制预应力装配整体式框架结构技术体系,总建筑面积约 7 637 m²,主体地上 6 层,地下 0 层,建筑高度 23.75 m。该项目抗震设防类别为丙类,建筑抗震设防烈度为 6 度,设计基本加速度为 0.05 g,设计地震分组为第一组,场地类别为Ⅰ类,设计特征周期为 0.45 s,框架抗震等级为四级。

由于填土较深,局部达到 10 m,因此本工程采用摩擦端承桩,管桩外径:$D = 400$ mm(AB 型桩),根据工程地质勘查报告,桩端持力层为 8 号黏土层。

4.2　梁节点做法与工艺深化设计原则

4.2.1　梁节点做法

1)现浇混凝土结构

现浇混凝土梁的定额工作内容为:混凝土(制作)运输、浇捣和养护。定额子目包含完成梁混凝土浇捣所需的人工、水、混凝土、混凝土振捣器以及其他材料。

钢筋定额工作内容及定额子目包含内容同现浇混凝土柱。

梁模板的定额工作内容及定额子目包含内容同现浇混凝土柱。

2)装配式混凝土结构

预制混凝土梁构件的定额工作内容为结合面清理、构件吊装、就位、校正、垫实、固定、接头钢筋调直、搭设及拆除钢支撑。定额子目包含完成预制混凝土梁构件安装所需要的人工、混凝土梁构件、垫铁、零星卡具、松杂板枋材、钢支撑及配件、立支撑杆件以及其他材料。

后浇混凝土的定额工作内容及定额子目包含内容同装配式混凝土结构和预制混凝土柱构件。

注:叠合梁的箍筋配置应符合下列规定。

①抗震等级为一二级的叠合框架梁的梁端箍筋加密区宜采用整体封闭箍筋;当叠合梁受扭时宜采用整体封闭箍筋,且整体封闭箍筋的搭接部分宜设置在预制部分。

②当采用组合封闭箍筋(图 4.3)时,开口箍筋上方两端应做成 135°弯钩,对框架梁弯钩平直段长度不应小于 10d(d 为箍筋直径),次梁弯钩平直段长度不应小于 5d,现场应采用箍筋帽封闭开口箍,箍筋帽宜两端做成 135°弯钩,也可做成一端 135°另一端 90°弯钩,但 135°弯钩和 90°弯钩应沿纵向受力钢筋方向交错设置,框架梁弯钩平直段长度不应小于 10d(d 为箍筋直径),次梁 135°弯钩平直段长度不应小于 5d,90°弯钩平直段长度不应小于 10d。

3)框架梁箍筋加密区长度内的箍筋肢距

一级抗震等级,不宜大于 200 mm 和 20 倍箍筋直径的较大值,且不应大于 300 mm;二、三级抗震等级,不宜大于 250 mm 和 20 倍箍筋直径的较大值,且不应大于 350 mm;四级抗震等级,不宜大于 300 mm 且不应大于 400 mm。

①具体做法详见梁柱节点,顶层中间节点做法,如图 4.4 所示。

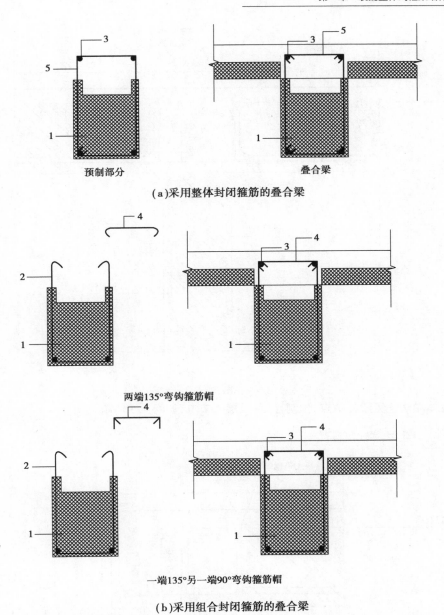

（a）采用整体封闭箍筋的叠合梁

两端135°弯钩箍筋帽

一端135°另一端90°弯钩箍筋帽

（b）采用组合封闭箍筋的叠合梁

图4.3　叠合梁箍筋构造示意图

1—预制梁；2—开口箍筋；3—上部纵向钢筋；4—箍筋帽；5—封闭箍筋

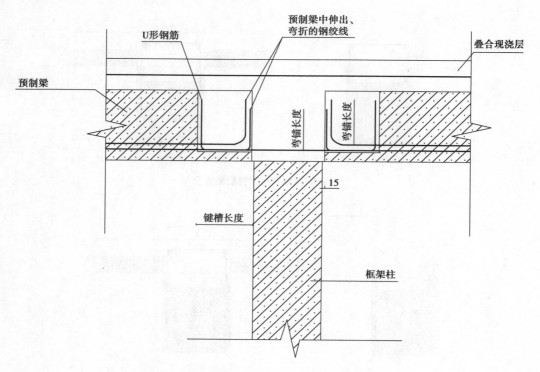

图 4.4　顶层中间节点做法

②具体做法详见梁柱节点,预制柱、顶梁层边节点,如图 4.5 所示。

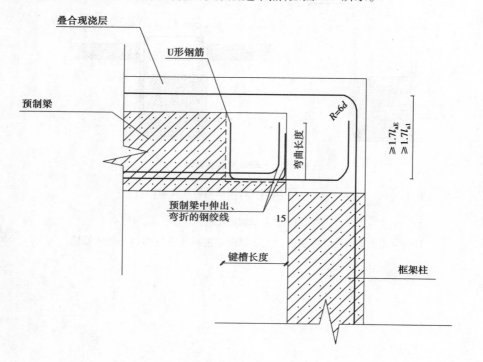

图 4.5　预制柱、顶梁层边节点

③具体做法详见梁柱节点,现浇柱和预制梁顶层边节点连接,如图4.6所示。

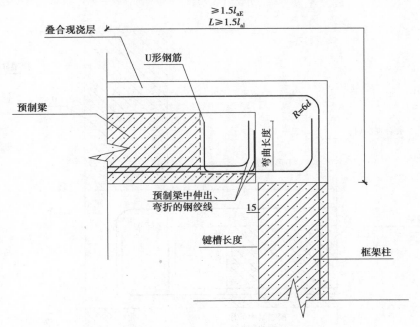

图4.6 现浇柱和预制梁顶层边节点连接

④具体做法详见梁柱节点,中间层中间节点,如图4.7所示。

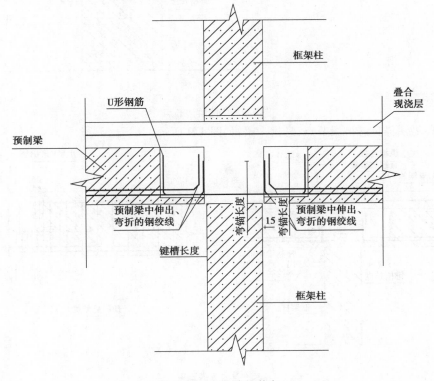

图4.7 中间层中间节点

⑤具体做法详见梁柱节点,中间层边节点,如图4.8所示。

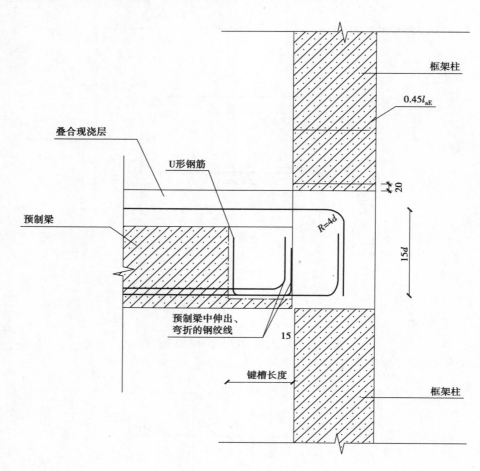

图4.8 中间层边节点

⑥具体做法详见悬挑梁节点,悬挑主梁,如图4.9所示。

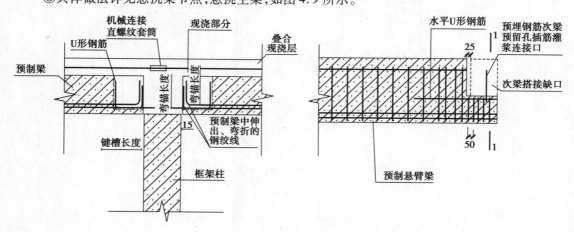

图4.9 悬挑主梁

⑦具体做法详见悬挑梁节点,次梁,如图 4.10 所示。

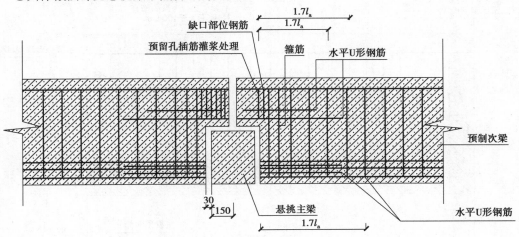

图 4.10　次梁

⑧具体做法详见主次梁连接节点,端部主次梁,如图 4.11 所示。

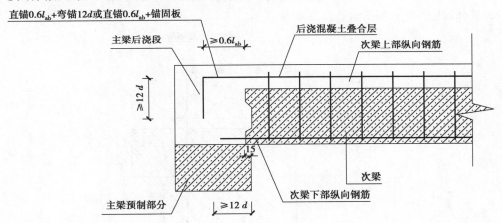

图 4.11　端部主次梁节点

注:钢筋应力不大于钢筋强度设计值的 50% 时,锚固直线段长度不应小于 $0.35l_{ab}$。

⑨具体做法详见主次梁连接节点,中间部主次梁,如图 4.12、图 4.13 所示。

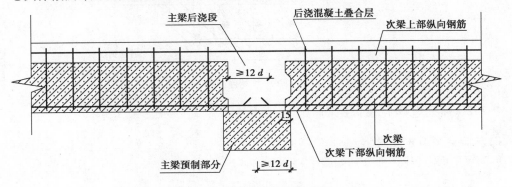

图 4.12　中间部主次梁节点(1)

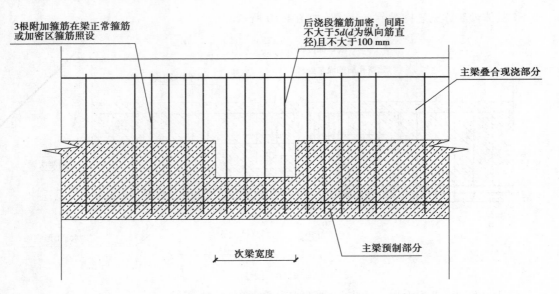

图 4.13　中间部主次梁节点(2)

⑩具体做法详见预制梁构造如图 4.14 所示。

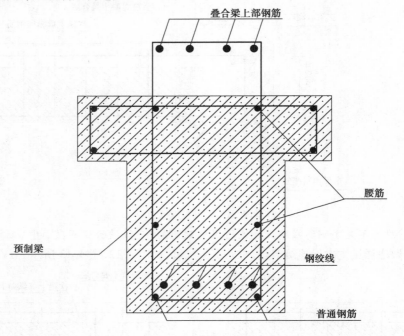

图 4.14　预制梁构造

4.2.2　梁工艺深化设计原则

1)屋面梁平面布置图(部分)

屋面梁平面布置图(部分),如图 4.15 所示。

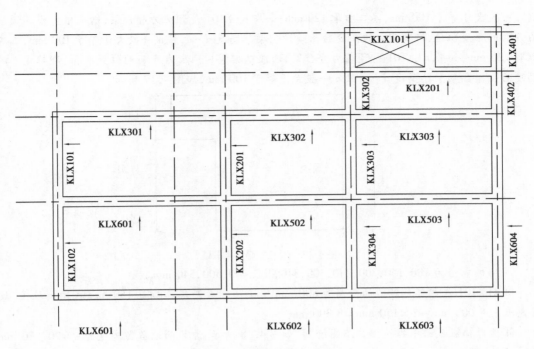

图 4.15   屋面梁平面布置图

注:

①排序一般遵循从上至下、从左至右的原则;

②图中箭头的方向为视图正面方向;

③框架梁搁置在预制柱上的长度为 15 mm。

2)屋面层梁 KLX101 工艺深化设计

(1)屋面层梁 KLX101 构件信息

屋面层梁 KLX101 所在位置的梁设计截面为 250 mm × 600 mm,其相连板采用 60 mm 厚混凝土 + 200 mm 单向预应力空心板,所以屋面层预制梁 KLX101 高度 h = 600 mm − 300 mm − 20 mm(梁垛上 20 mm 厚垫块) = 280 mm。

(2)屋面层梁 KLX101 前视图绘制及标注(图 4.16)

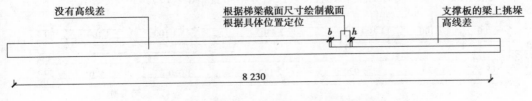

图 4.16   屋面层梁 KLX101 前视图绘制及标注

注:

①由于梯梁右边有预应力空心楼盖支撑在 KL101 上,参考图 4.14,可知梯梁右边的梁上挑出垛,故有高差线;梯梁左边没有高差线,是因为左边为楼梯间,没有预应力空心叠合板支撑在其上。

②KLX101 梁上挑垛的高度应根据具体情况具体分析,本工程 KLX101 不是预应力叠合板,

则 a 一般大于等于 100 mm，本工程取 120 mm；如果 KLX101 是预应力叠合梁，则应根据模具预应力开洞的位置取值，即确定 c 的高度后，a ＝预制梁总高度 $d-c$，且 a 一般大于等于 100 mm，本工程取 120 mm；如果 KLX101 是预应力叠合梁，则应根据模具预应力开洞的位置取值，即确定 c 的高度后，a ＝预制梁总高度 $d-c$，且 a 一般大于等于 100 mm，如图 4.17 所示。

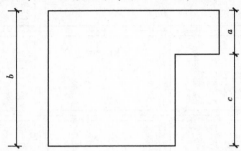

图 4.17　预应力叠合梁取值

注：c 的取值为 100,140,200,240,300,340,400,440,500,540 mm。

③KLX101 在相邻柱外边的距离为 800 mm 由于预制梁两端各搁置 150 mm 在预制柱上，故其总长为 8 000 mm＋2×150 mm＝8 300 mm。

④楼梯梯板截面根据楼梯施工图绘制，如图 4.18 所示，左右两边各留宽度为 b ＝20～30 mm 的安装缝。

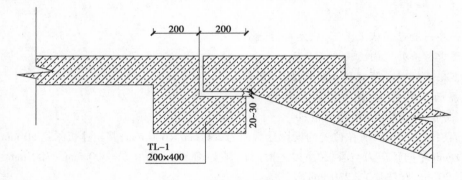

图 4.18　楼梯梯板截面图

（3）屋面层梁 KLX101 前视图中键槽、吊钉、哈芬槽布置（图 4.19）

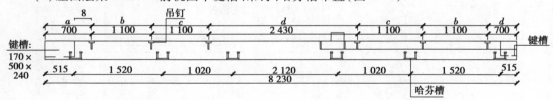

图 4.19　键槽、吊钉、哈芬槽布置

注：《预制预应力混凝土装配整体式框架结构技术规程》（JGJ 224—2010）第 5.1.2 条：梁端键槽和键槽内 U 形钢筋平直段长度应符合表 4.1。

表 4.1   梁端键槽和键槽内 U 形钢筋平直段长度

	键槽长度 L_j/mm	键槽内 U 形钢筋平直段长度 L_u/mm
非抗震设计	$0.5I_1 + 50$ 与 350 的较大值	$0.5I_1 + 50$ 与 300 的较大值
抗震设计	$0.5I_{1e} + 50$ 与 400 的较大值	$0.5I_{1e} + 50$ 与 350 的较大值

注:表中 I_1,I_{1e} 为 U 形钢筋搭接长度。

①《预制预应力混凝土装配整体式框架结构技术规程》(JGJ 224—2010)第 5.2.3 条:柱与梁的连接可采用键槽节点。键槽的 U 形钢筋直径不应小于 12 mm、不宜大于 20 mm。键槽内钢绞线弯锚长度不应小于 210 mm,U 形钢筋的锚固长度应满足现行国家标准《混凝结构设计规范》(2015 年版)(GB 50010—2010)的规定。当预留键槽壁时,壁厚宜取 40 mm;当不预留键槽壁时,现场施工时应在键槽位置设置模板,安装键槽部位箍筋和 U 形钢筋后方可浇筑键槽混凝土。U 形钢筋在边节点处钢筋水平长度未伸过柱中心时不得向上弯折。

②键槽的尺寸为 170 mm × 500 mm,240 mm 键槽底距梁底距离 k 一般可取 40 mm 键槽端部距离为 40 m,所以 170 mm = 250 mm(梁宽) – 40 mm × 2,240 mm = 280 mm(预制梁高) – 40 mm;由结构施工图可知,框架抗震等级为四级,混凝土强度等级均为 C40,U 形钢筋直径为 18 m,查 11G101 图集第 53 页可知,$L_{abE} = 29D = 29 × 18 = 522$ mm,查 11G101 图集第 55 页可知,纵向受拉钢筋搭接接头率为 100% 时,修正系数为 1.6,所以按表 4.1 计算,$0.5h_{1E} + 50 = 0.5 × 522$ mm × $1.6 + 50$ mm = 467.6 mm,取 500 mm。

③布置吊钉是为了吊装预制梁,第一个吊钉距梁端的距离 a 不宜小于 200 mm,一般取 500~600 mm,由于梁端部开了键槽,吊筋与键槽端部的最小距离 e 取 200 mm,所以 a 可取 700 mm;b 一般可取 1 000 ~ 1 500 mm,在实际工程中取 1 100 mm 或 1 200 mm 居多,并根据 c 的长度进行调整;c 宜大于 b,最大可取 2 400 mm,布置吊钉时,吊钉应成对布置,且应根据预制梁重量及每个吊钉所能承受的重量去布置吊钉。

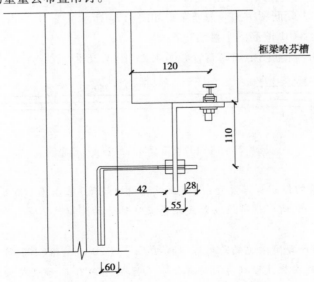

图 4.20   哈芬槽连接固定

④哈芬槽的布置,是为了通过连接螺纹杆固定外墙,如图 4.20 所示。哈芬槽距外梁边的距离应与建筑节点图一致,本工程取 120 mm;哈芬槽的布置,应与外墙上布置的连接螺纹杆定位一致,如图 4.21 所示,其中一片单独外墙至少布置 2 个哈芬槽,哈芬槽之间的最大距离一般可取 1 000 ~ 1 500 mm,哈芬槽距离梁边的最小距离一般可取 200 ~ 500 mm,外墙边距哈芬槽的最小距离一般可取 200 ~ 500 mm。

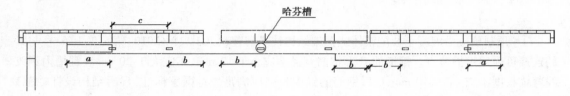

图 4.21　哈芬槽连接固定

(4)屋面层梁 KLX101 俯视图绘制,屋面层梁 KLX101 俯视图绘制(图 4.22)

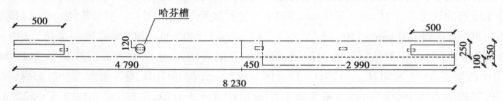

图 4.22　屋面层梁 KLX101 俯视图

(5)屋面层梁 KLX101 配筋图中底部纵筋及构造腰筋绘制

屋面层梁 KLX101 左右面筋分别为 4 Φ 22(三级钢),底部钢筋由 2 排 15.2 预应力筋(每排 2 根)+2 Φ 18 组成,设置 4 Φ 12 作为构造腰筋。面层梁 KLX101 配筋图底部纵筋及构造腰筋,如图 4.23 所示。

(6)屋面层梁 KLX101 配筋图中预应力筋布置

屋面层梁 KLX101 配筋图中预应力筋布置如图 4.24 所示。

(7)屋面层梁 KLX101 配筋图中箍筋布置

屋面层梁 KLX101 配筋图中箍筋布置如图 4.25、图 4.26 所示。

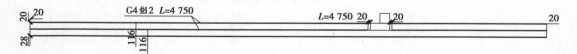

图 4.23　KLX101 配筋图底部纵筋及构造腰筋

注:

①底部 Φ18 纵筋的保护层厚度查《混凝土结构设计规范》第 8.2.1 条可知,箍筋外皮距离梁底部边的距离为 20 mm,所以底部纵筋外皮距离梁底部边的距离为 20 mm + 8 mm(箍筋直径) = 28 mm。

②纵筋或构造腰筋距离梁边的距离可取保护层厚度 20 mm;11G101 第 28 页规定梁侧面构造腰筋时,其搭接与锚固长度可取为 15d,本工程由于键槽内有 U 形筋与预应力筋,为了方便装配,故没有满足此条规定;构造腰筋的布置,可根据根数与位置,均匀间距布置。

③当预制梁两端均挑垛时,此时是 T 形梁,满足规范时可不配置构造腰筋,但如果采用预应力叠合梁时,先张预应力会在梁上产生"反拱",叠合梁上部混凝土受拉,也应配置适量的构造腰筋。

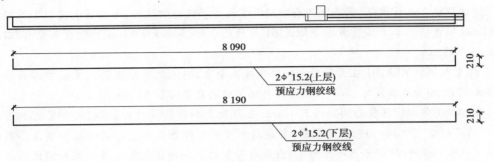

图 4.24   KLX101 配筋图中预应力筋布置

注:

①《预制预应力混凝土装配整体式框架结构技术规程》(JGJ 224—2010)第 5.2.7 条:预制梁底角部应设置普通钢筋,两侧应设置腰筋。预制梁端部应设置保证钢绞线的位置的带孔模板;钢绞线的分布宜分散、对称;其混凝土保护层厚度(指钢绞线外边缘至混凝土表面的距离)不应小于 55 mm;下部纵向钢绞线水平方向的净间距不应小于 35 mm 和钢绞线直径,各层钢绞线之间的净间距不应小于 25 mm 和钢绞线直径;梁腰筋若需锚入柱内,可在梁端壳内壁采用附加钢筋的形式锚入柱内。

②《预制预应力混凝土装配整体式框架结构技术规程》(JGJ 224—2010)第 5.2.3 条:键槽内钢绞线弯锚长度不应小于 210 mm。

③上下层预应力总长度相差 100 mm,是因为左边水平方向长度相差 50 mm(净距),右边水平方向长度相差 50 mm(净距)。

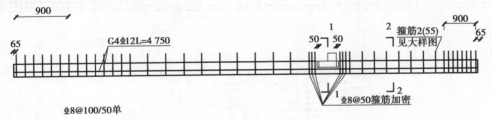

图 4.25   KLX101 配筋图中箍筋布置

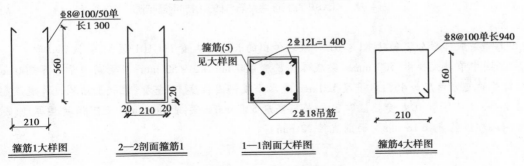

图 4.26   KLX101 配筋图中箍筋布置

注：

①梁端箍筋加密区第一根箍筋距离柱边一般为 50 mm,本工程预应力叠合梁搁置在柱上的长度为 15 mm,所以梁端箍筋加密区第二根箍筋距离梁边的距离可取 15 mm + 50 mm = 65 mm。

②《建筑抗震设计规范》第 6.3.3 条中规定了抗震等级为四级时,加密区长度取 1.5 倍梁高与 500 mm 较大值。本工程屋面层梁 KLX101 截面尺寸为 250m × 600 mm,加密区长度可取1.5 × 600 mm = 900 mm。

③梯梁与预制 KLX101 在开缺的部位会浇筑混凝土,当主次梁现浇部位主梁左右两边各布置 3 Φ8,间距 50 mm 箍筋时,第一根箍筋距离梯梁边的距离可取 50 mm。

④KLX101 非加密区箍筋间距为 150 mm,当布置非加密区箍筋时,可以从布置完加密区箍筋的一端开始以 150 mm 间距布置箍筋,当最后布置的非加密区箍筋与另一端加密区箍筋间距在 100 ~ 150 mm 时,可以不再布置箍筋;当最后布置的非加密区箍筋与另一端加密区箍筋间距小于 100 m 时,可以增加一根加密区箍筋;当最后布置的非加密区箍筋与另一端加密区箍筋间距在 150 ~ 250 mm 时,可以增加一根加密区箍筋;当最后布置的非加密区箍筋与另一端加密区箍筋间距在 250 ~ 300 mm 时,可以取平均值再增加一根非加密区箍筋。

⑤箍筋 1 的宽度 210 mm = 梁宽 250 mm − 2 × 20 mm(保护层厚度),箍筋 1 的高度 560 mm = 梁高 600 mm − 2 × 20 mm(保护层厚度)。

⑥箍筋 1(55)标示箍筋 1 有 55 根。在计算箍筋长度,抗震时,箍筋弯钩长度一般取 $10d$ 与 75 mm 的较大值。弯钩 r,当采用 135°弯钩时,弯钩长度 r 约为 2 × 3.14 × d × 135°/360° = 2.36d,一般可取 4d。

(8)屋面层梁 KLX101 配筋图中吊筋与梯梁附加钢筋布置(图 4.27)

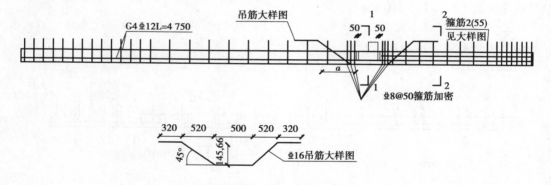

图 4.27　KLX101 配筋图中吊筋与梯梁附加钢筋布置

注：

①梯梁底部附加纵筋从 KLX101 开缺边伸出的长度可查看 11G101 第 53 页按 29d 取。

②图中吊筋大样中,500 mm = 梁底部总宽度 400 mm + 2 × 50 mm;当梁高小于等于 800 mm 时,斜长的起弯角度为 45°;水平段 320 mm 是水平段锚固长度,可查看《混凝土结构设计规范》第 9.2.7 条:受压区取 10d,受拉区取 20d;吊筋高度 520 mm = 梁高 600 mm − 上下保护层厚度(2 × 20) − 底部纵筋直径 18 mm − 面筋直径 22 mm。

（9）屋面层梁 KLX101 配筋图中梁上挑垛大样及箍筋布置（图4.28）

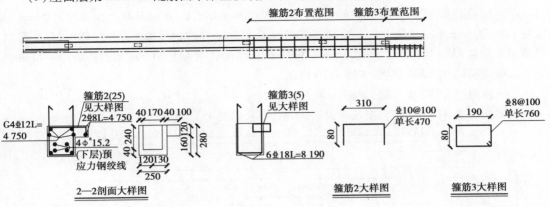

图4.28　KLX101 配筋图中梁上挑垛大样及箍筋布置

注：箍筋2与箍筋3一般以间距100 mm 布置，梁上伸垛，伸出长度一般可取100 mm，具体可参照表4.2。

表4.2　梁上挑垛伸出长度

轴线跨度 L/m	$L \leqslant 10$	$10 < L < 15$	$L \geqslant 15$
砌体外墙/m	120	140	160
砌体内墙/m	80	100	120
混凝土、钢构件/m	80	100	100

①箍筋2大样中，弯折长度按$15d$不够。由于直锚长度远大于$0.4l_{ae}$，故弯锚长度可取120 mm（垛厚）-2×20 mm（保护层厚度）$= 80$ mm；310 mm $= 250$ mm（梁宽）$+100$ mm（垛长）$- 2 \times 20$ mm（保护层厚度）。

②箍筋3大样中，80 mm $= 120$ mm（垛厚）$- 2 \times 20$ mm（保护层厚度），190 mm $= 100$ mm（垛长）$- 20$ mm（保护层厚度）$- 110$ mm（经验值）。

（10）屋面层梁 KLX101 工艺深化设计技术说明与图例说明

①预制梁结合面（上表面）粗糙度不小于6 mm，混凝土强度等级 C40。

②预制梁部分，顶部若无特殊标注统配2 Φ 10 架立筋，长度见详图，箍筋加密区长度应为1.5×梁高。详见大样图，箍筋单长均为理论计算长度，具体以工厂放样尺寸为准。

③如无特殊注明处，预应力钢绞线混凝土保护层厚度55 mm，其他钢筋端面、最外侧钢筋外缘距梁边界20 mm，钢筋的标注尺寸均为钢筋外缘的标注尺寸。

④吊钉的规格为 $L = 170$ mm、载荷2.5T，底部加持2 Φ 10（$L = 200$ mm）防拔钢筋，无特殊说明外，吊钉沿梁厚居中布置。

⑤图纸未做要求的其他预埋（保温材料、门窗、线盒、线管等），具体要求详见建筑施工图、结构施工图、水电施工图。

⑥所有构件出厂前需按视图方向注明正反面。

⑦第一层的梁均为该层脚踩的梁。

3)屋面层梁 KLY201 工艺深化设计

①屋面层梁 KLY201 所在位置的梁设计截面为 400 mm × 700 mm,其相连板采用 100 mm 厚混凝土 + 200 mm 单向预应力空心板,梁标高降低 0.250 m、左右相邻楼板降低标高 0.25 m,所以屋面层预制梁 KL×101 高度 $h = 700$ mm $- 300$ mm $- 20$ mm(梁垛上 20 mm 厚的垫块) $= 380$ mm。

②屋面层梁 KLY201 详图,如图 4.29 所示。

③屋面层梁 KLY201 配筋,如图 4.30 所示。

④屋面层梁 KLY201 工艺图技术说明、图例说明,如图 4.31 所示

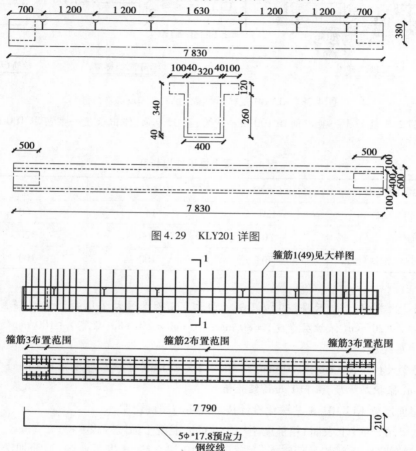

图 4.29　KLY201 详图

图 4.30　KLY201 配筋

注:

①参考"2.屋面层梁 KLX101 工艺深化设计"。

②屋面层梁 KLY201 底部纵筋为 5 Φ 18 + 5 Φ 17,预应力钢绞线,面筋直径均为 25 mm;《混凝土结构设计规范》第 9.2.1 条:梁下部钢筋水平方向的净间距不应小于 25 mm 和 d;箍筋 4 中有 3 根 18 mm 的纵筋,所以箍筋 4 之间的最小间距 $= 2 \times 8$ mm(箍筋直径) $+ 25$ mm(净间距) $\times 2 + 3 \times 18$ mm(纵筋直径) $= 120$ mm;《建筑抗震设计规范》第 6.3.4 条:梁端加密区的箍筋肢距,一级不宜大于 200 mm 和 20 倍箍筋直径的较大值,二三级不宜大于 250 mm 和 20 倍箍筋直径的较大值,四级不宜大于 300 mm;结合各种情况,最终箍筋 4 的宽度取 150 mm。

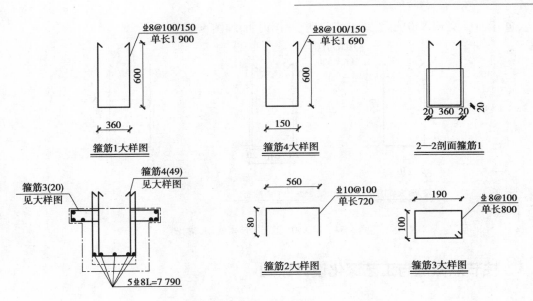

图 4.31   KLY201 工艺图技术说明、图例

4)屋面层梁 KLX501 工艺深化设计

①屋面层梁 KLX501 构件信息。

②屋面层梁 KLX501 详图,如图 4.32 所示。

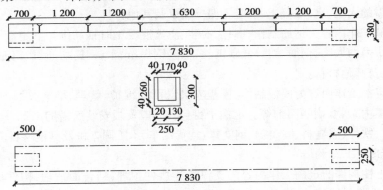

图 4.32   KLX501 详图

③屋面层梁 KLX501 配筋,如图 4.33 所示。

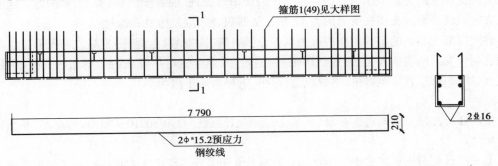

图 4.33   KLX501 配筋

④屋面层梁 KLX501 工艺图技术说明、图例说明,如图 4.34 所示。

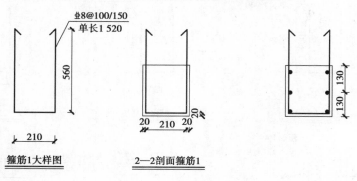

图 4.34　KLX501 工艺图技术说明、图例

4.3　柱节点做法与工艺深化设计原则

4.3.1　柱节点做法

1)现浇混凝土结构

现浇混凝土柱的定额工作内容为混凝土(制作)运输、浇捣和养护。定额子目包含完成柱子混凝土浇捣所需的人工、水、混凝土、混凝土振捣器以及其他材料。

钢筋的定额工作内容为钢筋制作、绑扎、安装、浇捣混凝土时钢筋维护。定额子目包含完成钢筋制作安装所需的人工、钢筋、镀锌低碳钢丝、低碳钢焊条、水、钢筋切断机、钢筋弯曲机、交流电焊机、对焊机及其他材料。

柱模板的定额工作内容为模板制作、模板安装、拆除、维护、整理、堆放及场内外运输、清理模板黏结物及模内杂物、刷隔离剂等。定额子目包含完成模板安装所需的人工、松杂板枋材、防水胶合板、圆钉、铁件、嵌缝料、隔离剂、钢支撑、载货汽车、木工圆锯机及其他材料。

2)装配式混凝土结构

预制混凝土柱构件的定额工作内容为支撑杆连接件预埋,结合面清理,构件吊装、就位、校正、垫实、固定,坐浆料铺筑,搭设及拆除钢支撑。定额子目包含完成预制混凝土柱构件安装所需的人工、混凝土柱构件、垫铁、预埋铁件、垫木、斜支撑杆件、水泥砂浆及其他材料。

后浇混凝土的定额工作内容为混凝土接触面旧口处理、混凝土浇捣、看护、养护等。定额子目包含完成后浇混凝土浇捣所需的人工、聚乙烯薄膜、水、混凝土及其他材料。

后浇混凝土钢筋的定额工作内容为制作、运输、绑扎、安装、电焊、拼装等。定额子目包含完成钢筋制作安装所需的人工、镀锌低碳钢丝、钢筋、低合金钢耐热焊条、水、钢筋弯曲机、钢筋切断机、钢筋调直机、直流电焊机、电焊机、对焊机、电焊条烘干机。

注:

预制柱的设计应满足国家标准《混凝土结构设计规范》(GB 50010—2010)的要求,并应符合下列规定:

①矩形柱截面边长不宜小于400 mm,圆形柱截面直径不宜小于450 mm,且不宜小于同方向梁宽的1.5倍。

②柱纵向受力钢筋在柱底连接时,柱箍筋加密区长度不宜小于纵向受力钢筋连接区域长度与 500 mm 之和;当采用套筒灌浆连接或浆锚搭接连接等方式时,套筒或搭接段上端第一道箍筋距离套筒或搭接段顶部不宜大于 50 mm。

③柱纵向受力钢筋直径不宜小于 20 mm,纵向受力钢筋的间距不宜大于 200 mm 且不宜大于 400 mm。柱的纵向受力钢筋可集中在四角配置且宜对称布置。柱中可设置纵向辅助钢筋且直径不宜小于 12 mm 和箍筋直径;当正截面承载力计算不计入纵向辅助钢筋时,纵向辅助钢筋可不伸入框架节点,如图 4.35 所示。

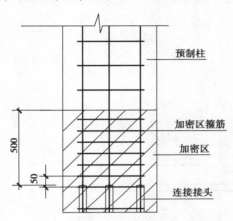

图 4.35   纵向辅助钢筋示意图

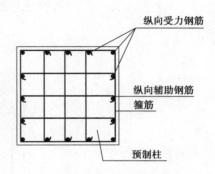

图 4.36   预制柱箍筋示意图

3)预制柱箍筋可采用连续复合箍筋

上下层相邻预制柱纵向受力钢筋采用挤压套筒连接时(图 4.36),柱底后浇段的箍筋应满足下列要求:

套筒上端第一道箍筋距离套筒顶部不宜大于 20 mm,柱底部第一道箍筋距柱底面不宜大于 50 mm,箍筋间距不宜大于 75 mm;当抗震等级为一二级时,箍筋直径不宜小于 10 mm,当抗震等级为三四级时,箍筋直径不应小于 8 mm。

4)预制柱与叠合梁的装配整体式框架节点构造要求

采用预制柱与叠合梁的装配整体式框架节点,梁纵向受力钢筋应伸入后浇节点区内锚固或连接,并应符合下列规定:

①框架梁预制部分的腰筋不承受扭矩时,可不伸入梁柱节点核心区。

②对框架中间层的中节点,节点两侧的梁下部纵向受力钢筋宜锚固在后浇节点核心区内(图 4.37),也可采用机械连接或焊接的方式连接(图 4.38);梁的上部纵向受力钢筋应贯穿后浇节点核心区。

③对框架中间层端节点,当柱截面尺寸不满足梁纵向受力钢筋的直线锚固要求时,宜采用锚固板锚固(图 4.38),也可采用 90°弯折锚固。

④对框架顶层中节点,梁纵向受力钢筋的构造应符合《装配式混凝土建筑技术标准》第 5.6.5 条第 2 款的规定。柱纵向受力钢筋宜采用直线锚固;当梁截面尺寸不满足直线锚固要求时,宜采用锚固板锚固(图 4.39)。

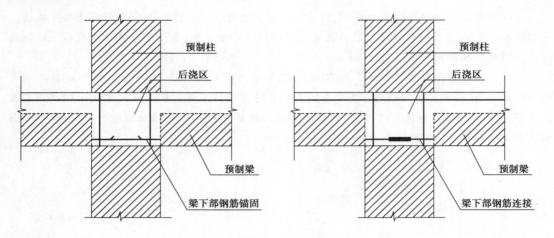

图 4.37 后浇节点

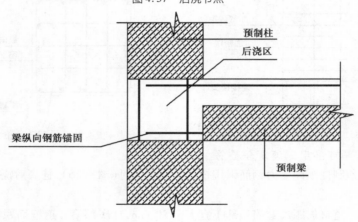

图 4.38 框架中间层端节点

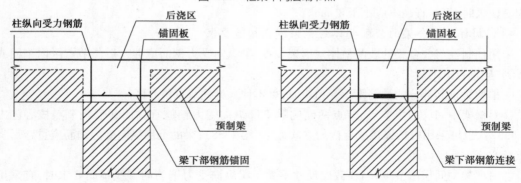

图 4.39 框架顶层中节点

⑤对框架顶层端节点柱纵向受力钢筋宜采用锚固板的锚固方式,此时锚固长度不宜小于 $0.6l_{aE}$。伸出段内(图 4.40)箍筋直径不宜小于 $d/4$(d 为柱纵向受力钢筋的最大直径),伸出段内箍筋间距不宜大于 $5d$(d 为柱纵向受力钢筋的最小直径)且不宜大于 100 mm,梁纵向受力钢筋应锚固在后浇节点区内且宜采用锚固板的锚固方式,此时锚固长度不宜小于 $0.6l_{aE}$。

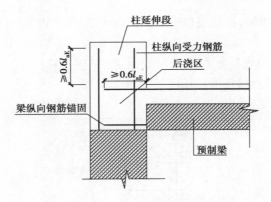

图 4.40　框架顶层端节点

5）梁端后浇段的箍筋要求

采用预制柱及叠合梁的装配整体式框架结构节点，两侧叠合梁底部水平钢筋挤压筒连接时，可在核心区外侧梁端后浇段内连接（图 4.41），也可在外侧梁端后浇段内连接（图 4.42），连接接头距柱边不小于 $0.5h_b$（h_b 为截面梁的高度）且不小于 300 mm，叠合梁后浇叠合层顶部的水平钢筋应贯穿后浇核心区。梁端后浇段的箍筋尚应满足下列要求：

①箍筋间距不宜大于 75 mm。

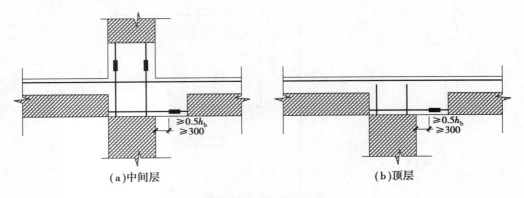

图 4.41　核心区外侧梁端后浇段节点

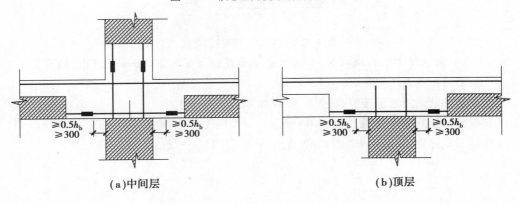

图 4.42　外侧梁端后浇段节点

②抗震等级为一二级时,箍筋直径不小于 10 mm;抗震等级为三四级时,箍筋直径不小于 8 mm。

6)预制柱节点构造与连接方式

①预制柱与预制柱节点的连接,如图 4.43 所示。

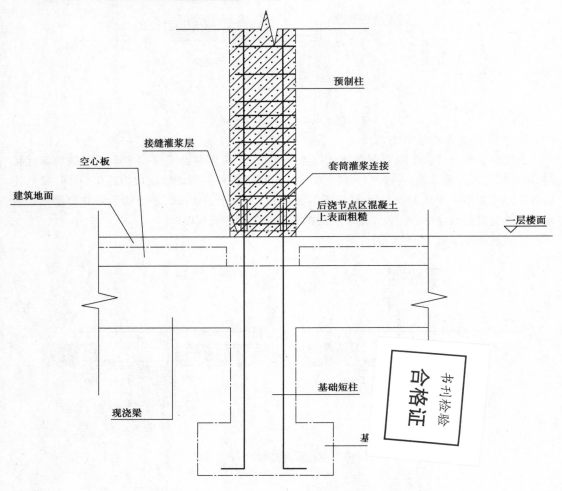

图 4.43　预制柱与预制柱节点

注:当在框架柱根部之外连接时,自灌浆套筒长度向上延伸 200 mm 范围内,箍筋直径不小于 8 mm,箍筋间距不大于 100 mm。

②预制柱的套筒灌浆连接节点,如图 4.44 所示。

③预制柱的层间节点详图,如图 4.45 所示。

④梯柱节点详图,如图 4.46、图 4.47 所示。

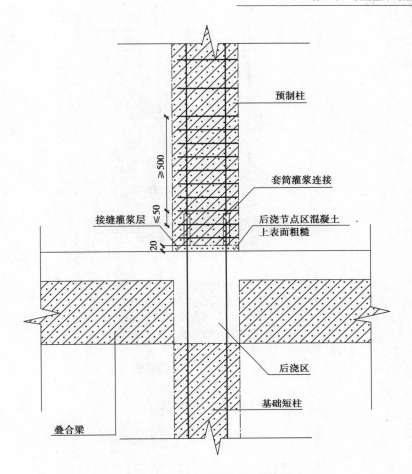

图 4.44   预制柱的套筒灌浆连接节点

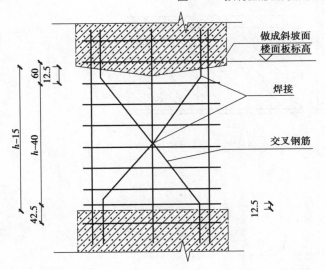
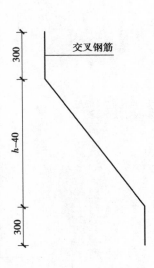

图 4.45   预制柱的层间节点

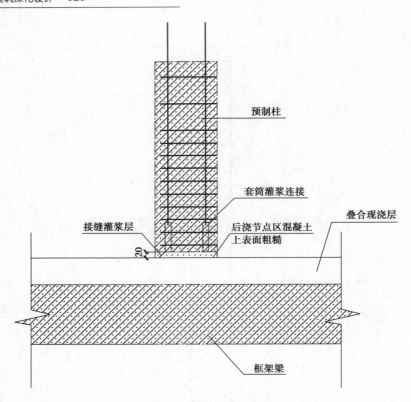

图 4.46　梯柱节点详图

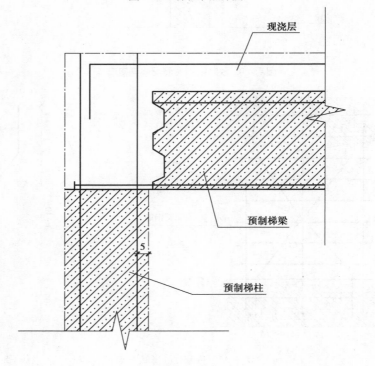

图 4.47　梯柱节点详图

4.3.2 柱工艺深化设计原则

1)第六层框柱平面布置图

第六层框柱平面布置图(部分),如图4.48所示。

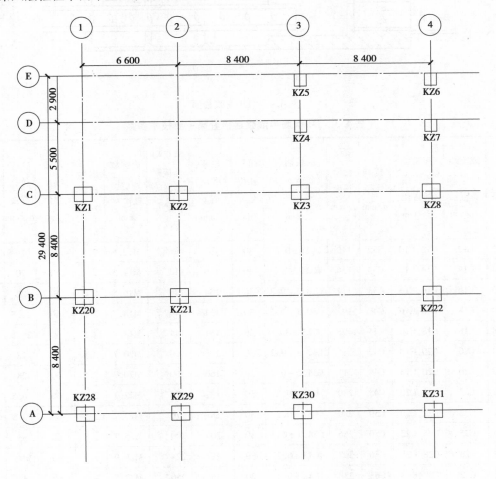

图4.48 框柱平面布置图

2)KZ1 工艺深化设计

(1)KZ1 构件信息

KZ1 截面尺寸为600 mm×600 mm,层高3.6 m,混凝土强度等级为C40,纵筋为8 ⊈ 25,每边3根,箍筋为φ8@100/200。

(2)套筒基本信息

不同的公司可能采用不同厂家的套筒,表4.3与图4.49为JM灌浆套筒参数。

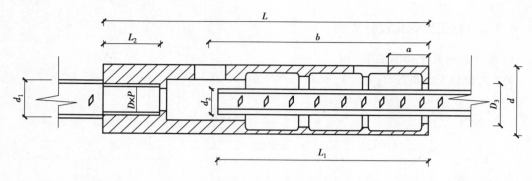

图 4.49　JM 灌浆套筒

表 4.3　JM 钢筋半灌浆连接套筒主要技术参数

套筒型号	螺纹端连接钢筋直径 d_1/mm	灌浆端连接钢筋直径 d_2/mm	套筒外径 d/mm	套筒长度 L/mm	灌浆端钢筋插入口孔径 D_3 /mm	灌浆孔位置 a /mm	出浆孔位置 b /mm	灌浆端连接钢筋插入深度 L_1 /mm	内螺纹公称直径 D/ mm	内螺纹距 D/mm	内螺纹牙型角度/(°)	内螺纹孔深度 L_2/mm	备注
GT12	C12	C12,C10	C32	140	C23 ±0.2	30	104	96^{+15}_{0}	M12.5	2.0	75	19	
GT14	C14	C14,C12	C34	156	C25 ±0.2	30	119	112^{+15}_{0}	M14.5	2.0	60	20	
GT16	C16	C16,C14	C38	174	C28.5 ±0.2	30	134	128^{+15}_{0}	M16.5	2.0	60	22	
GT18	C18	C18,C16	C40	193	C30.5 ±0.2	30	151	144^{+15}_{0}	M18.7	2.5	60	25.5	
GT18	C18	C18,C16	C45	193	C32 ±0.2	30	151	144^{+15}_{0}	M18.7	2.5	60	25.5	
GT20	C20	C20,C18	C42	211	C32.5 ±0.2	30	166	160^{+15}_{0}	M20.7	2.5	60	28	
GT20	C20	C20,C18	C48	211	C34.2 ±0.2	30	166	160^{+15}_{0}	M20.7	2.5	60	28	
GT22	C22	C22,C20	C45	230	C35 ±0.2	30	181	176^{+15}_{0}	M22.7	2.5	60	30.5	
GT22	C22	C22,C20	C50	230	C37 ±0.2	30	181	176^{+15}_{0}	M22.7	2.5	60	30.5	
GT25	C25	C25,C22	C50	256	C38.5 ±0.2	30	205	200^{+15}_{0}	M25.7	2.5	60	33	
GT28	C28	C28,C25	C56	392	C43 ±0.2	30	234	224^{+20}_{0}	M28.9	3.0	60	38.5	
GT32	C32	C32,C28	C63	330	C48 ±0.2	30	366	256^{+20}_{0}	M32.7	3.0	60	44	
GT36	C36	C36,C32	C73	387	C53 ±0.2	30	316	306^{+20}_{0}	M36.5	3.0	60	51.5	
GT40	C40	C40,C36	C80	426	C58 ±0.2	30	350	340^{+20}_{0}	M40.2	3.0	60	56	

注:1.本表为标准套筒的尺寸参数:套筒材料为优质碳素结构钢或合金结构钢,抗拉强度≥600 MPa,屈服强度≥355
MPa,断后伸长率≥16%。

2.竖向连接异径钢筋的套筒:

①灌浆端连接钢筋直径较小时,采用本表中螺纹连接端钢筋的标准套筒,灌浆端连接钢筋的插入深度为该标准套筒规定的深度 L_1 值。

②灌浆端连接钢筋直径大时,采用变径套筒。

注:

①球头锚钉宜成对布置,球头锚钉至少布置 2 个;KZ1 质量约为 0.9 t,单个球头锚钉能承重

约为2.5 t,所以 KZ1 布置了2个球头锚钉;球头锚钉距离 KZ1 边距离 a 一般至少为200 mm,在实际设计中,一般可取500～600 mm 或更大,中间段球头锚钉距离 b 以1 200～1 500 mm 居多,最大距离一般不超过2 400 mm。

②《装配式混凝土结构技术规程》(JGJ 1—2014)第6.5.3-2条:预制剪力墙中钢筋接头外套筒外侧钢筋的混凝土保护层厚度不应小于15 mm,预制柱中钢筋接头外套筒外侧箍筋的混凝土保护层厚度不应小于20 mm。第6.5.3-3条:套筒之间的净距不应小于25 mm。

《钢筋套筒灌浆连接应用技术规程》(JGJ 355—2015)第4.2.1条:混凝土构件中灌浆套筒的净距不应小于套筒外径与40 mm 的较小值。KZ1 纵筋直径为25 mm,查表4.3可得,$d=50$ mm,$L=256$ mm,$L_1=200$ mm,$L_2=33$ mm;所以图4.50中 $c=20$ mm(套筒外箍筋保护层厚度)+8 mm(箍筋直径)+25 mm(套筒直径的一半)=53 mm,$2d=600$ mm(柱宽)$-2×53$ mm(角筋中心距柱边距离)=494 mm,即 $d=247$ mm。

③预制柱长度=3 600 mm(层高)-20 mm(柱底坐浆)-600 mm(梁高)=2 980 mm。

(3)六层框柱 KZ1 详图(布置套筒与吊钉,图4.50)

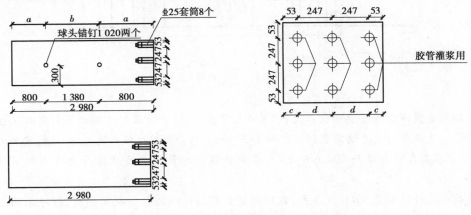

图4.50 KZ1 详图(布置套筒与吊钉)

(4)六层框柱 KZ1 详图(布置吊具槽,图4.51)

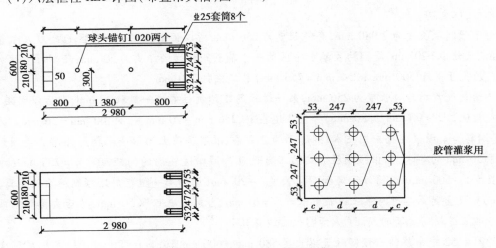

图4.51 KZ1 详图(布置吊具槽)

（5）六层框柱 KZ1 配筋（图4.52、图4.53）

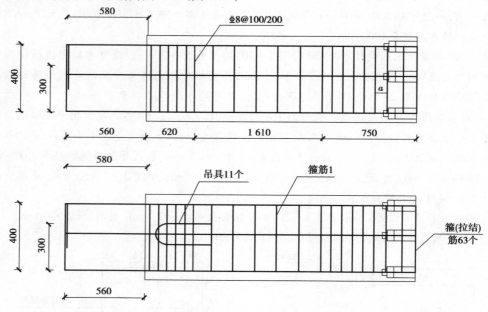

图4.52 KZ1 配筋

注：

①《钢筋套筒灌浆连接应用技术规程》第4.2.2条：采用套筒灌浆连接的预制混凝土柱应符合下列规定：连接纵向受力钢筋直径不宜小于20 mm。当在框架柱根部连接时，柱箍筋加密区长度不应小于灌浆套筒长度与500 mm之和；灌浆套筒上端第一个箍筋距离套筒顶部不应大于50 mm。

《建筑抗震设计规范》第6.3.9条：柱的箍筋加密区范围为柱的截面高度、柱净高的1/6和500 mm三者的最大值；底层柱的下端不小于柱净高的1/3；刚性地面上下各500 mm；剪跨比不大于2的柱、因设置填充墙等形成的柱净高与柱截面高度之比大于4的柱、框支柱、一级、二级框架柱的角柱，取全高。

由于预制柱长度为2 980 mm，套筒长度为256 mm，所以预制柱左端加密区长度应大于等于600 mm，最终取620 mm，是因为左端加密区第一个箍筋距柱端的距离为20 mm；预制柱右端加密区长度应大于等于500 mm + 256 mm = 756 mm，本工程取750 mm。

②预制柱右端套筒长度为256 mm，第一道箍筋距预制柱右边一般取20 mm，然后以间距100 mm（或其他，比如90 mm或80 mm）布置2道箍筋，256 mm − 20 mm − 2 × 100 mm = 36 mm。为了满足《钢筋套筒灌浆连接应用技术规程》第4.2.2条：灌浆套筒上端第一个箍筋距离套筒顶部不应大于50 mm的要求，图中预制柱右端第三道箍筋与第四道箍筋的间距可取 a = 750 mm（加密区总长度）− 500 mm（套筒外预定加密区长度）− 20 mm（套筒第一道箍筋距预制柱右边距离）− 100 mm × 2（套筒第二道与第三道箍筋长度）= 30 mm；当然 a 也可取50 mm，然后去协调第四道箍筋与第五道箍筋之间的间距（从预制柱右边算）。

③图4.52中角筋伸出预制柱直锚长度580 mm = 600 mm（梁高）− 20 mm（柱保护层厚度）；弯锚 = $1.5L_{ae}$（16G101 第59页）− 580 mm（直锚）− 6 × d（弯钩长度，d 为纵筋直径，当为中柱时

且纵筋直径不大于2 mm时取4*d*）=1.5×25×29 mm（16G101 第53 页）－580 mm－4×25 mm＝357.5 mm，取400 mm，且此值应小于等于600（柱宽）－40 mm×2（2个角间距柱边的距离）＝520 mm。

直锚长度560 mm＝580 mm（计算）－20 mm（2根纵筋之间的净距），弯锚长度参考16G101第60页，取12*d*＝12×25 mm－300 mm。

④对于标准层柱，预制柱伸出纵筋的长度＝四周梁最大高度＋20 m（坐浆）＋纵筋伸到套筒内的长度（查套筒资料）。

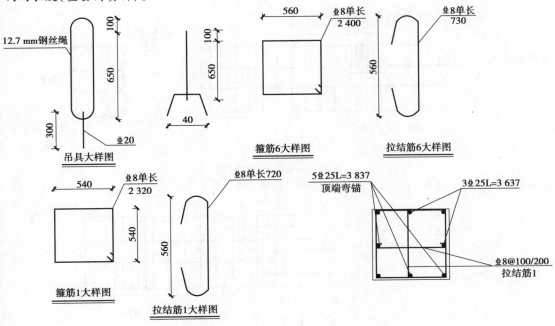

图4.53 KZ1 配筋放样

注：

①吊具大样一般是拷贝的，不用修改尺寸。

②箍筋6（套筒）边长＝柱宽600 mm－2×20 mm（保护层厚度）＝560 mm。

③箍筋1边长＝柱宽600 mm－2×53 mm（角筋中心距柱边距离）＋2×12.5 mm（纵筋直径的一半）＋2×8 mm（箍筋直径）＝535 mm，可取540 mm。以10 mm为模数，稍微取大一点，方便施工。

（6）六层框柱 KZ1 工艺图技术说明、图例说明

①框架柱采用 C40 混凝土，柱子上下端面保证不小于6 mm 的粗糙度。

②未标明的混凝土保护层，设计统一采用20 mm。

③所有钢筋大样的标注尺寸均为钢筋外缘的标注尺寸。

④部分柱的顶端或者中间位置现浇部位需要预留免拆模，具体见大样，如有特殊情况，请见特殊注明。

⑤柱子侧面埋设球头锚钉，单个受力约2.5 t，沿柱子重心均布。如遇箍筋干涉可适当调节锚钉的埋设位置。柱子顶部埋设1×7 钢绞线，绞线直径根据起吊重量确定，绞线底部与φ20 螺纹钢连。

⑥所有详图中箭头指示的方向为正面(即与台车接触面的反面)。

⑦注意预埋件所在的视图,以免预埋位置错误,未做特殊说明的均为所在视图中的正面预埋。

(7)变截面柱配筋

对于变截面柱,其配筋图如图4.54、图4.55所示,图中底部不伸到上部的纵筋长度 a = 梁高 −20(保护层厚度);从梁标高处算起纵筋插入预制柱的纵筋长度 b 可参考 11G101 第 65 页:$1.2l_a$。

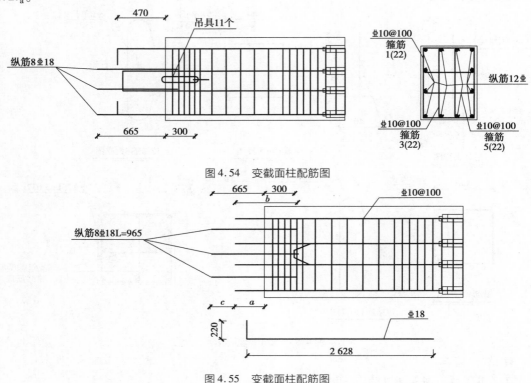

图 4.54   变截面柱配筋图

图 4.55   变截面柱配筋图

4.4   板节点做法与工艺深化设计原则

4.4.1   板节点做法

1)现浇混凝土结构

现浇混凝土板的定额工作内容为:混凝土(制作)运输、浇捣和养护。定额子目包含完成板混凝土浇捣所需的人工、水、混凝土、混凝土振捣器以及其他材料。

钢筋定额工作内容及定额子目包含内容同现浇混凝土柱。

板模板的定额工作内容及定额子目包含内容同现浇混凝土柱。

2)装配式混凝土结构

预制混凝土板构件的定额工作内容为结合面清理、构件吊装、就位、校正、垫实、固定、接头钢筋调直、搭设及拆除钢支撑。定额子目包含完成预制混凝土板构件安装所需的人工、混凝土板构件、垫铁、零星卡具、松杂板枋材、钢支撑及配件、立支撑杆件以及其他材料。

后浇混凝土的定额工作内容及定额子目包含内容同装配式混凝土结构预制混凝土柱构件。

后浇混凝土钢筋的定额工作内容及定额子目包含内容同装配式混凝土结构预制混凝土柱构件。

3)叠合板节点构造与链接

①板端构造详图如图4.56、图4.57所示。

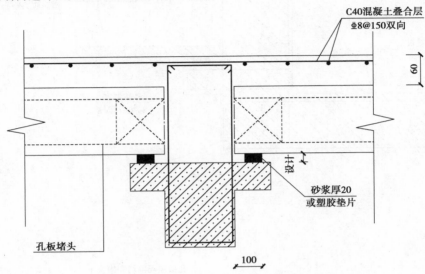

图4.56　板端构造详图

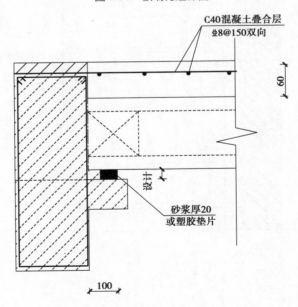

图4.57　板端构造详图

②降板构造详图如图4.58所示。

③板局部开槽做法,如图4.59所示。

板节点做法,如图 4.60、图 4.61 所示。

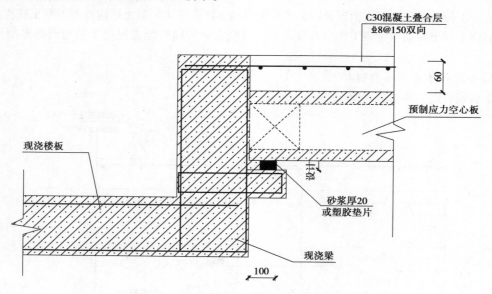

图 4.58　降板构造详图

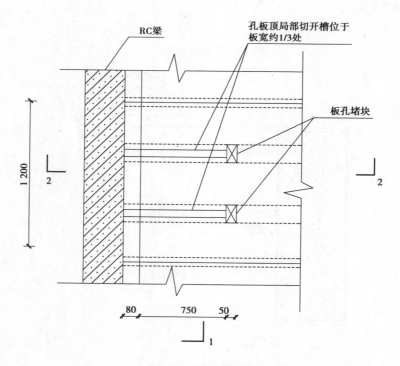

图 4.59　板局部开槽做法

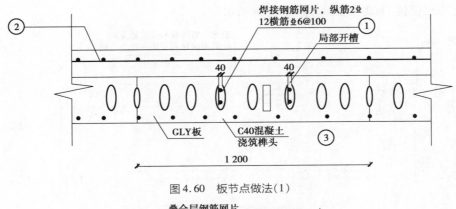

图 4.60 板节点做法（1）

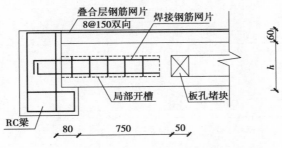

图 4.61 板节点做法（2）

4.4.2 板工艺深化设计原则

第六层板平面布置图，如图 4.62 所示。

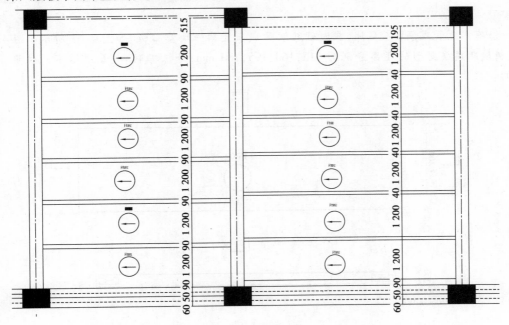

图 4.62 板平面布置

①屋面层楼板 FB02,如图 4.63、图 4.64 所示。

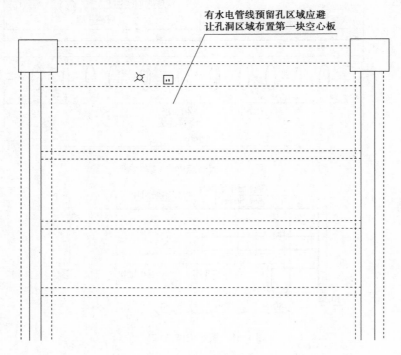

图 4.63　楼板 FB02

注:①预应力空心板标准板宽一般为 900 mm 和 1 200 mm。本工程中现场装配的单向预应力空心楼板只有 1 200 mm 板宽;基本板侧拼缝一般为 60 mm,可根据需求在 30～90 mm 范围内调整。

②有水电管线预留孔区域,应避让孔洞区域布置第一块空心板,如图 4.63 所示。图 4.62 中,板边距离梁变形的距离分别为 515,160,195,380 mm,是根据洞口、管线等不同位置而确定的。

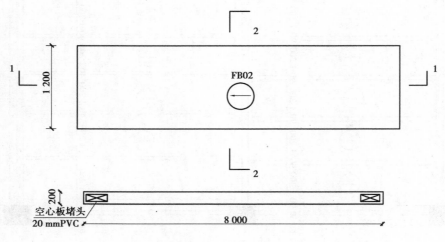

图 4.64　楼板 FB02

注：单向预应力空心楼板长度等于板之间梁净距，FB02 间轴线距离为 8 400 mm，梁宽均为 400 mm，所以单向预应力空心楼板长度 = 8 400 mm - 200 mm（0.5 倍梁宽） - 200 mm（0.5 倍梁宽） = 8 000 mm。

②屋面层楼板 FB02 配筋，如图 4.65 所示。

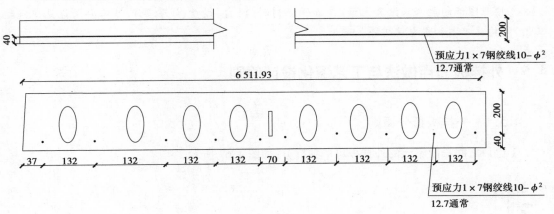

图 4.65　FB02 配筋

注：保护层厚度 20 mm 时，取 0.7h；保护层厚度 40 mm 时，可取 1.5h；保护层厚度可根据防火要求修改。

楼板 FB02 配筋一般是拷贝大样，然后根据板的具体工程情况及参考"大跨度预应力空心板"13G440 修改图 4.64。

③单向预应力空心楼板厚度见结构施工图。

④屋面板楼板 FB02 材料清单及工艺说明，如图 4.66 所示。

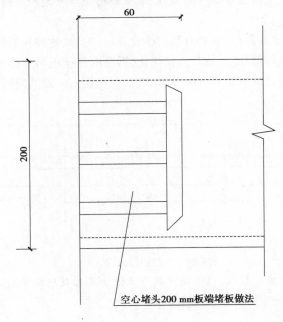

图 4.66　板端堵板做法示意图

注：

①预制空心楼板结合面(上表面)粗糙度不小于4 mm；混凝土强度等级不低于C40。

②无特殊注明处，所有钢筋、预应力钢筋端面、最外侧钢筋外缘距板边界20 mm。

③采用专用堵孔件堵孔，堵孔效果应进行检验。

④按照图纸的要求来做其他预埋(如保温材料、门窗、线盘、线管等)，具体要求详见建筑施工图、结构施工图和水电施工图。

4.5　外挂板节点做法与工艺深化设计原则

4.5.1　外挂板拆分原则

①窗户之间长度不大的外挂板可单独拆分，如图4.67所示。

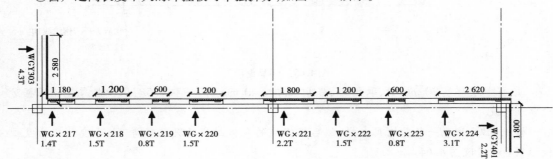

图4.67　外挂板拆分(1)

注：外挂板与柱子外边之间应留20 mm空隙，在装配时留有一定的空间，方便其他构件的正确安装与校对。

②当外挂板比较长且比较高(屋顶外挂板可带女儿墙)时，块比较长的外挂板应拆成多块外挂板，外挂板拆分时长度应尽量相同，使其成模块化，拆分的外挂板与外挂板之间应留有20 mm的缝隙；外挂板与柱子外边之间应留20 mm空隙，在装配时留有一定的空间，方便其他构件的正确安装与校对，如图4.68所示。

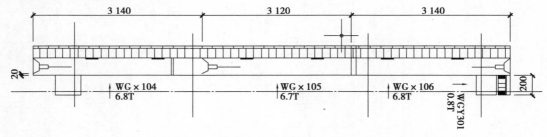

图4.68　外挂板拆分(2)

注：长外挂板分成许多块外挂板，应根据建筑节点做法要求及现场吊装具体情况确定。

③在拐角处外挂板拆分应符合建筑构造要求。

4.5.2 外挂板详图

外挂墙板板型划分及设计参数要求,见表4.4。

表4.4 外挂墙板板型划分及设计参数要求

外墙立面划分		挂板尺寸要求	适用范围	立面特征简图
围护板系统	横条板体系	板宽 $B \leq 9.0$ m 板高 $H \leq 2.5$ m 板厚 $t = 140 \sim 300$ mm		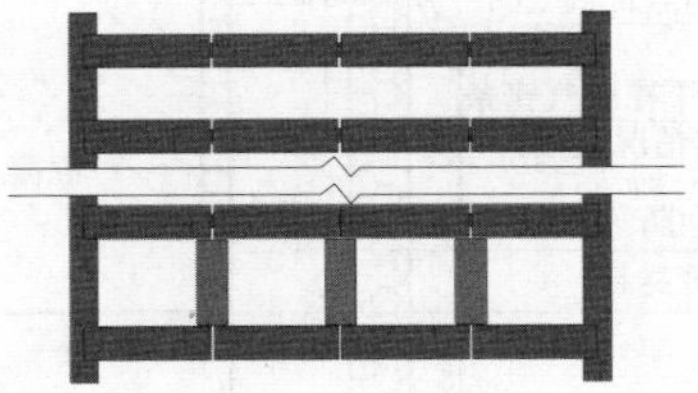
	竖条板体系	板宽 $B \leq 2.5$ m 板高 $H \leq 6$ m 板厚 $t = 140 \sim 300$ mm	1. 混凝土框 2. 钢框	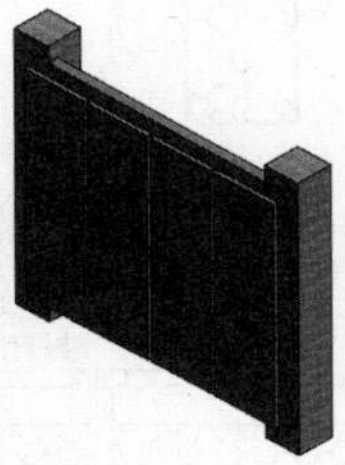
	整间板体系	板宽 $B \leq 6$ m 板高 $H \leq 5.4$ m 板厚 $t = 140 \sim 240$ mm		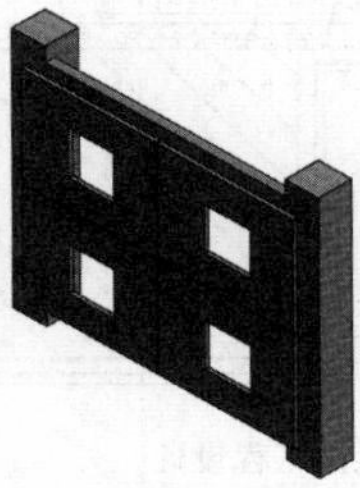

注:当建筑立面采用独立单元窗时,预制混凝土外挂墙板可采用整间板系统。整间板按照层高尺寸作为板高、开间尺寸为板宽进行设计。

外挂板详图如图4.69—图4.72所示。

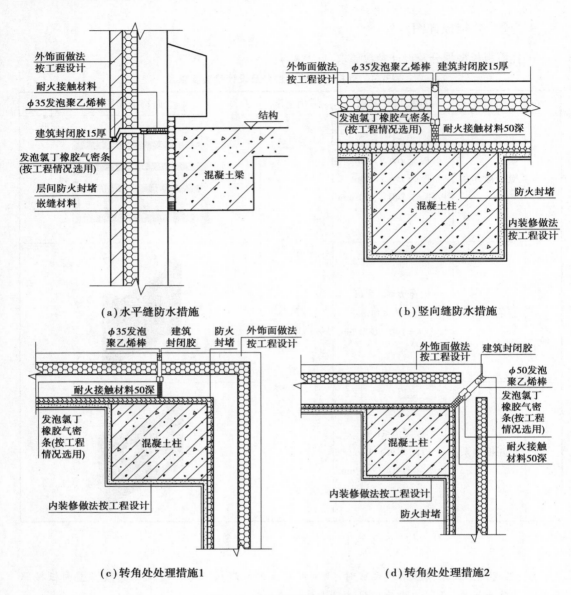

（a）水平缝防水措施　　　　　　　　　　　（b）竖向缝防水措施

（c）转角处处理措施1　　　　　　　　　　　（d）转角处处理措施2

图4.69　外挂板缝隙及防水措施

注：主体结构变形引起的板块位移是确定板缝宽度的控制性因素。为保证外挂墙板的工作性能，根据日本和我国台湾地区的经验，在层间位移角1/300的情况下，板缝宽度变化不应造成填缝材料的损坏；在层间位移角1/200的情况下，外挂墙板自身保持弹性，仅填缝材料需进行修补；在层间位移角1/100的情况下，应确保板块间不发生碰撞。

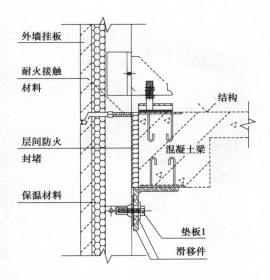

（a）角钢牛腿连接

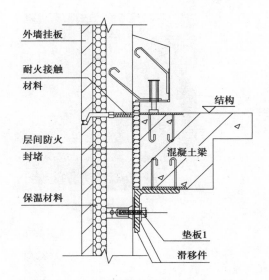

（b）混凝土牛腿连接

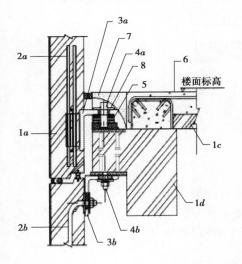

（c）内嵌式牛腿连接1

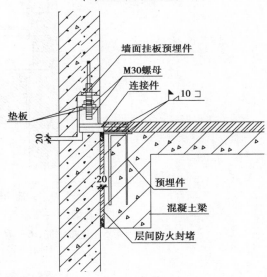

（d）内嵌式牛腿连接2

（e）常规无造型的外挂板

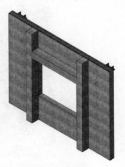

（f）带外部造型的外挂板

(g)转角处外挂板1　　　　　　**(h)转角处外挂板2**

图4.70　常见的点支承方式

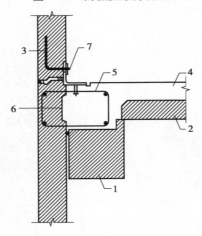

图4.71　外挂墙板线支撑连接示意图

1—预制梁；2—预制板；3—预制外墙；4—后浇层；

5—连接钢筋；6—剪力键槽；7—限位连接件

图4.72　外挂板线支撑实例图

4.6   内墙节点做法与工艺深化设计原则

1）内墙的节点做法

内墙的节点做法，如图 4.73—图 4.76 所示。

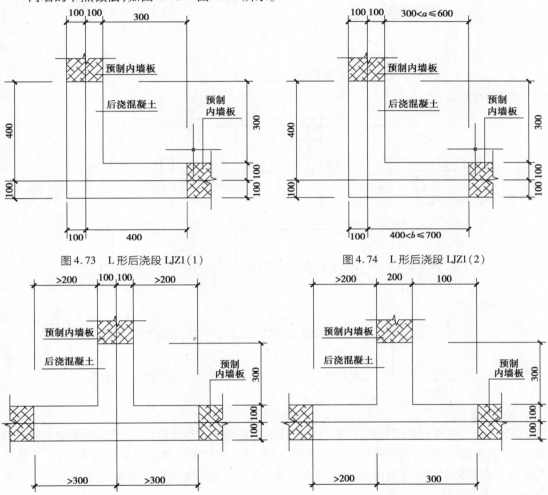

图 4.73   L 形后浇段 LJZ1（1）   图 4.74   L 形后浇段 LJZ1（2）

图 4.75   T 形后浇段 LYZ2（1）   图 4.76   T 形后浇段 LYZ2（2）

2）内墙的深化设计

（1）材料

结构材料包括以下几个方面：

①墙板混凝土强度等级不应低于 C30。

②钢筋采用 HRB400。

③钢材采用 Q235-B 级钢材。

④灌浆套筒和套筒灌浆料应符合国家现行有关标准的规定。

⑤构件吊装所用吊件应满足国家现行有关标准的要求。

（2）预制内墙板编号

①无洞口内墙。

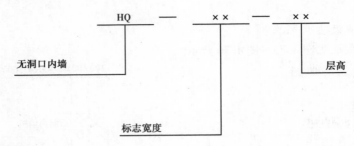

②固定门垛内墙。

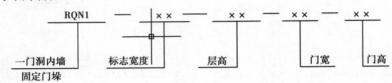

③中间门洞内墙。

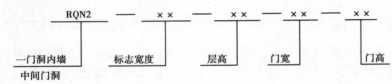

④刀把内墙。

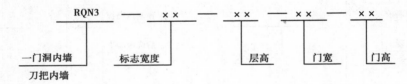

（3）选用方法

尺寸选择：内墙板分段自由，根据具体工程中的户型布置和墙段长度，结合图集中的墙板类型尺寸，将内墙板分段，通过调整后浇段长度，使预制构件均能直接选用标准墙板，若在具体工程中设计与图集中的墙板模板、配筋相差较大时，设计可参考本图集中墙板类型相关构件详图重新进行构件设计。

（4）选用步骤

①确定各参数与本图集适用范围要求一致。

②结构抗震等级、混凝土强度等级、建筑面层厚度等相关参数应在施工图中统一说明。

③按现行国家相关标准进行剪力墙结构计算分析，根据结构平面布置及计算结果，确定所选预制内墙板的计算配筋与本图集构件详图一致，并对预制构件水平接缝的受剪承载力进行核算。

④根据预制内墙板门洞口位置及尺寸、墙板标志宽度及层高，确定预制内墙板编号。

⑤根据工程实际情况，对物件详图进行补充设计和必要的施工验算。

⑥结合生产、施工实际需求，补充设计相关预埋件（门框预埋件、模板固定预埋件等）。

⑦结合设备专业图纸,选用电线盒预埋位置,补充预制内墙板中其他设备孔洞及管线。

（5）制作及施工要求

①墙板的制作、堆放、运输、吊装及施工过程应符合《混凝土结构工程施工规范》（GB 50666—2011）及《装配式混凝土结构技术规程》（JGJ 1—2014）的规定。

②构件加工制作前应仔细核对建筑专业及设备专业图纸,如有遗漏,要求设计补充管线预埋图纸,图集钢筋与本骨架协调,管线预埋应避开墙板钢筋。

③生产单位、施工单位与设计单位协调确定吊件形式。按国家现行有关标准确定吊装动力系数及安全系数等。计算吊件核算,按本图集中提供的吊点位置预埋吊件,如有可靠经验可另行设计。

④构件脱模时,同条件养护的混凝土立方体试件抗压强度应达到设计混凝土强度等级值的75%,本图集中仅用于临时支撑,若生产单位利用其进行起吊脱模,应考虑临时支撑和脱模两种工况,重新设计。

⑤内墙在施工过程中应设置临时支撑,临时支撑的固定方法如图4.77（c）所示,上支撑杆倾角 α_1 一般为45°～60°,下支撑杆倾角 α_2 一般为30°～45°。本图集预制内墙板已预埋临时支撑用螺母 MJ2,支撑杆在楼板上的预留埋件应另行设计,混凝土强度达到设计要求后,施工单位方可安装支撑杆,支撑杆设计和验算应符合《混凝土结构工程施工规范》（GB 50666—2011）的要求。

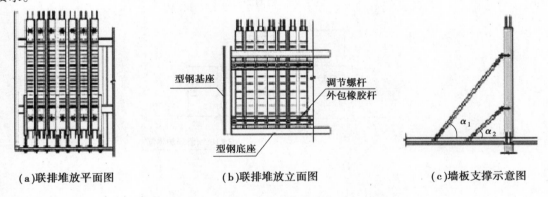

（a）联排堆放平面图　　　　（b）联排堆放立面图　　　　（c）墙板支撑示意图

图4.77　联排插放架堆放示意图

⑥生产单位、施工单位应结合实际施工方法采取相应的安全操作和防护措施。现场施工时周边应设置安全防护栏,施工人员在外围操作时应有可靠的安全防护措施。

⑦装配式混凝土结构施工前应制订专项施工方案。施工方案应结合结构深化设计、构件制作、运输和安装全过程的运算,以及施工吊装与支撑体系的验算进行规划与制订,应包括构件安装及节点施工方案,构件安装的质量管理及安全措施等,应充分反应装配式结构施工的特点和工艺流程的特殊要求。

（6）质量检验

构件质量验收应符合《装配式混凝土结构技术规程》（JGJ 1—2014）、混凝土结构工程施工质量验收按《混凝土结构工程施工质量验收规范》（GB 50204—2015）等现行国家标准的要求进行。

4.7　楼梯节点做法与工艺深化设计原则

4.7.1　楼梯节点做法

1) 双跑楼梯节点做法

双跑楼梯节点做法,如图 4.78—图 4.82 所示。

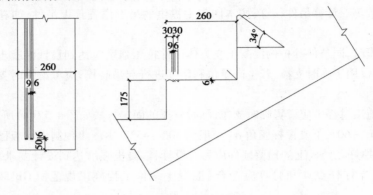

图 4.78　防滑加工做法

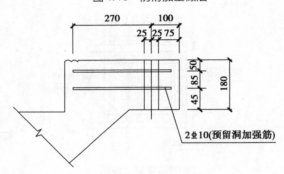

图 4.79　上端销键预留洞加强筋做法

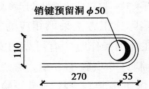

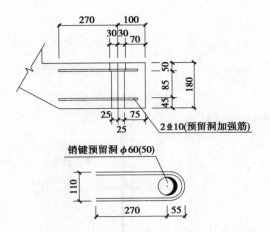

图4.80 下端销键预留洞加强筋做法

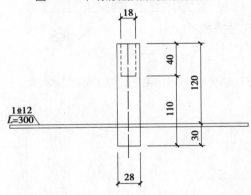

图4.81 M1示意图(螺栓型号为M18)

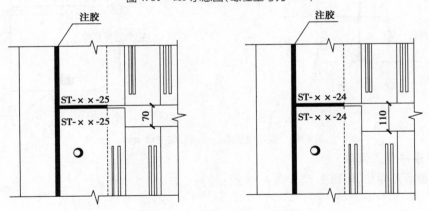

图4.82 TL与梯段板之间空隙处理做法

注:

①图4.81中,M1仅为施工过程吊装预埋件示例,具体工程施工时应选择经过论证的产品。

②图中销键安装预留洞的加强筋做法为推荐做法,设计人也可另行设计。

双跑楼梯节点大样,如图4.83、图4.84所示。

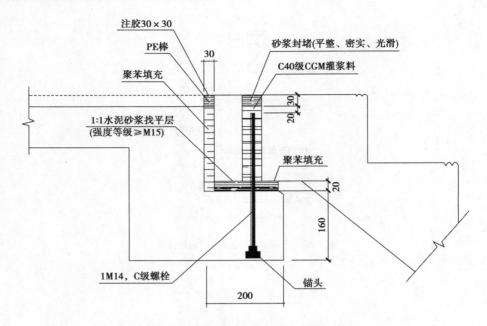

图4.83　双跑楼梯固定铰端安装节点大样

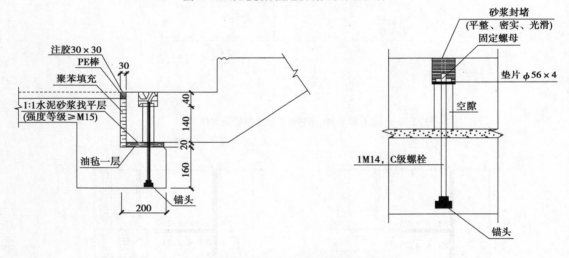

图4.84　双跑楼梯滑动铰端安装节点大样

2) 剪刀楼梯节点做法

剪刀楼梯节点做法,如图4.85—图4.88所示。

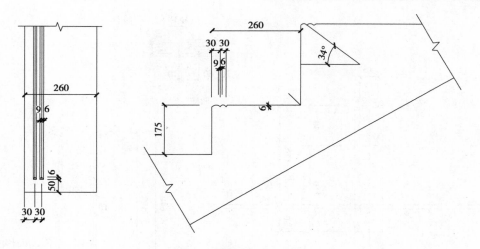

图 4.85 防滑槽加工做法

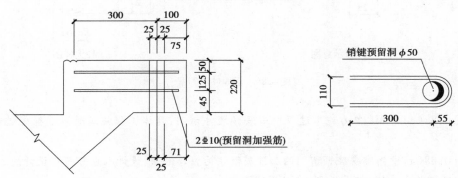

图 4.86 销键预留洞加强筋做法

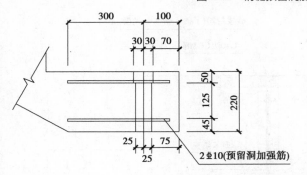

图 4.87 销键预留洞加强筋做法

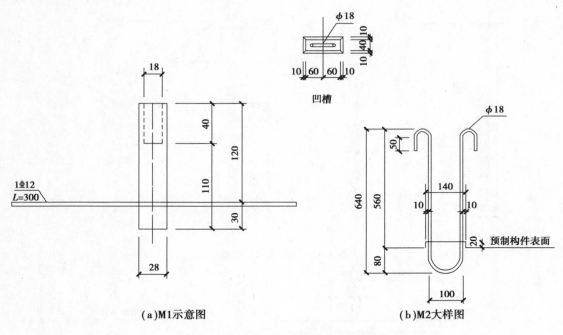

(a)M1示意图　　　　　(b)M2大样图

图4.88　预埋件示例图

注:

①图4.88(a)中M1仅为施工过程中吊装预埋件示例,具体工程施工时应选择经过论证的产品。

②图4.88(a)中销键安装预留洞的加强筋做法为推荐做法,设计人也可另行设计。

剪刀楼梯节点大样,如图4.89、图4.90所示。

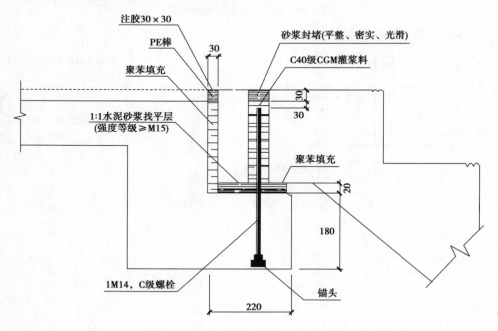

图4.89　剪刀梯固定铰端安装节点大样

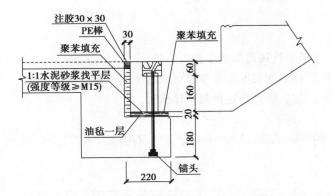

图4.90 剪刀梯滑动铰端安装节点大样

4.7.2 楼梯的深化设计

1）材料

（1）混凝土、钢筋和钢材

①混凝土、钢筋和钢材的力学性能指标和耐久性要求等应符合国家标准《混凝土结构设计规范》（GB 50010—2010）和《钢结构设计规范》（GB 50017—2003）的规定。

②梯段板混凝土强度等级由环境而定。

③钢筋采用 HPB300，HRB400。

（2）预埋件

①预埋件的锚板采用 HPB335-B 级钢，钢材应符合《碳素结构钢》（GB/T 700—2006）的规定。

②锚筋预埋件的锚筋应采用 HRB400 钢筋，抗拉强度设计值 f，取值不应大于 300 N/cm^2，锚筋严禁采用冷加工钢筋。

③锚筋与销板之间的焊接采用埋弧压力焊，采用 1IJ431 型焊机。采用 T 形角焊缝时用 E50 型、E55 型焊条（或其他性能相近的焊条）。

④吊环应采用 HPB300 级钢筋制作，严禁采用冷加工制作。

⑤构件吊装采用吊环、预埋螺母或其他形式吊件等应满足国家现行有关标准的要求。

2）预制楼梯类型

①双跑楼梯。

$$\underset{\text{楼梯类型}}{\underline{ST}} - \underset{\text{层高}}{\underline{\times \times}} - \underset{\text{楼梯间净宽}}{\underline{\times \times}}$$

②剪刀楼梯。

$$\underset{\text{楼梯类型}}{\underline{JT}} - \underset{\text{层宽}}{\underline{\times \times}} - \underset{\text{楼梯间净宽}}{\underline{\times \times}}$$

【例4.1】 ST-28-25 表示双跑楼梯，建筑层高2.8 m。楼梯间净宽2.5 m 所对应的预制混凝土板式双跑楼梯梯段板。

【例4.2】 JT-28-25 表示剪刀楼梯，建筑层高2.8 m。楼梯间净宽2.5 m 所对应的预制混凝土板式剪刀楼梯梯段板。

3）选用方法

①选用步骤。

②确定各参数与本图集选用范围要求保持一致。

③混凝土强度等级、建筑面层厚度等参数可在施工图中统一说明。

④根据楼梯间净宽、建筑层高确定预制楼梯编号。

4）选用示例

①【例4.1】以2 800 mm层高、2 500 mm净宽的双跑梯为例,如图4.91所示,说明预制梯段板选用方法。

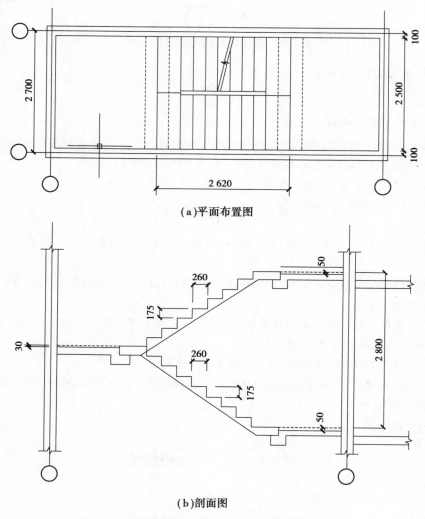

(a)平面布置图

(b)剖面图

图4.91　双跑楼梯选用示例

已知条件:1.双跑楼梯,建筑层高2 800 mm,楼梯间净宽2 500 mm,活荷载3.5 km/m²。

2.楼梯建筑面层厚度:入户处为50 mm,平台板处为30 mm。

选用结果:图4.91中参数符合本图中ST-28-25的楼梯模板及配筋参数,根据楼梯选用表直接选用。

②【例4.2】以2 800 mm层高,2 500 m净宽的剪刀楼梯为例,说明预制梯段板的选用方法。

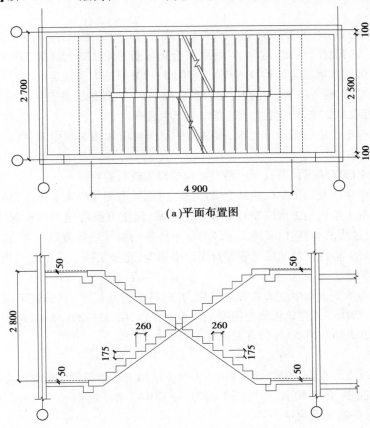

(a)平面布置图

(b)剖面图

图4.92 剪刀楼梯选用示例

已知条件:1.剪刀楼梯,建筑层高2 800 mm,楼梯间净宽2 500m,活荷载3.5 km/m²。

2.楼梯建筑面层厚度:入口处为50 mm。

选用结果:图4.92中参数符合本图集中JT-28-25的楼梯模板及配筋参数,根据楼梯选用表直接选取。

5)制作、运输及堆放要求

①预制构件加工制作前,应仔细核对各专业相关图纸,如有遗漏,要求设计补充相应图纸。

②预制构件加工单位应根据设计要求、施工要求和相关规定制订生产方案,编制生产计划。

③同条件养护的混凝土立方体试件抗压强度达到设计混凝土强度等级值的75%时,方可脱模;预制构件吊装时,混凝土强度实测值不应低于设计要求。

④构件生产单位、施工单位与设计单位协商确定吊装形式,吊装动力系数及安全系数按本说明9.2条相关取值,并按照国家现行有关标准进行吊装设计。

⑤预制梯段板在运输、存放、安装施工过程中及装配后应做好成品保护,成品保护可采取包、裹、盖、遮等有效措施。在预制物件存放处2 m范围内不应进行电焊、气焊作业。应制订合理的预制构件运输与堆放方案,运输构件时应采取措施防止构件损坏,防止构件移动、倾倒变

形等。

6）施工要求

预制梯段板施工前，应根据设计要求和施工方案进行必要的施工验算。

①预制梯段板的制作、堆放、运输、安装应符合国家标准《混凝土结构工程施工规范》（GB 5066—2011）及《装配式混凝土结构技术规程》（JGJ 1—2014）的有关规定。

②构件吊装验算、构件吊装、运输时，动力系数取1.5。构件翻转及安装过程中就位、临时固定时，动力系数可取1.2，要求构件生产过程中不产生裂痕。

③施工总承包单位应根据设计要求、预制构件制作要求和相关规定制订施工方案，编制施工组织设计。

④施工过程中应在销键预留孔封闭前对楼梯梯段板进行验收。

⑤实际工程中生产及施工单位应结合实际施工方法采取相应的安全操作和防护措施。

⑥装配式混凝土结构施工前应制订专项施工方案，施工方案应结合结构深化设计、构件制作、运输和安装全过程的验算，以及施工吊装与支承体系的验算进行策划与制订，应包括构件安装及节点施工方案。构件安装的质量管理及安全措施等，充分反映了装配式结构施工的特点和工艺流程的特殊要求。

⑦装配式结构施工过程中应采取安全措施，并应符合行业标准《建筑施工高处作业安全技术规范》（JGJ 80—2016）、《建筑机械使用安全技术规程》（JGJ 33—2012）和《施工现场临时用电安全技术规范》（JGJ 46—2005）等的有关规定。

7）质量检验

①预制梯段板质量验收应符合国家标准《混凝土结构工程施工质量验收规范》（GB 50204—2015）、《装配式混凝土结构技术规程》（JGJ 1—2014）和《混凝土结构工程施工规范》（GB 5066—2011）等的有关规定。

②预制梯段板应按要求的试验参数及检验指标进行结构性能检验。

4.8　阳台节点做法与工艺深化设计原则

关于阳台板等悬挑板《装配式混凝土建筑技术标准》规定：阳台板、空调板宜采用叠合构件或预制构件。预制构件应与主体结构可靠连接；叠合构件的负弯矩钢筋应在相邻叠合板的后浇混凝土中可靠锚固，叠合构件中预制板底钢筋的锚固应符合下列规定：

当板底为构造配筋时，其钢筋应符合以下规定：

①叠合板支座处，预制板内的纵向受力钢筋宜从板端伸出并锚入支承梁或墙的后浇混凝土中，锚固长度不应小于 $5d$（d 为纵向受力钢筋直径），且宜过支座中心线。

②当板底为计算要求配筋时，钢筋应满足受拉钢筋的锚固要求。

受拉钢筋基本锚固长度也称为非抗震锚固长度，一般来说，在非抗震构件（或四级抗震条件）中用到它，表示为 L_a 或 L_{ae}。

1）阳台板类型

阳台板为悬挑板式构件，有叠合式和全预制式两种类型，全预制又分为全预制板式和预制梁式，如图4.93所示。

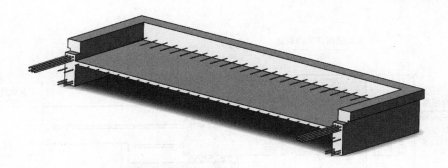

图 4.93 阳台示意图

①选用预制阳台板时,先满足图集中规定的预制阳台板的荷载条件,如吊装、运输、堆放、施工安装等相关要求,否则,必须通过结构计算或验算方可采用。

②按构件形式分类包括叠合板式阳台(图 4.94)、全预制板式阳台(图 4.95)和全预制梁式阳台(图 4.96)。

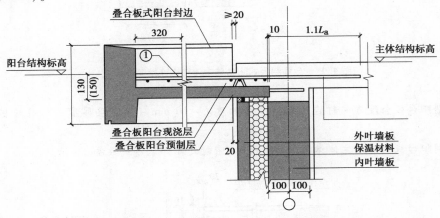

图 4.94 叠合板式阳台与主体结构连接节点详图

注:

①叠合板式阳台现浇层内配置的钢筋面积由设计人员计算确定。

②预制阳台板长度方向封边尺寸 = 阳台长度 L – 10 mm – 保温层厚度 – 外叶墙板厚度 – 20 mm。

③预制阳台封边与主体结构预留缝防水、密封处理详见建筑做法。

④栏杆安装完毕后,预埋件处预留缝以相应的水泥砂浆抹平。

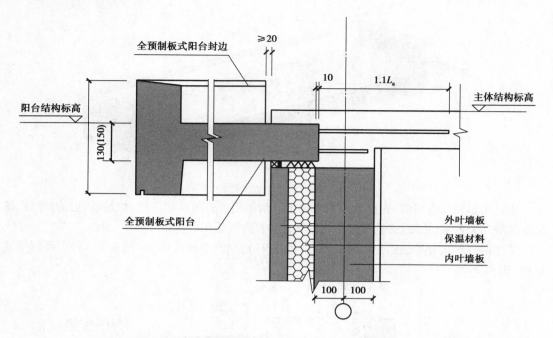

图 4.95　全预制板式阳台与主体结构连接节点详图

注：

①预制阳台板长度方向封边尺寸 = 阳台长度 L – 10 mm – 保温层厚度 – 外叶墙板厚度 – 20 mm。

②预制阳台板封边与主体结构预留缝防水，密封处理详见建筑做法。

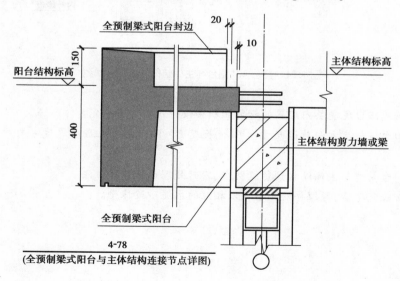

图 4.96　全预制梁式阳台与主体结构连接节点详图

注：

①全预制梁式阳台悬挑梁上部钢筋伸入主体结构时，不应水平弯折（主体结构钢筋避开悬

挑式上筋),当悬挑梁上部钢筋锚固长度不能满足要求时,可按《装配式混凝土结构连接节点构造(剪力墙结构)》(15G310-2)中节点弯折锚固。

②预制阳台板封边与主体结构预留缝防水,密封处理详见建筑做法。

③栏杆安装完毕后,预埋件处预留缝应以水泥砂浆抹平。

2)建筑设计

预制阳台板悬挑长度方向按建筑模数2M设计(叠合板式阳台;全预制板式阳台、1 000,1 200,1 400 mm;全预制梁式阳台1 200,1 400,1 600,1 800 mm),沿房间开间方向按建筑模数3M设计(2 400,2 700,3 000,3 300,3 600,3 900,4 200,4 500 mm)。

预制阳台板的栏杆高度及形式见具体工程设计。

预制阳台板的金属栏杆、铝合金窗应根据电气专业的设计要求设置接地。

3)结构设计

①结构安全等级为二级,结构重要性系数 $\gamma_0 = 1.0$,设计使用年限为50年。

②正常使用阶段裂缝控制等级为三级,最大裂缝宽度允许值为0.2 mm。

③挠度限值取构件计算跨度的1/200,阳台板悬挑方向的计算跨度取阳台板悬挑长度 L_0 的2倍。

④施工时应予起拱 $6L_0/1\,000$(安装阳台板时,将板端标高预先调高)。

4)荷载计算取值(表4.5)

表4.5　荷载计算取值

阳台形式	恒荷载		活荷载
叠合板式,封边400 mm	板上均布荷载	封边线荷载	①栏杆顶部的水平推力为1.0 kN/m ②验算承载能力极限状态和正常使用极限状态时均布可变荷载取2.5 kN/m² ③施工安装时施工荷载取1.5 kN/m²
全预制板式,封边400 mm		4.3 kN/m	
全预制梁式			
叠合板式,封边800 mm	3.2 kN/m²	1.5 kN/m	
全预制板式,封边800 mm			
叠合板式,封边1 200 mm		1.2 kN/m	
全预制板式,封边1 200 mm			

①预制阳台板纵向受力钢筋宜在后浇混凝土内直线锚固,当直线锚固长度不足时可采用弯钩和机械锚固方式。弯钩和机械锚固做法详见《装配式混凝土结构连接节点构造(剪力墙结构)》(15G310-2)。

②预制阳台板内埋设管线时,所铺设管线应放在板下层钢筋之上,板上层钢筋之下且管线应避免交叉,管线的混凝土保护层应不小于30 mm。

③叠合板式阳台内埋设管线时,所铺设管线应放在现浇层内,板上层钢筋之下,在桁架筋空档间穿过。

5)规格与编号

①预制阳台板类型:D型代表叠合式阳台;B型代表全预制板式阳台;L型代表全预制梁式阳台。

②预制阳台板封边高度:04 代表阳台封边 400 mm 高;08 代表阳台封边 800 mm 高;12 代表闭合封边 1 200 mm 高。

③预制阳台板开洞位置由具体工程设计在深化图纸中指定。本图集中阳台板模板图和配筋图示意了雨水管、地漏预留洞位置位于阳台板左侧纵、横排布的布置图,当开洞位于右侧时,应将模板图和配筋图镜像。

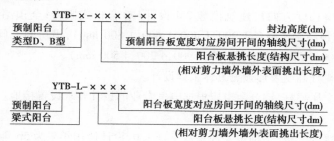

6)选用方法

选用步骤如下:

①确定预制钢筋混凝土阳台板建筑、结构各参数与本图集选用范围要求保持一致,可按照图集中预制钢筋混凝土阳台板相应的规格表、配筋表直接选用。

②预制阳台板混凝土强度等级、建筑面层厚度。保温层厚度设计应在施工图中统一说明。

③核对预制阳台板的荷载取值不大于图集中的设计取值。

④根据建筑平、立面图的阳台板尺寸确定预制阳台板编号。

⑤根据具体工程实际设置或增加其他预埋件。

⑥根据图集中预制阳台板模板图及顶制构件选用表中已标明的吊点位置及吊具要求,设计人员应与生产、施工单位协调吊件形式,以满足规范要求。

⑦如需补充预制阳台板预留设备孔洞的位置及大小;需结合设备图纸补充。

⑧补充预制阳台板相关制作及施工要求。

【例 4.3】 已知某装配式剪力墙住宅开敞式阳台平面图,如图 4.97 所示,阳台对应房间开间轴线尺寸为 3 300 mm,阳台板相对剪力墙外表面挑出长度为 1 400 mm,阳台封边高度为 400 mm,根据计算得阳台板面均布恒荷载为 3.2 kN/m²;封边处栏杆线荷载为 1.2 kN/m²,板面均布活荷载 2.5 kN/m²。阳台建筑、结构各参数与本图集选用范围要求一致,荷载不大于本图集荷载取位,设计选用编号为 YTB-B-1433-04 的全预制板式阳台。

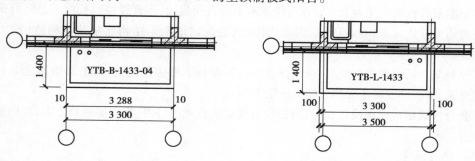

图 4.97　预制阳台选用示例 1　　　　　图 4.98　预制阳台选用示例 2

【例 4.4】 已知某装配式剪力墙住宅开敞式阳台平面图如图 4.98 所示。阳台对应房间开间轴线尺寸为 3 300 mm,阳台板相对剪力墙外表面挑出长度为 1 400 mm,拟采用梁式阳台。

根据计算得阳台板面均布恒荷载为 3.2 kN/ mm²,封边梁处栏杆线荷载为 1.2 kN/m,板面均布活荷载 2.5 kN/m²。阳台建筑、结构各参数与其选用范围要求一致,荷载不大于 15G368-1 图集荷载取值,设计选用编号为 YTB-L-1433 的全预制梁式阳台。

如建筑、结构参数与其不同时,设计人员可参照预制阳台板类型另行设计。

7)制作、运输及堆放要求

预制阳台板的生产制作。运输、堆放应满足《混凝土结构工程施工规范》(GB 5066—2011)及《装配式混凝土结构技术规程》(JGJ 1—2014)的有关规定。

(1)构件制作

①钢筋应有产品合格证,并应按有关标准规定进行复验,其质量应符合现行有关标准的规定。

②构件浇筑前应进行隐蔽工程检查:

a. 预制阳台板浇筑前,预埋吊具的位置、数量必须符合设计要求。

b. 预制阳台板的钢筋型号、尺寸、位置、保护层厚度、外露长度、桁架筋的位置、数量、预埋管线、线盒应满足设计要求。

c. 预制阳台板的预留孔洞装置应通过可靠的方式与底模连接,避免因振动造成孔洞偏位,孔洞的预留装置宜按照 3∶100 的脱模角度设计。

③振捣时应避开钢筋、埋件、管线等,对于重要勿碰部位应提前做好标记。

④预制阳台板混凝土浇筑完毕后,应按现行国家相关标准进行养护。

按国家规范检测混凝土强度,检查预埋连接件、插筋,孔洞数量、规格、定位,进行外观质量、外形尺寸检查。成品构件尺寸偏差及变形应控制在允许范围内,详见《装配式混凝土结构技术规程》(JGJ 1—2014)第 11 章表 11.4.2。

(2)构件脱模

①同条件养护的混凝土立方体试件抗压强度达到设计混凝土强度等级值的 75% 时,方可脱模。

②应根据模具结构按序拆除模具,不得使用振动构件方式拆模。

③预制阳台板起吊前,应确认构件与模具连接部分完全拆除方可起吊。

8)运输要求

①构件生产单位应制订预制构件的运输与堆放方案,运输构件时应采取防止构件损坏的措施,防止构件移动、倾倒、变形等,预制构件运输时,车上应设有专用架,且有可靠的稳定构件措施,预制构件混凝土强度达到设计强度时方可运输。

②预制构件运输时,应采用木材或混凝土块作为支撑物,构件接触部位用柔性垫片填实。支撑牢用,不得有松动。

预制阳台板的现场堆置要求如下:

①预制阳台板运送到施工现场后,应按规格、品种、所用部位、吊装顺序分别设置堆场。堆场应设置在高吊工作范围内,宜为正吊,堆垛之间宜设置通道。

②现场运输道路和堆放堆场应平整坚实,并有排水措施。运输车辆进入施工现场的道路应满足预制构件的运输要求。在卸放、吊装工作范围内,不得有障碍物,并应有满足预制构件周转使用的场地。

③预制阳台板叠放时(图4.99),层与层之间应垫平、垫实,各层支垫应上下对齐,最下面一层支垫应通长设置。叠放层数不应大于4层。预制阳台板封边高度为800 mm,1 200 mm时宜单层放置。

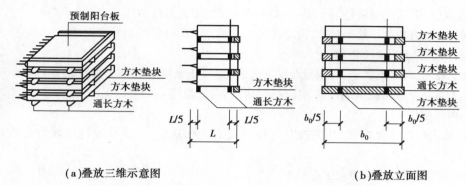

(a)叠放三维示意图　　　　　　　　　　　　(b)叠放立面图

图4.99　预制阳台板叠放示意图

④预制阳台板应在正面设置标识,标识内容宜包括构件编号、制作日期、合格状态、生产单位等信息。

9)施工要求

(1)构件吊装

①预制构件吊装前应进行试吊装,且检查吊装预埋件是否牢固。

②预制阳台板吊装宜使用专用型钢扁担(图4.100),起吊时,绳索与型钢扁担的水平夹角宜为55°。

(2)构件安装

①预制阳台板安装前应设置支撑架,防止构件倾覆。待预制

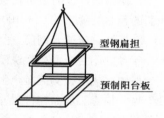

图4.100　预制阳台板吊装示例

阳台板与连接部位的主体结构(梁、板、柱、墙)混凝土强度达到设计要求强度的100%时,并应在装配式结构能达到后续施工承载要求后,方可拆除支撑架。

②阳台板施工荷载不得超过设计的1.5 kN/m²。

10)质量检验

①构件质量验收应符合国家标准《混凝土结构工程施工质量验收规范》(GB 50204—2019)、《装配式混凝土结构技术规程》(JGJ 1—2014)等现行国家标准的有关规定。

②预制钢筋混凝土阳台板应按《混凝土结构工程施工质量验收规范》(GB 50204—2019)的有关规定进行结构性能检验。

4.9　空调节点做法与工艺深化设计原则

4.9.1　材料

①混凝土强度等级为C30。

②纵向受力钢筋应采用HRB400钢筋,分布钢筋采用HRR400钢筋;当吊装采用普通吊环

时,应采用 HPB300 倒筋。

③预埋件锚板宜采用 Q235-B 钢材制作,同时预埋件锚板表面应作防腐处理。

④预制空调板密封材料应满足国家现行有关标准的要求,空调板、遮阳板、悬挑板等与阳台板同属于悬挑式构件,计算简图与节点构造和阳台板一致。

⑤空调板、遮阳板、悬挑板的结构布置原则是同一高度必须有现浇混凝土层。板示意如图4.101 所示,连接节点构造如图4.102 所示。

图 4.101 空调板、遮阳板、悬挑板结构示意图

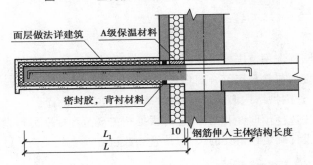

图 4.102 空调板、遮阳板、悬挑板连接节点构造

4.9.2 建筑设计

①预制空调板按照板顶结构标高与楼板板顶结构标高一致进行设计。

②预制空调板构件长度 L = 预制空调板挑出长度 L_1 + 10 mm,其中,挑出长度从剪力墙外表面起计算,预制空调板构件长度 L 为 630,730,740 和 840 mm;预制空调板宽度 B 为 1 100,1 200,1 300 mm;厚度 h 为 80 mm。

③与预制空调板配套的夹心保温外墙板:其保温层厚度取 70 mm,外叶墙厚度取 60 mm。

4.9.3 结构设计

①预制空调板结构安全等级为二级,结构重要性系数 γ_0 = 1.0,设计使用年限为 50 年。

②预制空调板钢筋保护层按 20 mm 设计。

③预制空调板的永久荷载考虑自重、空调挂机和表面建筑做法,按 4.0 kN/m² 设计;铁艺栏杆或百叶的荷载按 1.0 kN/m 设计;预制空调板可变荷载按 2.5 kN/m² 设计;施工和检修荷载按 1.0 kN/m 设计。

④预制空调板施工阶段验算应综合考虑构件的脱模、存放、运输和吊装等最不利工况条件下的荷载组合,施工阶段验算时,动力系数取值为 1.5,脱模吸附力取 1.5 kN/m²。

⑤预制空调板正常使用阶段裂缝控制等级为三级,最大裂缝宽度允许值为 0.2 mm。

⑥预制空调板挠度限值取构件计算跨度的 1/200,计算跨度取空调板挑出长度 L_1 的 2 倍。

⑦预制空调板预留负弯矩筋伸入主体结构后浇层,并与主体结构梁板钢筋可靠绑扎,浇筑成整体,负弯矩筋伸入主体结构水平段长度应不小于 $1.1L_a$。

⑧预制空调板的吊件、预埋件可根据相关图集进行选用,也可根据相应的标准和规范另行设计。

⑨预制空调板预留孔尺寸、位置、数量需与设备专业协调后,由具体设计确定。

⑩预制空调板应符合有关图集的相关规定,当不符合时,应另行设计。规格与编号:

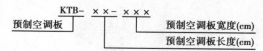

【例 4.5】 KTB-84-130 表示预制空调板构件长度 L 为 840 mm,预制空调板宽度 B 为 1 300 mm。

4.9.4 选用方法

选用步骤如下:

①确定各参数与图集选用范围要求保持一致。

②核对预制空调板的荷载是否符合图集规定。

③根据所在地区、外围护结构形式、构件尺寸确定预制空调板编号。

④根据图集的做法选择预埋件和吊件,也可根据相关规范和标准另行设计。

⑤根据设备专业设计确定预留孔的尺寸、位置和数量。

4.9.5 选用示例

已知某北方地区民用住宅楼采用预制空调板,该预制空调板外围护结构形式采用百叶做法,混凝土强度等级为 C30,钢筋混凝土保护层厚度为 20 mm,永久均布荷载按照 4.0 kN/m² 设计,百叶的荷载按照 1.0 kN/m 设计,可变均布荷载按照 2.5 kN/m² 设计,施工和检修荷载按照 1.0 kN/m 设计。其中,预制空调板长度为 840 mm,宽度为 1 300 mm,则该北方地区民用住宅楼所选用预制空调板编号 KTB-84-130(图 4.103)。

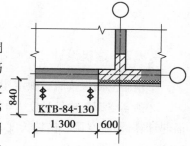

图 4.103 预制空调板选用示例

4.9.6 制作、运输及堆放

1)一般规定

①预制空调板的制作、堆放、运输、吊装及施工应符合《混凝土结构工程施工规范》(GB 50666—2011)及《装配式混凝土结构技术规程》(JCJ 1—2014)的规定。

②预制空调板制作前应根据设计方案及质量要求编制生产方案。生产方案包括生产工艺、模具方案、生产计划、技术质量控制措施、成品保护、堆放、运输及养护方案。

2）构件制作

钢筋应有产品合格证,并应按有关标准规定进行复验,质量应符合现行有关标准的规定。

预制空调板浇筑前应进行预制构件的隐蔽工程检查,检查项目应包括:

①钢筋的牌号、规格、数量、位置、间距及钢筋混凝土保护层厚度等。

②预埋件、吊点的规格、数量、位置等。

③预留孔洞的规格、数量、位置等。

预制空调板振捣要均匀密实,振捣时应避开钢筋、埋件、孔洞等,预制空调板应按照国家现行有关标准要求进行养护。预制空调板与现浇混凝土结合面应进行粗糙面处理,粗糙面凹凸应不小于4 mm。

同条件养护的混凝土立方体试件抗压强度达到设计混凝土强度等级值的75%时,方可脱模。

3）构件运输

构件生产单位应制订预制构件的运输方案,其内容应包括运输时间、次序、堆放场、运输线路、固定要求、堆放支垫及成品保护措施等。

预制构件运输车辆应满足构件尺寸和载重要求,装卸与运输时应符合下列规定:

①装卸构件时,应采取保证车体平衡的措施。

②运输构件时,应采取防止构件移动、倾斜、变形等的固定措施。

③运输构件时,应采取防止构件损坏的措施,构件接触部位应采用柔性垫片填实,支撑牢固,不得有松动。

预制空调板在施工现场卸车前,施工单位应做好进场验收工作。

4）构件堆放

现场运输道路和堆场应平整坚实,并有排水措施。

预制空调板运送到施工现场后,应存放在堆场的指定位置,并应有满足预制构件周转使用的场地。堆场应设置在塔吊工范围内,工作范围内不得有障碍物,堆垛之间宜设置通道。

预制空调板应在正面设置标识,标识内容宜包括构件编号、制作日期、合格状态、生产单位等信息。

预制空调板可采用叠放方式,层与层之间应垫平、垫实。各层支垫应上下对齐,最下一层支垫应通长设置,叠放层数不宜大于6层(图4.104)。

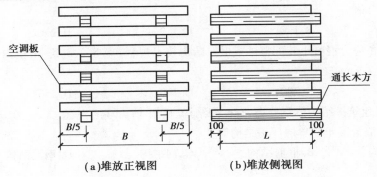

（a）堆放正视图　　　　　（b）堆放侧视图

图4.104　预制空调板堆放示意图

注:L 为预制空调板长度,B 为预制空调板宽度。

5）施工要求

构件吊装施工要求：

①预制空调板吊装前，应检查复核吊装设备及吊具处于安全操作状态。

②预制空调板吊装前，应进行测量放线，设置构件支装定位标识。

③起吊时绳索与预制空调板的水平夹角宜为55°～60°，如图4.105所示。

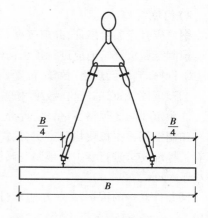

图4.105　预制空调板吊装示意图

预制空调板安装前应设置支撑架，防止构件倾覆。施工过程中，应连续两层设置支撑架；待上一层预制空调板结构施工完成后，并与连接部位的主体结构（梁、墙）混凝土强度达到100%设计强度，并应在装配式结构能达到后续施工承载要求后，才可拆除下一层支撑架，上下层支撑架应在一条竖直线上，临时支撑的悬挑部分不允许有施工堆载。

6）质量检验

预制空调板的质量验收应符合国家标准《混凝土结构工程施工质量验收规范》（GB 50204—2015）及行业标准《装配式混凝土结构技术规程》（JGJ 1—2014）的有关规定。预制空调板应按《混凝土结构工程施工质量验收规范》（GB 50204—2015）的有关规定进行结构性能检验。

章节测验

1.选择题

（1）梁端箍筋加密区第一根箍筋距离柱边一般为（　　）mm。

A.55　　　　　　B.60　　　　　　C.70　　　　　　D.50

（2）《建筑抗震设计规范》第6.3.3条中规定了抗震等级为四级时，加密区长度取（　　）倍梁高与500 mm较大值。

A.1.2　　　　　　B.1.5　　　　　　C.2.0　　　　　　D.1.0

（3）矩形柱截面边长不宜小于400 mm，圆形截面柱直径不宜小于450 mm，且不宜小于同方向梁宽的（　　）倍。

A.1.5　　　　　　B.1.0　　　　　　C.1.2　　　　　　D.2.0

（4）《预制预应力混凝土装配整体式框架结构技术规程》第5.2.3条：键槽内钢绞线弯锚长度不应小于（　　）mm。

A.210　　　　　　B.200　　　　　　C.220　　　　　　D.250

（5）装配式建筑按结构体系分类，有框架结构、框架-剪力墙结构、（　　）、剪力墙结构、无梁板结构、预制钢筋混凝土柱单层厂房结构等。

A.筒体结构　　　B.框剪结构　　　C.钢结构　　　D.钢混结构

2.填空题

（1）_____是指框架梁、柱、板等受力构件采用预制装配式构件，通过节点后浇连接，使得承载力和变形满足要求的结构。

（2）装配式建筑按结构材料分类，可分为：_____、_____、_____和_____。

（3）抗震等级为一级、二级时，箍筋直径不小于_____ mm，抗震等级为三、四级时，箍筋直径不小于_____ mm。

（4）预制梯段板在运输、堆放、安装、施工过程中及装配后应做好成品保护，成品保护可采取护、包、封、盖、挡等有效措施。预制物件存放处在_____ m 范围内不应进行电焊、气焊作业。

（5）阳台板为悬挑板式构件，有_____和_____两种类型，全预制又分为全预制板式和预制梁式。

3. 简答题

（1）简述现浇混凝土柱的定额工作内容。

（2）简述预制混凝土柱构件的定额工作内容。

（3）简述后浇混凝土的定额工作内容。

下篇
装配式混凝土结构深化设计实训

第5章　装配式混凝土结构深化设计实例

　　装配深化设计分为模型深化设计和构件深化设计两个部分。模型深化设计完成装配式三维施工模型，确定混凝土尺寸，构件深化完成预制构件加工图，确定钢筋和预埋件，整个设计过程中初步设计、施工图设计、深化设计、制造和施工阶段要完成装配式三维施工模型，深化设计和制造要进行装配式构件深化设计，深化设计的尺寸误差控制在 1 mm 或 1 mm 以内。

　　本章在 Revit 中完成装配深化设计的实训，在 Revit 中建立如图 5.1 所示的装配三维施工模型和图 5.2 所示的叠合底板加工图。

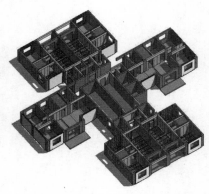

图 5.1　装配三维施工模型

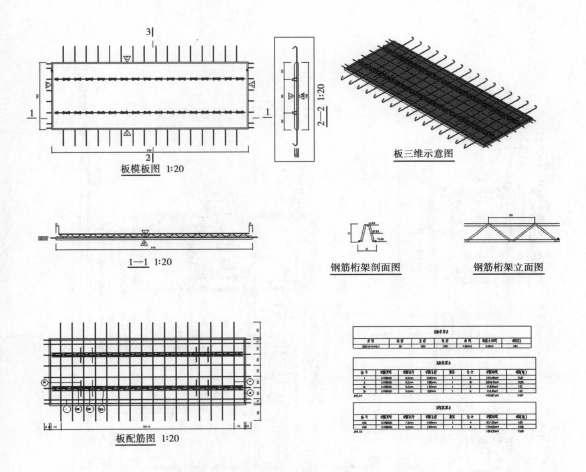

图 5.2　叠合底板加工图

5.1　工程概况

　　本工程为北方某装配式高层住宅建筑,建筑高度为 68.7 m,地上 22 层(主体结构),地下室 1 层,1 个楼梯间层,5～22 层采用预制构件,5～22 层建筑标准层平面图如图 5.3 所示和沙盘图 5.4 所示。

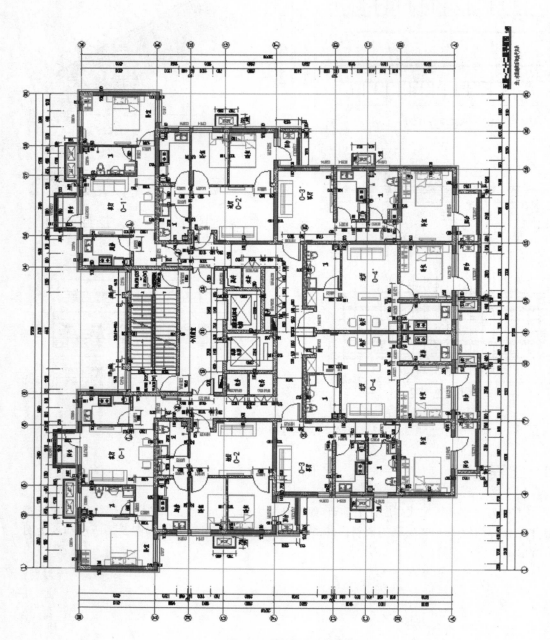

图5.3　建筑标准层平面图

图 5.4　装配沙盘

5.2　结构拆分设计

装配式结构发展要满足"两提两减"的目标:提升质量、提升效率、减少人工、减少污染。装配式建筑应遵循少规格、多组合的原则。图 5.5 应采用标准化、模块化的设计方法,做到基本单元、连接构造、构件、配件及设备管线的标准化和模块化。

图 5.5　标准化立面图

预制构件的划分,应遵循受力合理、连接简单、施工方便、少规格、多组合的原则。底层剪力墙约束层、核心筒部分的结构一般仍采用现浇,其他部分可采用预制叠合板、预制墙、预制梁墙、预制凸窗、预制柱、预制梁、预制阳台、预制楼梯、预制空调板和预制女儿墙等预制构件。分拆时要考虑预制构件的尺寸、质量、传力路径、选筋控制、运输条件等内容。

5.2.1　墙拆分设计

如图 5.6 所示的可见墙的拆分原则:

①计算墙身部分拆分出不带洞口的一片预制外墙和一片预制内墙。

②每个窗口和门拆分出如下 3 块带洞口的外墙,带洞口的外墙侧边混凝土尺寸长度最好不小于 300 mm。

③预制墙现浇连接尺寸长度应大于等于 400 mm。

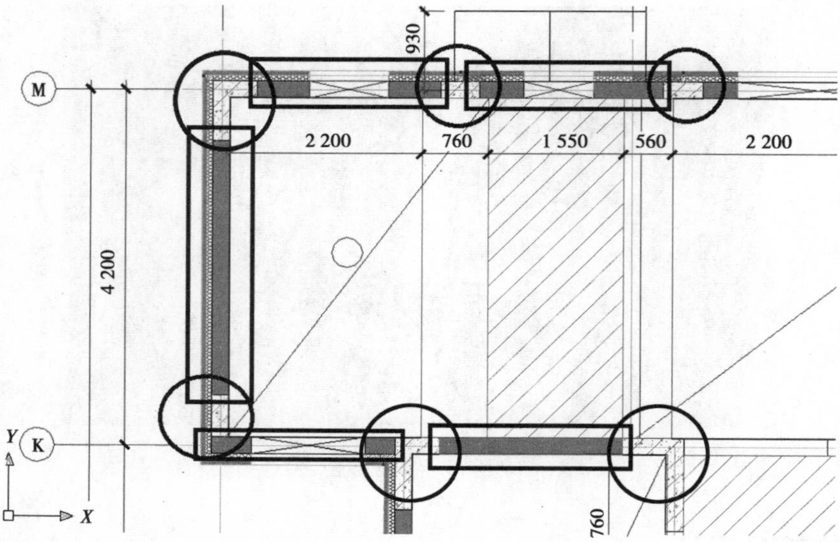

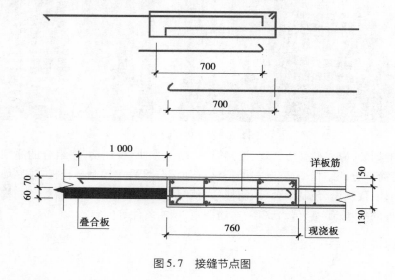

图 5.6　预制构件平面布置图

5.2.2　叠合楼板拆分设计

预制构件平面布置图(图 5.6)可见板的拆分原则,如下:

①尽量用一块预制板,也可用两块,一般不超过 3 块 。

②如图 5.7 所示为多余宽度可后浇。

③小于等于两块时一般用双向预制板,多的可用单向预制板。

图 5.7　接缝节点图

5.2.3　叠合梁拆分设计

预制构件平面布置图(图 5.6)可见梁的拆分原则如下:

①梁小于等于 2 000 mm 时,与两边墙形成带窗洞或门洞的预制墙。

②否则单独采用预制梁。

5.2.4 楼梯拆分设计

图5.8和图5.9选用交叉预制楼梯,两端放置在L形的梯梁上。

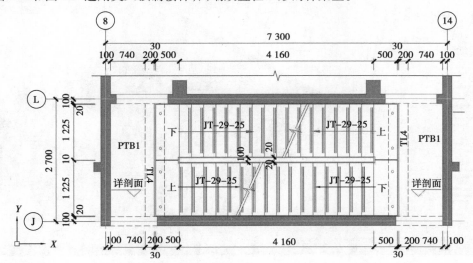

图5.8 预制楼梯平面布置图

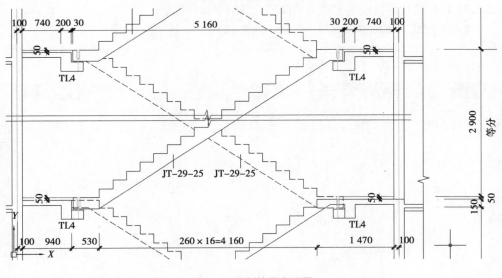

图5.9 预制楼梯立面图

5.3 模型深化设计

模型深化完成装配式三维施工模型,确定混凝土尺寸,整个设计过程中初步设计、施工图设计、深化设计、制造和施工阶段要完成如图5.10所示的装配式三维施工模型,深化设计的尺寸误差控制在1 mm或1 mm以内。

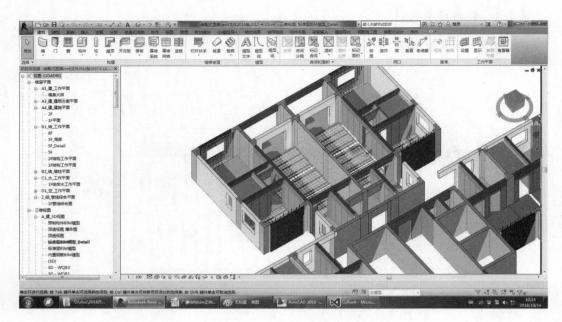

图 5.10　三维施工模型

图 5.11 根据设计单位给定的建筑平面图或结构平面图能够:

(1)建立装配式三维施工模型(搭积木)(图 5.12)。

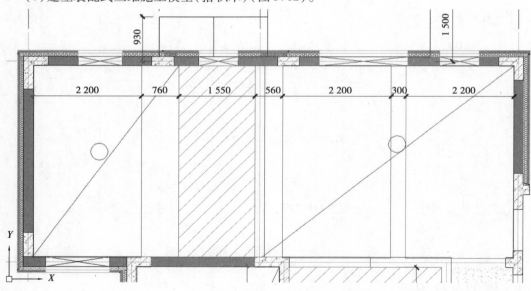

图 5.11　结构平面图

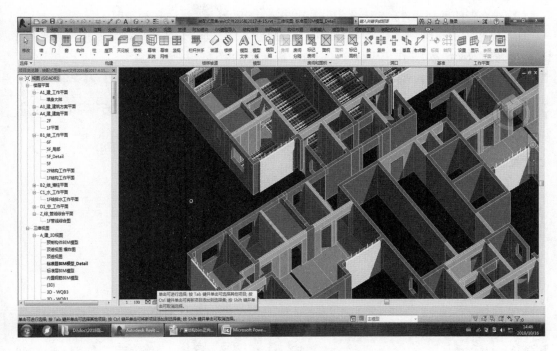

图 5.12　装配式三维施工图

完成以下 5 种构件的建模,构件位置如图 5.13 所示。

①6 个暗柱;

②5 片预制墙;

③1 块叠合底板;

④1 块预制阳台;

⑤1 部预制楼梯。

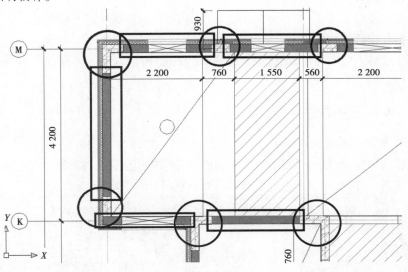

图 5.13　预制平面图

（2）建立新的预制构件（族）（设计积木）

如预制楼梯的建模，每个工程楼梯间的开间尺寸不同，设计人员要自己修改楼梯水平投影长、楼梯高度和踏步数，并作相应修改形成新的楼梯族，如图5.14所示。

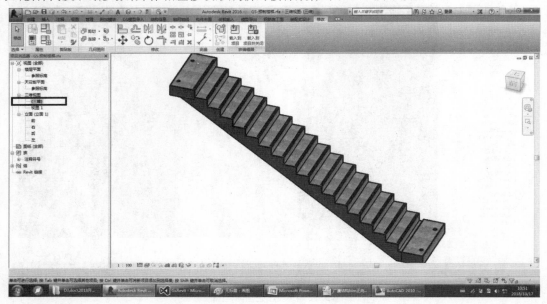

图5.14　三维预制楼梯族

5.3.1　装配式三维施工模型建模概述

装配式三维施工模型中，根据前一个设计阶段提供的内容建模，可能只有轴线标高，可能有建筑模型，也可能有结构模型。本实训提供dwg格式的结构平面图。

①现浇墙柱梁板按现浇构件输入。

②现浇暗柱按现浇节点（暗柱族）输入，若按墙会影响计算，妨碍一模多用。

③预制构件按预制构件输入。

在建筑2层输入竖向构件，在建筑3层输入水平构件，输入后可再进行复制、粘贴、旋转、镜像等编辑工作。

5.3.2　Revit预制构件族的介绍

Revit预制构件包括竖向预制构件和水平预制构件，如图5.15所示。

①竖向预制构件：预制墙、预制梁墙、预制凸窗、预制柱、预制楼梯和预制女儿墙。

②水平预制构件：桁架钢筋叠合板、预制梁、预制阳台和空调板。

（a）预制墙　　　　　　　　　（b）预制柱　　　　　　　　　（c）预制楼梯

(d) 桁架钢筋叠合板

(e) 预制梁

(f) 预制阳台

图 5.15　预制实物图

安装 GSRevit 时自动安装了各类预制构件常规模型族,安装目录如下 C∶\GSCAD\RevitCAD\2016\x64\族库\装配,如图 5.16 所示。Revit 每年一个版本,GSRevit 每个版本都提供一套族,将装配式构件公用的一些族放在目录"装配"下,各类构件有关的族放在各自的目录下。

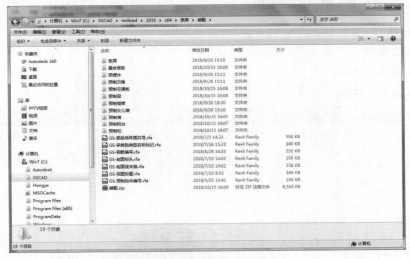

图 5.16　装配族存放目录*

图 5.17　预制墙下有多种预制墙族文件

图 5.17 的常用构件:预制墙、预制柱、预制梁、叠合板、预制阳台和预制空调板有两套族,一套尺寸参数放在族中,需通过设置族参数修改尺寸,另一套放在实例中,族文件名后带"可拖动"字串,将参数放在实例中,可在平面图中拖动箭头,也可光标拖动设置构件尺寸,如图 5.18 所示。

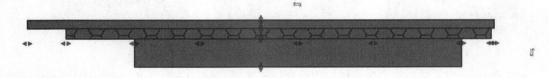

图 5.18　可拖动预制构件平面图

5.3.3　现浇构件(暗柱)的建模

本节实际操作(图 5.19):

(1)插入底图;

(2)插入现浇节点族;

(3)布置出如下暗柱。

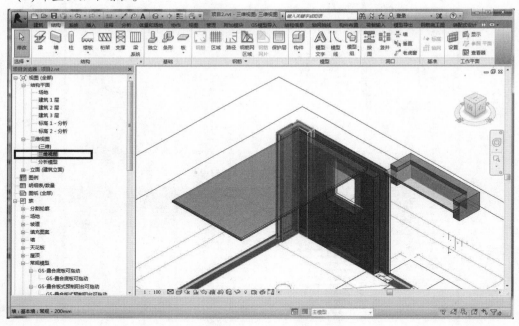

图 5.19　三维施工模型

设计单位一般提供平面图的 DWG 文件,如图 5.20 所示,在 Revit 中可插入 DWG 文件到本建筑层的下端标高所在的层,如要建立建筑 3 层的预制梁、叠合板、预制阳台、空调板和建筑 2 层预制墙、柱和楼梯,DWG 平面图插入建筑 2 层(项目浏览器被关闭了,请在 Revit 视图菜单下用户界面中设置打开)。

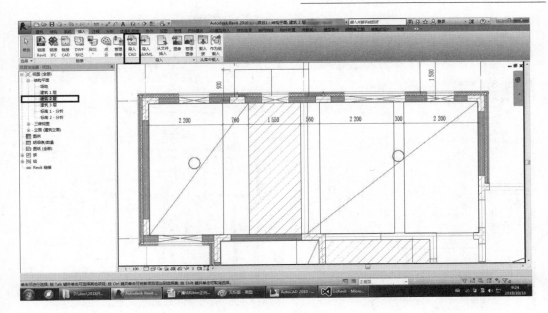

图 5.20 插入底图

选择命令"插入族",打开"C:\GSCAD\revitcad\2016\x64\族库\装配\现浇节点\GS-L 形现浇节点可拖动.rfa",如图 5.21 所示。

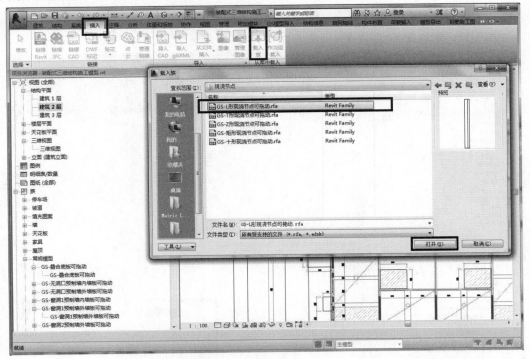

图 5.21 现浇节点族目录

用鼠标左键单击"GS-L 形现浇节点可拖动",再单击鼠标右键,在弹出的菜单中选择"创建实例",如图 5.22 所示。

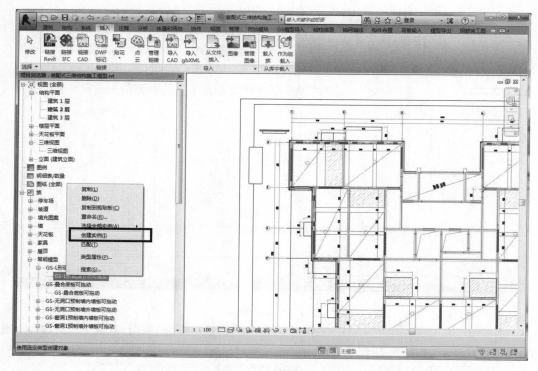

图 5.22　创建实例

在绘图窗口中选择一点，创建一个 L 形暗柱，如图 5.23 所示，按"Esc"键退出当前命令。

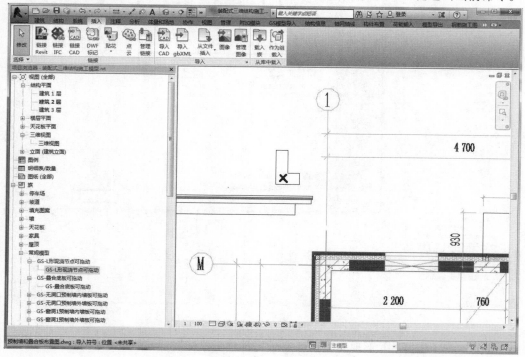

图 5.23　创建 L 形暗柱

单击 L 形暗柱,选择"旋转"命令,在绘图窗口中选择两点,确定顺时针旋转 90°,如图 5.24 所示,按"Esc"键退出当前命令。

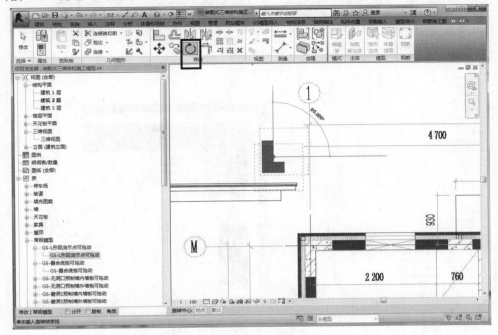

图 5.24 旋转 L 形暗柱

单击 L 形暗柱,选择命令"平移",在绘图窗口中选择以下两点,平移暗柱,如图 5.25 所示,按"Esc"键退出当前命令。

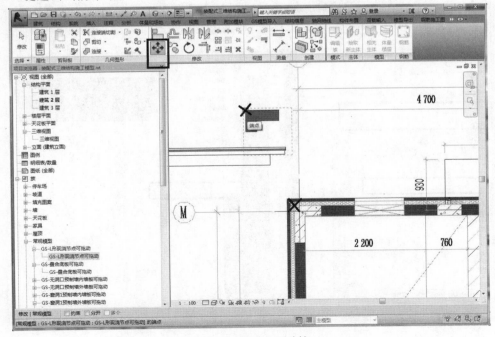

图 5.25 平移 L 形暗柱

单击 L 形暗柱,按拉伸符号拉伸肢长,如图 5.26 所示。

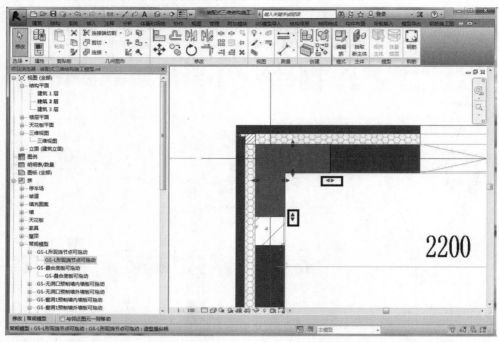

图 5.26　拉伸 L 形暗柱

左键单击 L 形暗柱,再单击鼠标右键,弹出如图 5.27 所示的菜单,选择"属性",将取整修改 H 和 H1。最后修改正确的标高和偏移量即可。

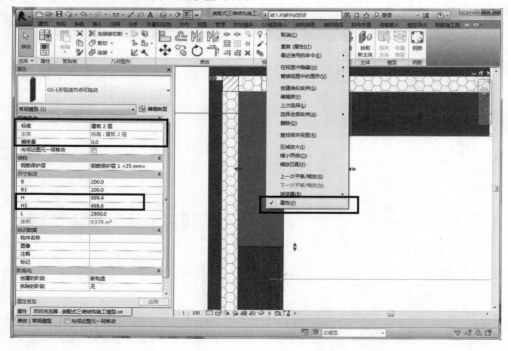

图 5.27　确定 L 形暗柱尺寸

5.3.4 预制墙的建模

本节实际操作(图 5.28):

(1)插入相关的族;

(2)布置三维模型并修改竖向尺寸;

(3)移动预制墙;

(4)拖动水平尺寸;

(5)精确修改参数。

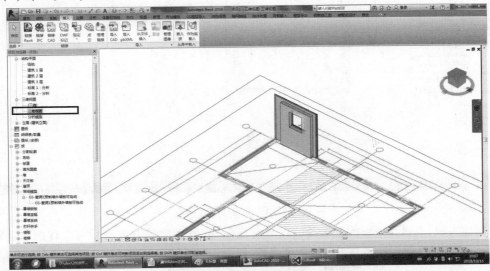

图 5.28 三维预制墙

插入所需的可拖动族"C:\GSCAD\RevitCAD\2016\x64\族库\装配\预制墙\GS-窗洞 1 预制墙外墙板.rfa",如图 5.29 所示。

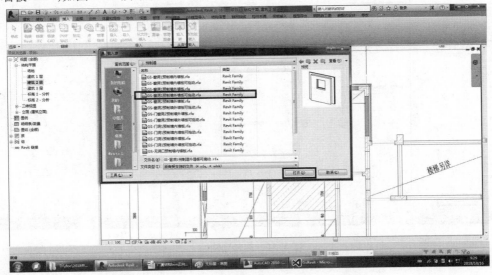

图 5.29 插入族

用鼠标右键单击族名称,选择"常规模型"→"GS-窗洞1预制墙外墙板可拖动"→"GS-窗洞1预制墙外墙板可拖动",在弹出的菜单中用鼠标左键选择"创建实例",如图5.30所示,然后用鼠标左键在平面图上选择一点,即可建立一个三维模型。

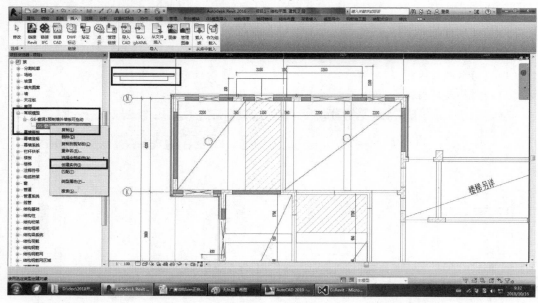

图5.30   创建预制墙

"创建实例"左键在平面图上选择一点时可选择"放置后旋转",放置后可立即控制选转角度,也可放置后,选择构件再采用旋转命令旋转,如图5.31所示。

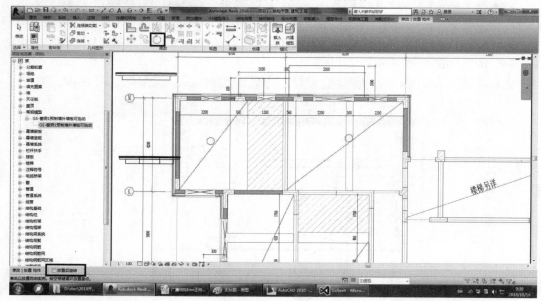

图5.31   旋转预制墙

　　用鼠标右键单击三维构件,弹出如图 5.32 所示的对话框,用鼠标左键选择"属性",修改相对建筑 2 层偏移量20 mm,洞口相对预制墙底部的高度 DH1 和洞口高度 H1。高度方向的尺寸按参数输入,水平方向尺寸拖动完成。

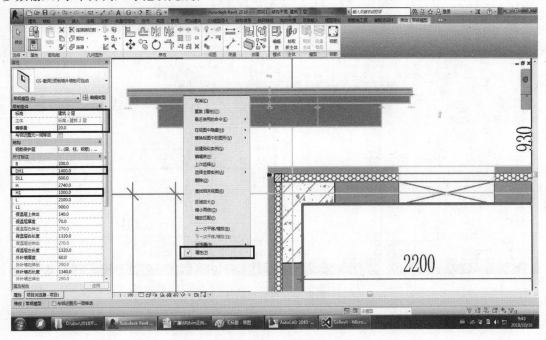

图 5.32　修改竖向尺寸

　　若不是结构层标高,是建筑层标高,则标高还应加上结构相对于建筑的标高,为 20~50 mm,如图 5.33 所示。

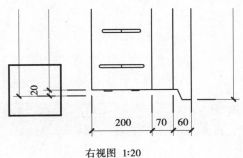

右视图 1:20

图 5.33　预制墙底相对结构层标高

　　左键选择三维构件,采用平移命令,选择三维构件左下点为基点,拖动三维构件到平面图基点对应的位置(Revit 视图菜单中可设置:细线显示方式,容易捕捉点),如图 5.34 所示。

　　左键按住箭头拖动三维构件右端位置,确定混凝土部分的尺寸,如图 5.35 所示。

　　左键分别按住箭头拖动三维构件窗口左右端位置,确定窗口的尺寸(看清洞口位置方法:视图属性的可见性中可设置常规模型的透明比例),如图 5.36 所示。

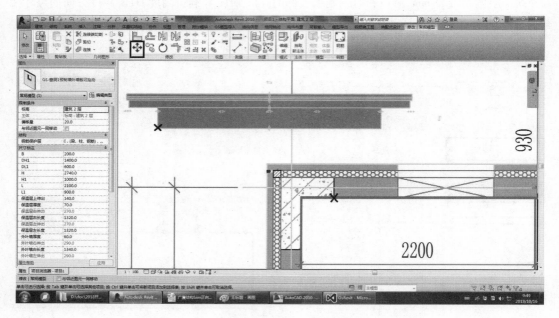

图5.34　平移预制墙

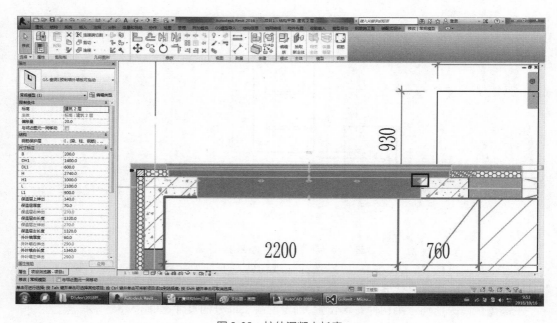

图5.35　拉伸混凝土长度

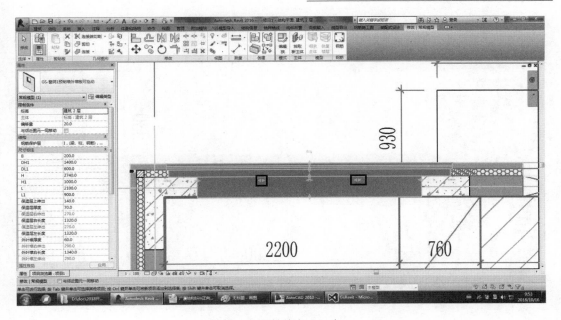

图 5.36　拉伸窗口尺寸

　　左键分别按住箭头拖动三维构件外叶墙和保温层左右端位置,确定外叶墙和保温层的尺寸,如图 5.37 所示。

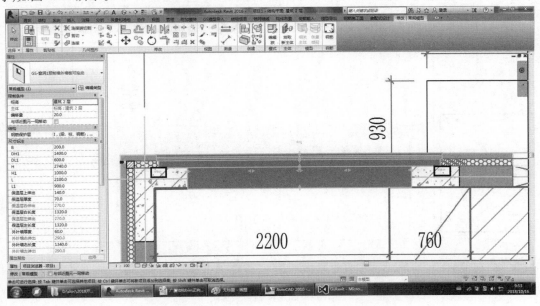

图 5.37　拉伸外叶墙和保温层尺寸

　　拖动后的尺寸,如图 5.38 所示。

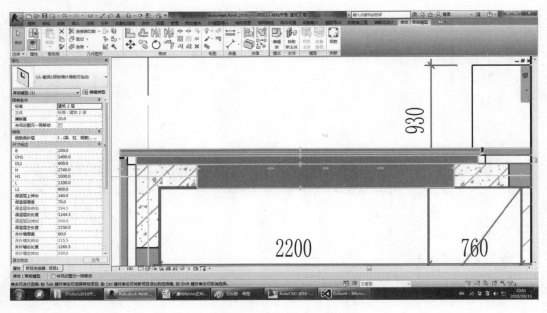

图 5.38　预制混凝土平面

在属性中直接修改尺寸参数精确到毫米即可,如图 5.39 所示。

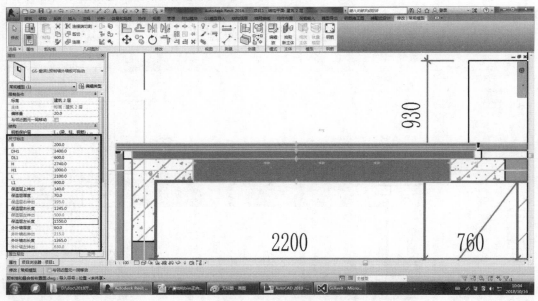

图 5.39　确定预制混凝土尺寸

5.3.5　叠合板的建模

本节实际操作(图 5.40):

(1)插入相关的族;

(2)布置三维模型并修改竖向尺寸;

(3)移动叠合板;

（4）拖动水平尺寸；

（5）精确修改参数。

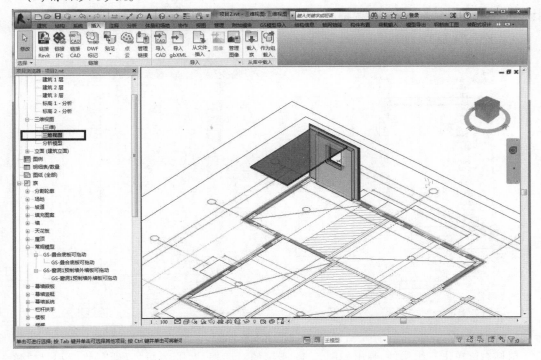

图 5.40   三维预制叠合底板

在图 5.41 中插入所需要的可拖动族："C:\GSCAD\RevitCAD\2016\x64\族库\装配\叠合底板\GS-叠合底板可拖动.rfa"。

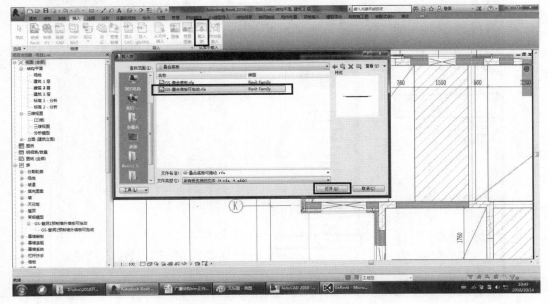

图 5.41   插入预制叠合底板族

鼠标双击进入建筑 3 层。再用鼠标右键单击族名称"常规模型"→"GS-叠合底板可拖动"→"GS-叠合底板可拖动",弹出如图 5.42 所示的菜单,用鼠标左键选择"创建实例",左键在平面图上选择一点,即可建立一个三维模型。

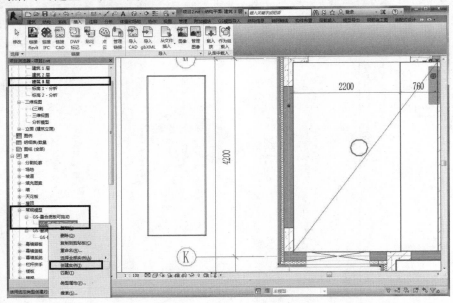

图 5.42　创建预制叠合底板

鼠标右键单击三维构件,弹出如图 5.43 所示的对话框,左键选择"属性",修改相对建筑 3 层偏移量 – 70 mm(若不是结构层标高,是建筑层标高,则标高还应加上结构相对于建筑的标高,为 – 70 mm – 50 mm)。高度方向的尺寸按参数输入,水平方向尺寸拖动完成。

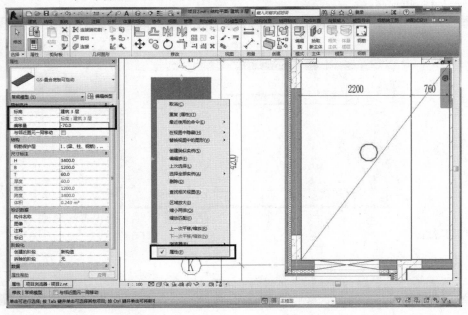

图 5.43　设置标高

　　左键选择三维构件,采用平移命令,选择三维构件左下点为基点,拖动三维构件到平面图基点对应的位置,如图 5.44 所示。

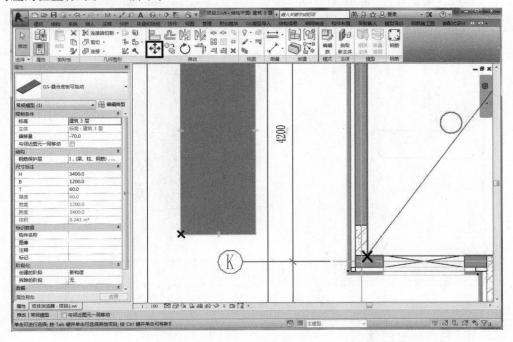

图 5.44　平移预制叠合底板

用鼠标左键按住箭头拖动三维构件右端和上端位置,确定混凝土部分的尺寸,如图 5.45 所示。

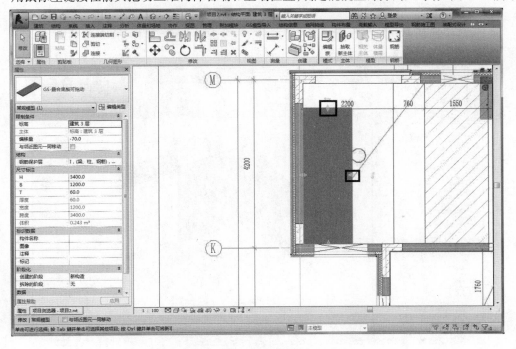

图 5.45　拖动预制叠合底板尺寸

在属性中直接修改尺寸参数精确到毫米即可,如图 5.46 所示。

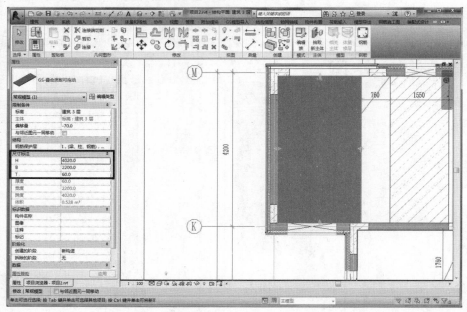

图 5.46　确定预制叠合底板尺寸

5.3.6　预制阳台的建模

本节实际操作(图 5.47):

(1)插入相关的族;

(2)布置三维模型并修改尺寸;

(3)移动预制阳台板。

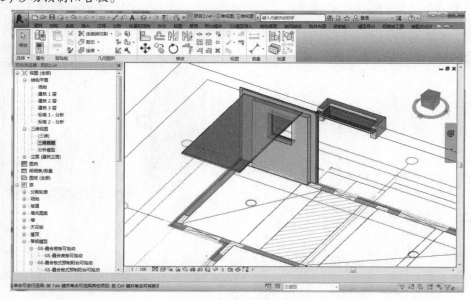

图 5.47　三维预制阳台

在图 5.48 中插入所需要的可拖动族:"C:\GSCAD\RevitCAD\2016\x64\族库\装配\预制阳台\GS-叠合板式预制阳台可拖动.rfa"。

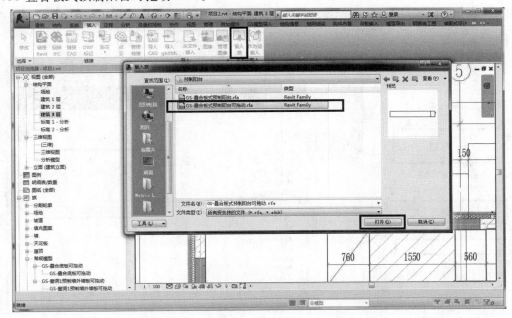

图 5.48　插入预制阳台族

鼠标双击进入建筑 3 层。鼠标右键点击族名称"常规模型"→"GS-叠合板式预制阳台可拖动"→"GS-叠合板式预制阳台可拖动",弹出如图 5.49 所示的菜单,鼠标左键选择"创建实例",左键在平面图上选择一点,即可建立一个三维模型。

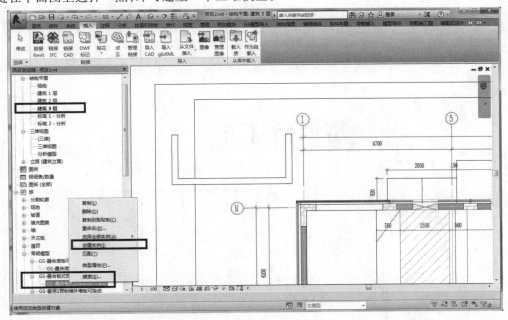

图 5.49　创建预制阳台

　　鼠标右键单击三维构件,弹出如图 5.50 所示的对话框,左键选择"属性",修改相对建筑 3 层偏移量,阳台板底相对楼层的高度 = −(20 + 130) = −150 mm(若不是结构层标高,是建筑层标高,则标高还应加上结构相对于建筑的标高,为 −150 mm −50mm)。输入阳台宽 b = 2 200,进深 h = 840。

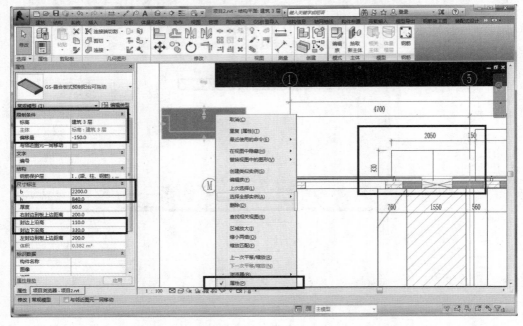

图 5.50　修改尺寸

　　用鼠标左键单击"预制阳台",再单击镜像翻转箭头,实现镜像翻转预制阳台,如图 5.51 所示。

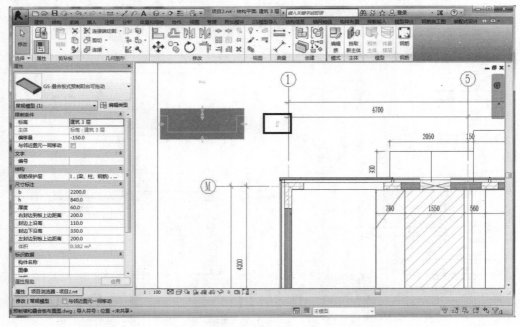

图 5.51　镜像翻转预制阳台

用鼠标左键选择三维构件,采用平移命令选择三维构件左下点为基点,拖动三维构件到平面图基点对应的位置,如图 5.52 所示。

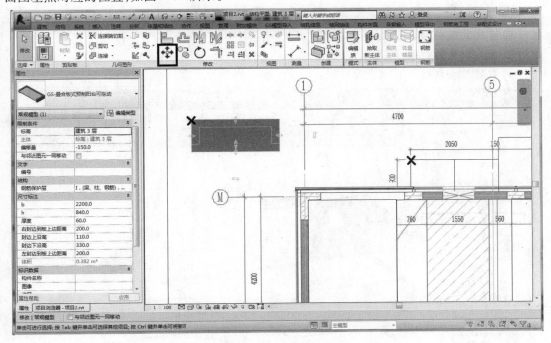

图 5.52 平移预制阳台

显示结果如图 5.53 所示。空调板的建模方法同阳台板。

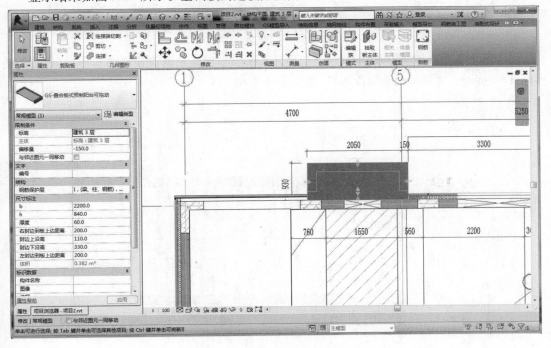

图 5.53 预制阳台平面图

5.3.7　预制楼梯的建模

本节实际操作(图5.54)：

(1)修改预制楼梯族；

(2)插入相关的族；

(3)布置三维模型。

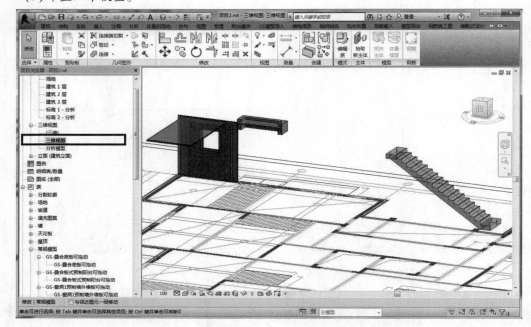

图5.54　三维预制楼梯

由于每个工程楼梯间的开间尺寸不同,设计人员要根据需要修改楼梯的水平投影长度、楼梯高度和踏步数,才能形成新的楼梯族,如图5.55所示。

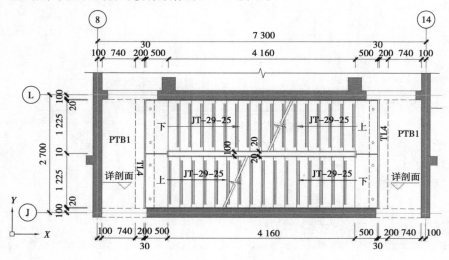

图5.55　楼梯平面图

本预制楼梯水平投影长度 = 5 160 mm、楼梯高度 = 2 900 mm + 200 mm = 3 100 mm 和踏步数 = 17。楼梯立面如图 5.56 所示。

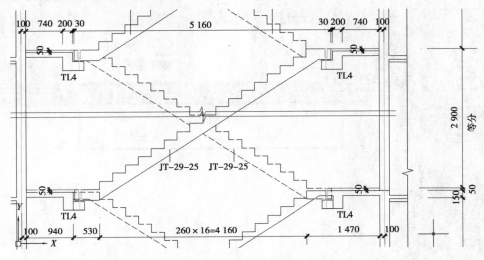

图 5.56　楼梯立面图

在 GSRevit 自带的族文件"GS-预制楼梯. rfa"中,如图 5.57 所示,梯段上布置了"台阶空心"和"防滑空心"形成楼梯台阶,缺省踏步数为 16 个,当设计的楼梯踏步数不同时,可进入 Revit 修改,具体修改步骤如下:

①删除已有的"台阶空心"和"防滑空心"。

②修改楼梯水平投影长度、楼梯高度和踏步数,自动形成新的定位参考面。

③布置新的"台阶空心"和"防滑空心"。

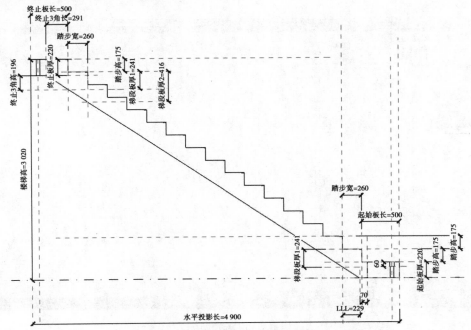

图 5.57　Revit 族编辑中的前视图

打开族文件"GS-预制楼梯.rfa",如图 5.58 所示。

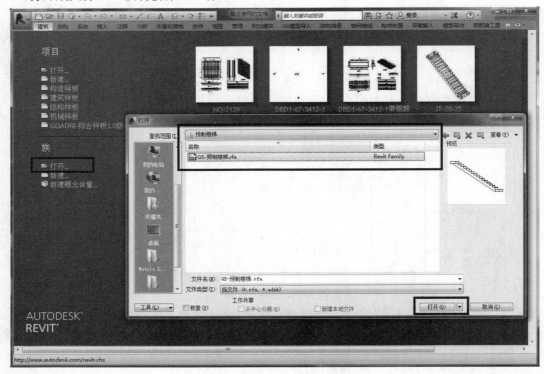

图 5.58　打开已有楼梯族

进入 Revit 后,用鼠标双击"前",删除"台阶空心"和"防滑空心",重新布置空心。显示结果如图 5.59 所示。

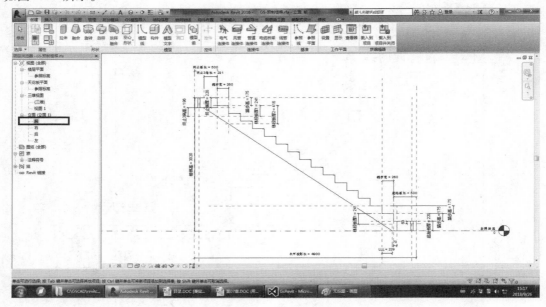

图 5.59　前视图

用右键单击如图 5.60 中的"台阶空心",弹出如下菜单,选择"选择全部实例"→"在整个项目中",即可全部选中同组的"台阶空心"。

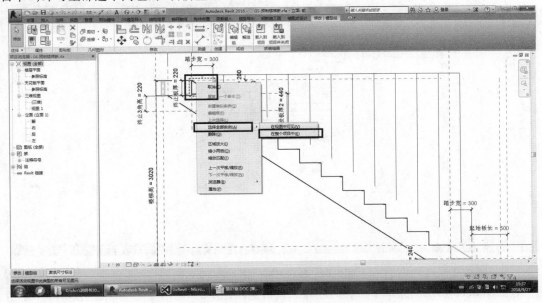

图 5.60 选择已有台阶空心

在如图 5.61 所示的菜单中,选择"删除",即可删除选中的"台阶空心"。

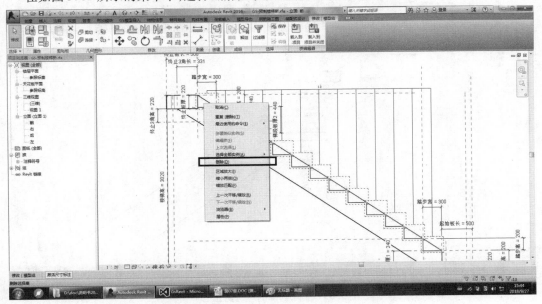

图 5.61 删除选中的"台阶空心"

用鼠标左键单击"防滑空心",弹出如图 5.62 所示的菜单,选择"选择全部实例"→"在整个项目中",即可全部选中同组的"防滑空心"。

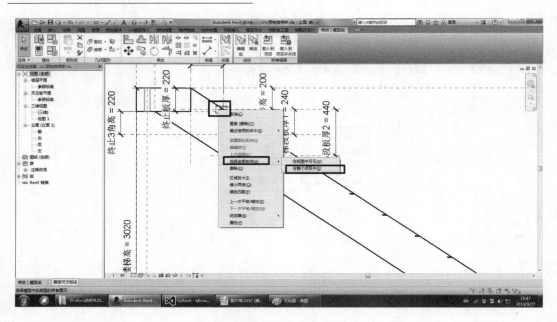

图 5.62 选择已有"防滑空心"

在如图 5.63 所示的菜单中,选择"删除",即可删除选中的"防滑空心"。最上留有一个防滑空心作为下次复制的种子。

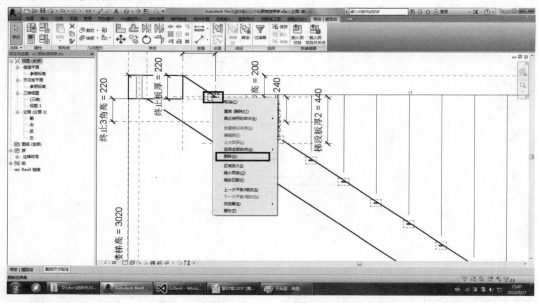

图 5.63 删除选择的"防滑空心"

单击菜单中的"族类型",弹出如图 5.64 所示的对话框,修改楼梯水平投影长度 = 5 160 mm、楼梯高度 = 2 900 mm + 200 mm = 3 100 mm 和踏步数 = 17,单击"确定"按钮后,Revit 自动调整各参考面的位置。

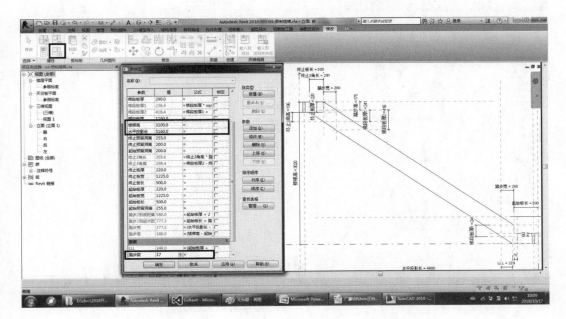

图 5.64   修改参数

单击菜单中的"空心拉伸",创建"台阶空心",如图 5.65 所示。

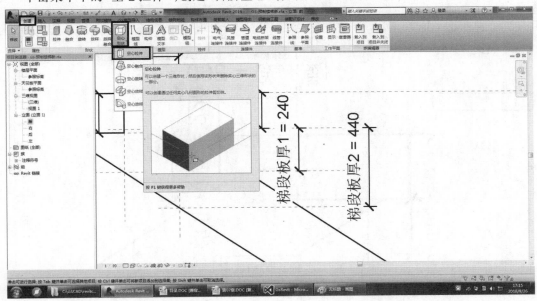

图 5.65   创建空心命令

在"直线"方式下,选择 3 点,再打钩确认即可创建一个"台阶空心"(选择点前:踏步底的参考平面往左拉伸,踏步右边的参考面往上拉伸,交出选择的点,尺寸盖住参考平面即可),如图 5.66所示。

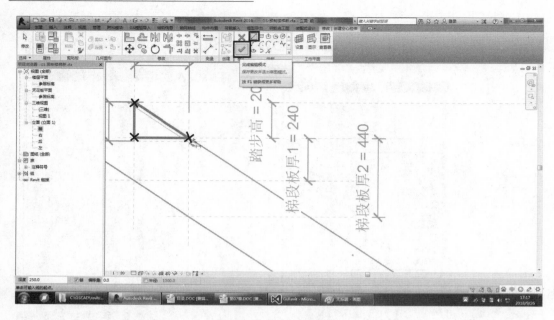

图 5.66　选择空心截面

用鼠标右键单击"台阶空心",在弹出如图 5.67 所示的菜单中,选择"属性",修改拉伸起点和终点,使总长度比梯段宽大即可。本楼梯梯段宽为 1 160 mm。

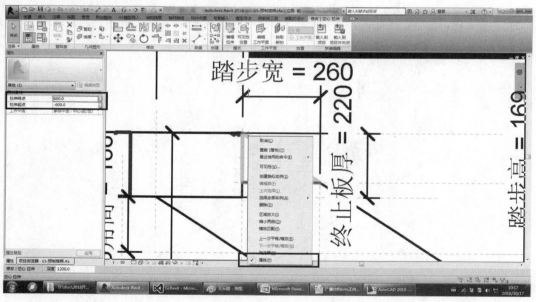

图 5.67　输入拉伸尺寸

用鼠标左键单击"前",再单击"台阶空心",最后单击"阵列"复制命令,如图 5.68 所示。

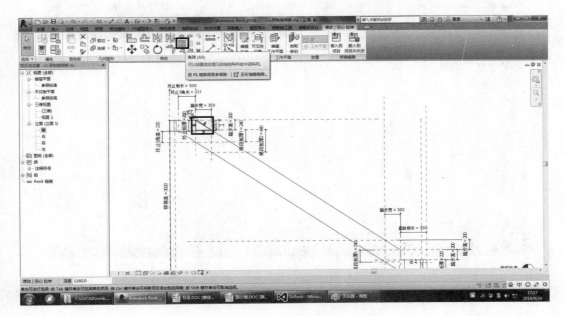

图 5.68　阵列命令

选择"最后一个",再选择复制的定位基点,如图 5.69 所示。

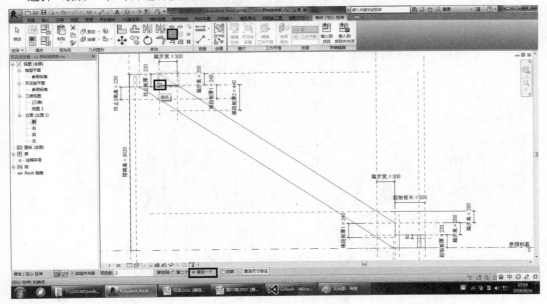

图 5.69　选择复制的定位基点

再点选最后一个"台阶空心"位置。在如图 5.70 中的对应位置中输入 16,按"Enter"键即可
完成设置。

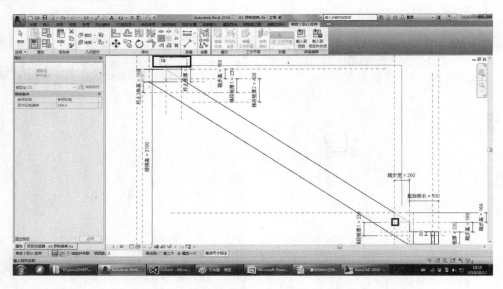

图 5.70　点选"最后一个"位置

在弹出的对话框中,单击"确定"按钮即可,如图 5.71 所示。17 个踏步数,开 16 个"台阶空心",如图 5.72 所示。

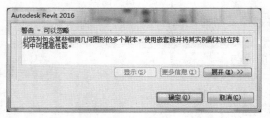

图 5.71　优化警告

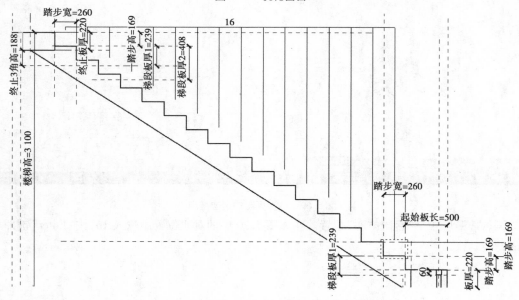

图 5.72　新的踏步

选择"防滑空心",采用复制命令复制一个"防滑空心"到下一台阶,如图 5.73 所示。

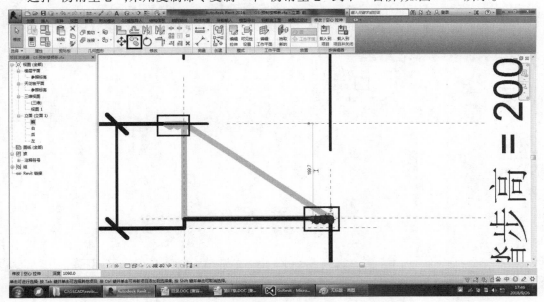

图 5.73　复制"防滑空心"

采用"裁剪"命令指定,分别选择"防滑空心"和梯段,指定新布置的"防滑空心"和梯段的裁剪关系,如图 5.74 所示。

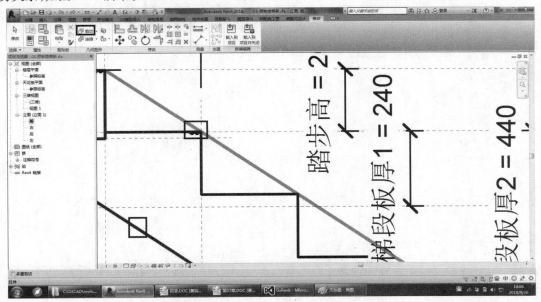

图 5.74　指定裁剪关系

点选新布置的"防滑空心",点按阵列命令,选择"最后一个",再选择定位基点,如图 5.75 所示。

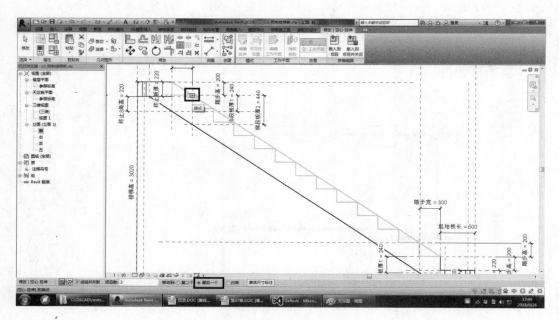

图 5.75　阵列"防滑空心"

再点选最后一个"防滑空心"位置。在图中输入 16，如图 5.76 所示。

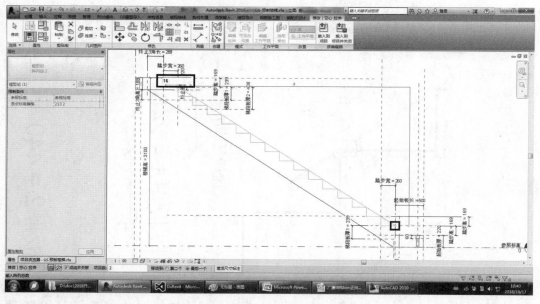

图 5.76　点选最后一个"防滑空心"位置

单击"三维"可查看做好的新踏步数的楼梯，如图 5.77 所示。

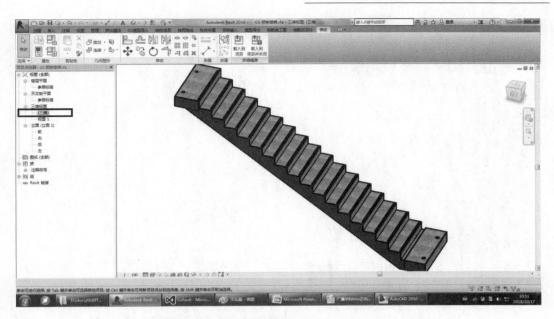

图 5.77　三维预制楼梯族

　　单击"另存为"→"族"，即可另存新的族文件和设置新的文件名，如图 5.78 和图 5.79 所示。

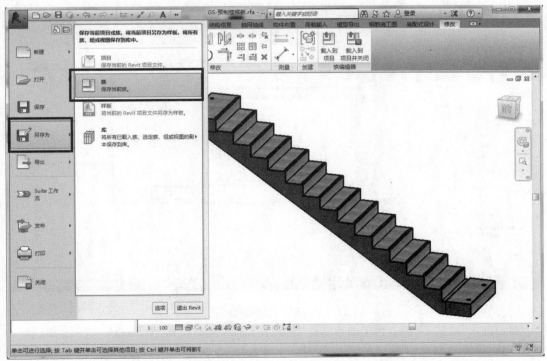

图 5.78　另存族

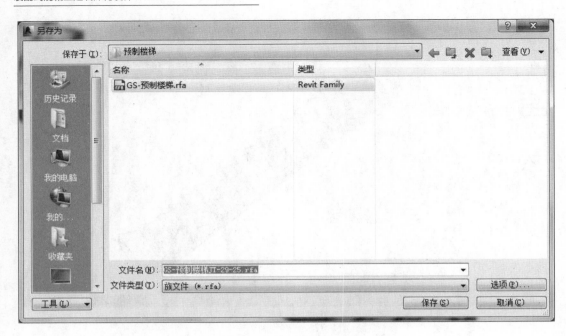

图 5.79　输入新族文件名

插入所需的族"GS-预制楼梯 JT-29-25.rfa",如图 5.80 所示。

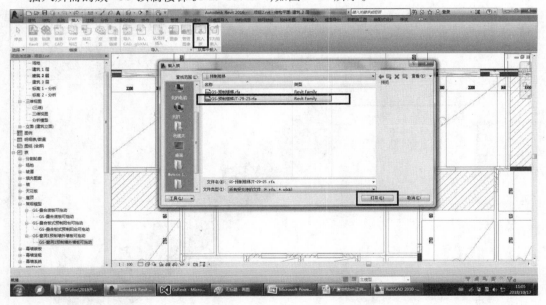

图 5.80　插入"预制楼梯族"

双击进入"建筑 2 层"。再单击族名称"常规模型 GS-预制楼梯 JT-29-25"→" GS-预制楼梯 JT-29-25",弹出如图 5.81 所示的菜单,用鼠标左键选择"创建实例",再用左键在平面图上选择一点,即可建立一个三维模型。

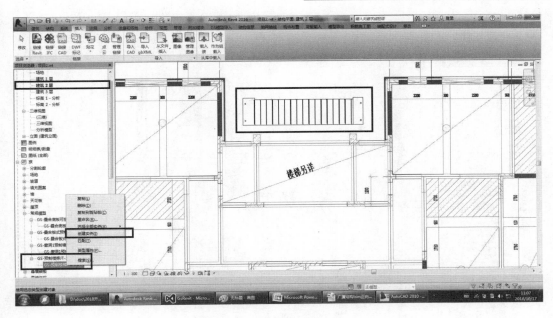

图 5.81　创建预制楼梯

　　用鼠标右键单击楼梯,在属性中直接修改相对"建筑 2 层"标高 - 150 mm(若不是结构层标高,而是建筑层标高,则标高还应加上结构相对于建筑的标高,为 - 150 mm - 50 mm),如图 5.82 所示。

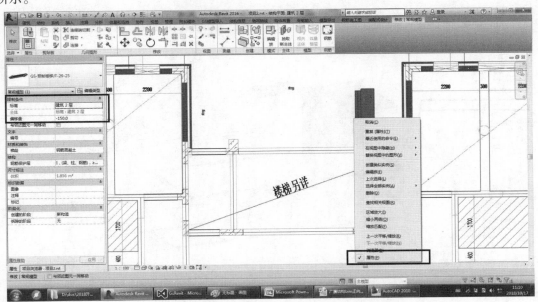

图 5.82　修改楼梯标高

　　用鼠标左键选择楼梯,采用平移命令,选择三维构件右下点为基点,拖动三维构件到平面图基点对应的位置,如图 5.83 所示。

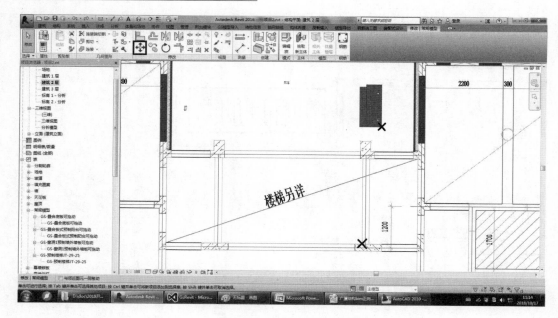

图 5.83　平移预制楼梯

在"三维视图"下可查看如图 5.84 所示布置的楼梯。

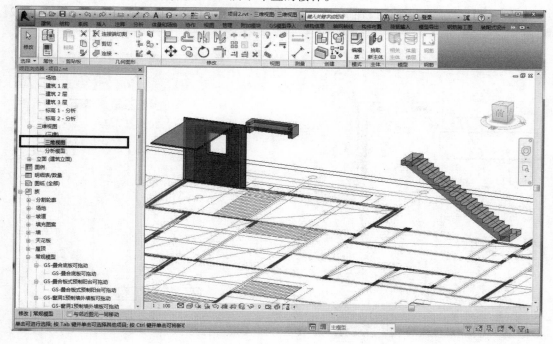

图 5.84　三维预制楼梯

5.3.8　绘制预制构件布置图

虽然 GSRevit 提供了自动生成预制构件布置图的功能,但还应学会人工绘制的方法。

（1）建立新视图"预制构件布置图"

①用鼠标右键单击"建筑3层"，弹出如图5.85所示的菜单，左键选择"复制视图"→"带细节复制"。

图5.85　复制视图

②改名：用鼠标右键单击"建筑3层副本1"，弹出如图5.86所示的菜单，左键选择"重命名"，输入"建筑3层 预制构件布置图"，如图5.87所示。

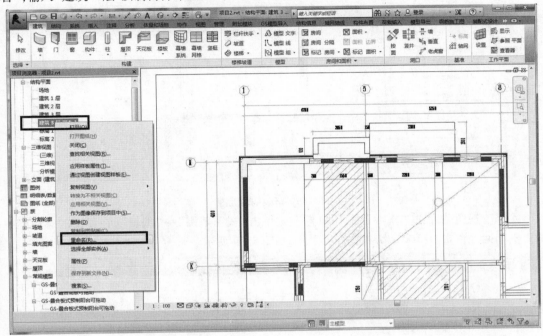

图5.86　重命名

图5.87　输入新视图名

③修改视图范围：用鼠标右键单击"建筑3层预制构件布置图"，弹出如图5.88所示的菜单，左键选择"属性"。

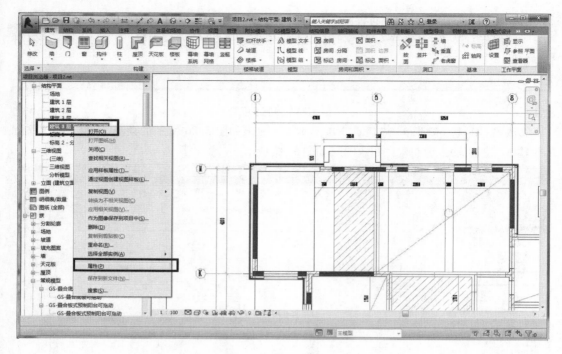

图 5.88　修改视图范围

④修改视图范围:在"属性"中,用鼠标左键单击"视图范围"→"编辑",在弹出的对话框中输入剖切面偏移量:-100。切到叠合板中间,如图 5.89 所示。

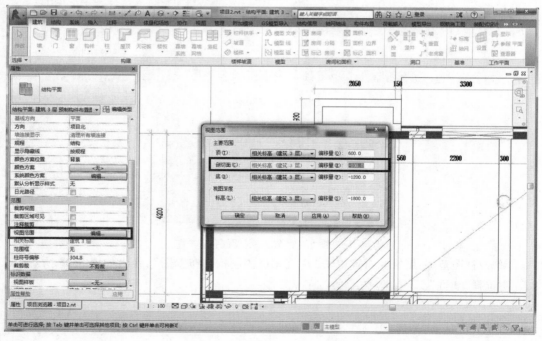

图 5.89　视图范围

⑤隐藏底图:用鼠标左键点选"底图",再单击右键弹出如图 5.90 所示的菜单,选择"在视图

中隐藏"→"图元"。

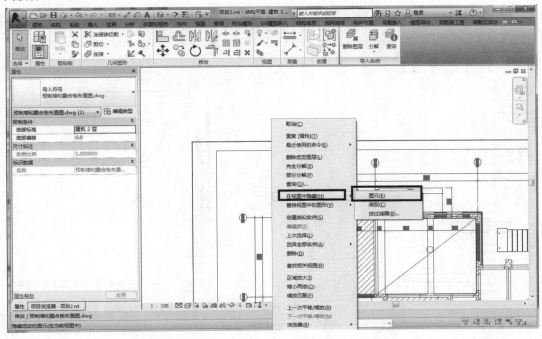

图5.90　隐藏底图

（2）标注预制构件编号

①插入"预制构件编号"族：用鼠标左键选择菜单"插入"→"载入族"，弹出如图5.91所示的对话框，选择"C：\GSCAD\revitcad\2016\x64\族库\装配"下的"GS-预制构件编号.rfa"。

图5.91　插入"预制构件编号"族

②标注预制编号:用鼠标右键单击"GS-预制构件编号",弹出如图5.92所示的菜单,左键选择"创建实例",再点选叠合板,即可创建一个标注。

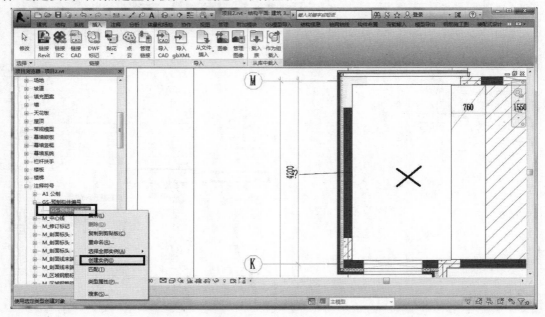

图5.92　标注预制编号

输入预制构件名称:用鼠标右键点选叠合板,弹出如图5.93所示的菜单,左键选择"属性",输入注释"DBS1-67-4222"。

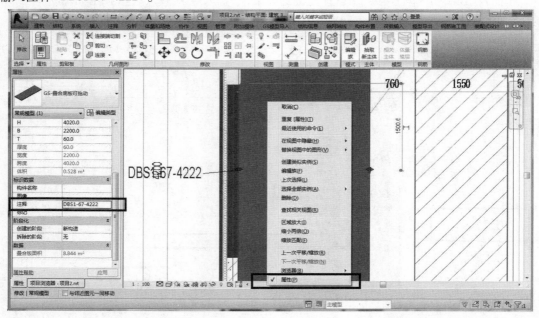

图5.93　输入预制构件名称

取消标注引线:用鼠标右键点选标注,弹出如图5.94所示的菜单,左键选择"属性",取消引线选择,同时也可选择控制显示方向。

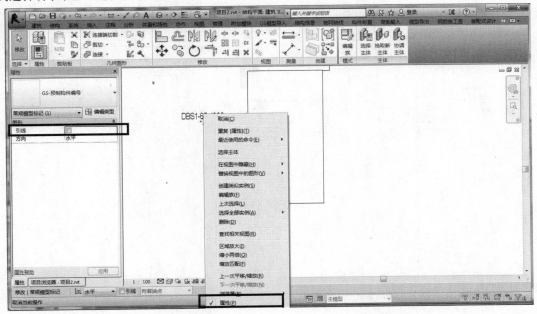

图 5.94   取消标注引线

拖动标注:用鼠标左键拖动标注到合适的位置,如图 5.95 所示。

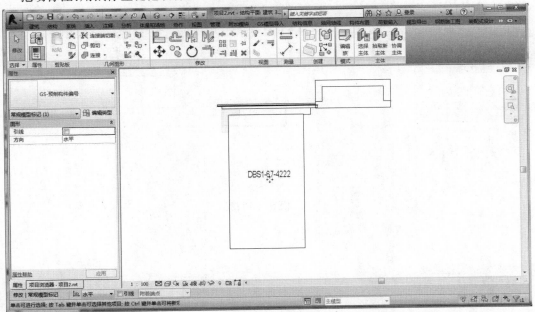

图 5.95   拖动标注

复制标注:用鼠标左键点选标注,点按菜单"复制",选择定位基点,再选择预制墙,如图 5.96
所示。

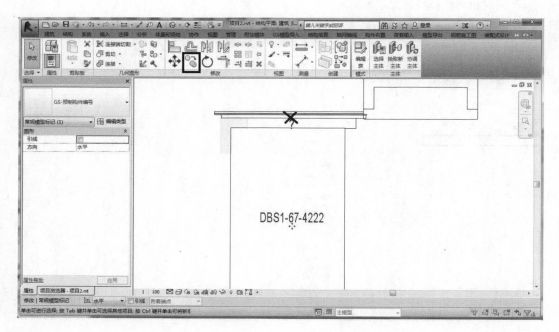

图 5.96　复制标注

输入预制构件名称：用鼠标左键点选标注"?"，输入"WQC1-3328-1214"，如图 5.97 所示。

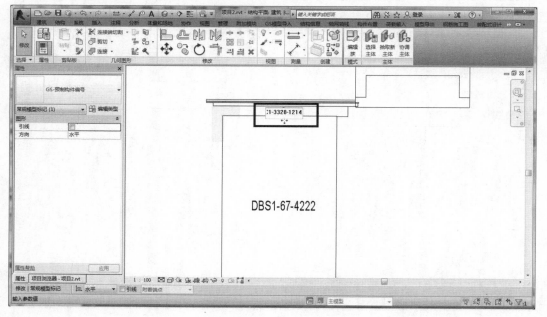

图 5.97　输入预制构件名称

左键拖动标注到合适的位置，如图 5.98 所示。

③标注位置和尺寸：选择菜单"注释"→"对齐标注"，标注预制构件位置和尺寸。可用菜单"文字"输入文字，如接缝"JF"，如图 5.99 所示。

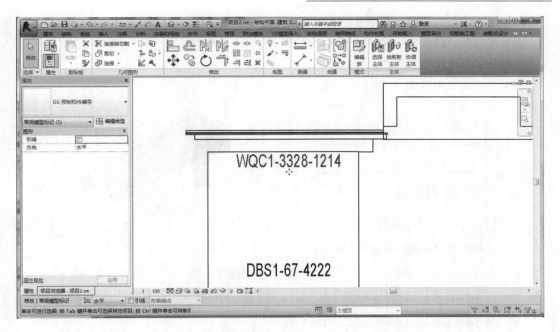

图 5.98   拖动标注

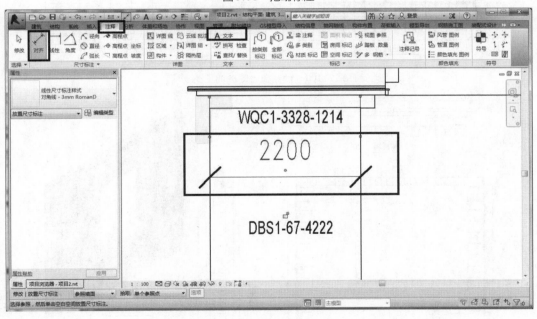

图 5.99   标注位置和尺寸

5.4   预制构件深化设计

完成预制构件加工图,确定钢筋和预埋件,整个设计过程中深化设计和制造要进行装配式构件深化设计,深化设计的尺寸误差应控制在 1 mm 或 1 mm 以内,如图 5.100 至和图 5.102 所示。

根据设计单位给定的结构钢筋图和预制构件布置图,能够:

①掌握每种构件加工图的绘制原理;

②绘制装配式构件加工图;

③编写钢筋加工尺寸。

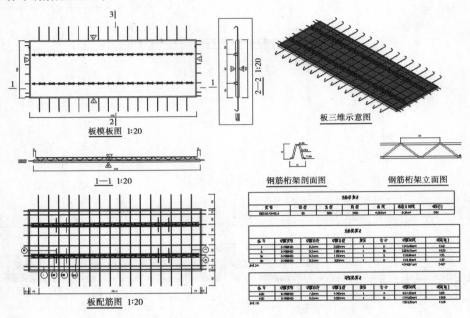

图 5.100　预制叠合底板加工图

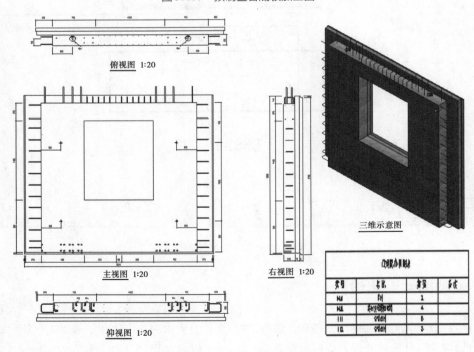

图 5.101　预制外墙模板图

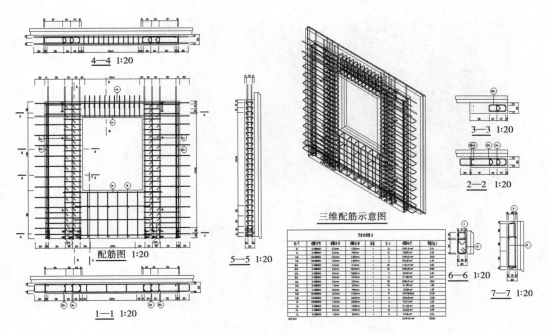

图 5.102　预制外墙钢筋图

5.4.1　装配式构件深化设计概述

1）装配式设计过程

整个设计过程包括初步设计、施工图设计和构件深化设计 3 个阶段。

（1）初步设计阶段

形成初步设计阶段的建筑、结构模型和初步设计二维图,完成预制构件方案,如图 5.103 所示。

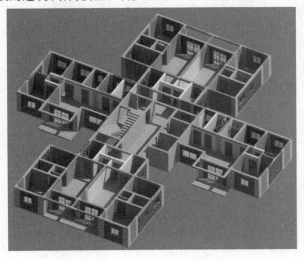

图 5.103　初设三维模型

（2）施工图设计阶段

绘制结构施工图、计算书和预制构件布置图,确定预制构件方案,如图 5.104 至图 5.107 所示。

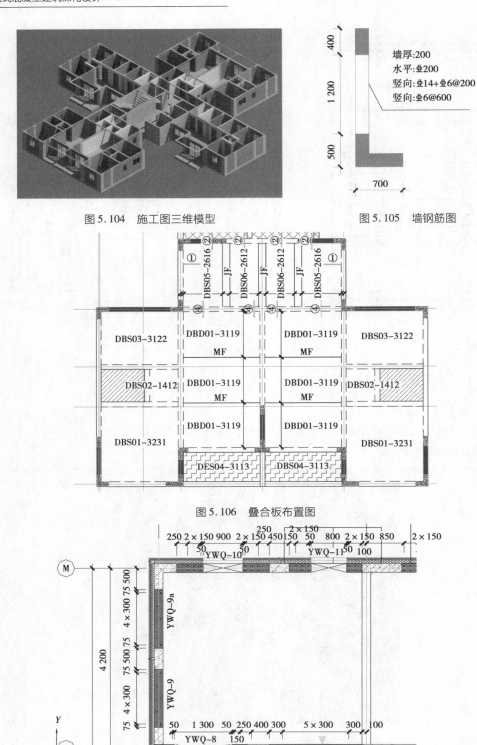

图 5.104   施工图三维模型

图 5.105   墙钢筋图

图 5.106   叠合板布置图

图 5.107   预制墙布置图

（3）深化设计过程

深化设计过程,如图 5.108 和图 5.109 所示。

第一次深化:满足规范、制造、施工和运输等要求,绘制构件加工图。

第二次深化:配合机电和装修,修改并形成最终加工图。

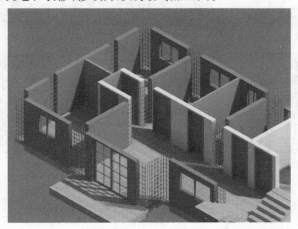

图 5.108　深化三维模型

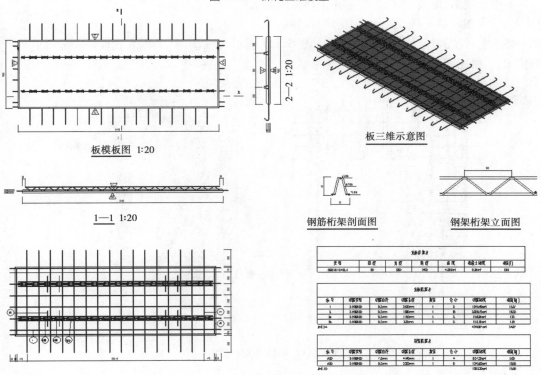

图 5.109　叠合板加工图

2）装配式结构构件类型

装配式建筑构件种类主要有外墙板、内墙板、预制梁墙、预制凸窗、预制柱、预制梁、预制板、预制阳台、空调板、预制楼梯等,如图 5.110 所示。

(a)预制墙   (b)预制柱   (c)预制楼梯

(d)桁架钢筋叠合板   (e)预制梁   (f)预制阳台

图5.110   预制实物图

3)构件深化设计阶段深度要求

①汇集建筑、结构、装饰、水暖电和设备5个专业的内容;

②考虑制造、堆放、运输和安装4个环节的要求;

③一张图原则:一张加工图包括所有内容。

各个需求明确反映在深化图纸中,如图5.111所示,包括尺寸、钢筋和预埋件。采用平面图、剖切图、三维图和明细表的方法表示。

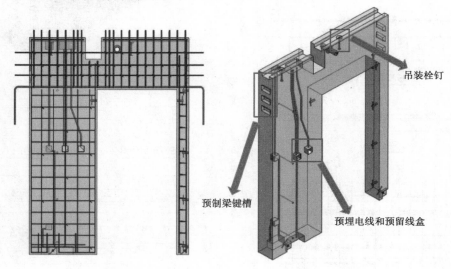

吊装栓钉

预制梁键槽

预埋电线和预留线盒

图5.111   预制墙深化三维图

4)深化设计数据来源

接力施工图设计进行深化设计,施工图阶段提供:结构钢筋施工图和预制构件布置图。

墙柱梁板钢筋施工图详见16G101,预制和现浇表示法基本相同,图5.112与图5.113有一点不同,预制墙竖向钢筋为套筒连接的直径14钢筋和构造的直径6钢筋,套筒连接的钢筋满足计算要求。

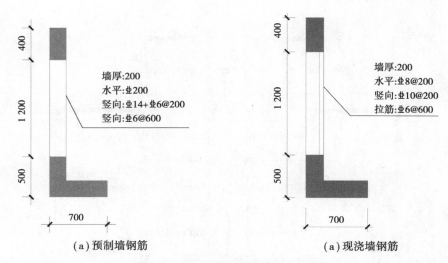

墙厚:200
水平:Φ200
竖向:Φ14+Φ6@200
竖向:Φ6@600

墙厚:200
水平:Φ8@200
竖向:Φ10@200
拉筋:Φ6@600

（a）预制墙钢筋   （a）现浇墙钢筋

图 5.112　墙柱梁板钢筋施工图

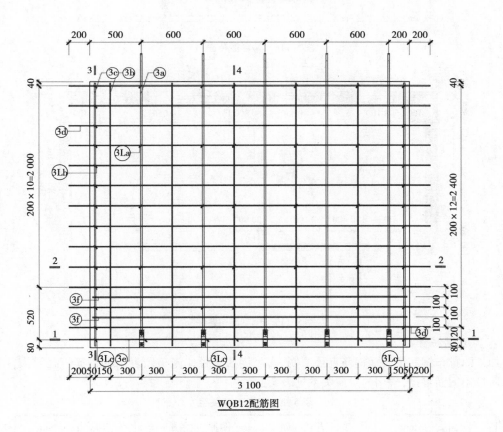

WQB12配筋图

图 5.113　墙配筋图

预制构件布置图包括预制构件的编号、位置和尺寸,如图 5.114 和图 5.115 所示。

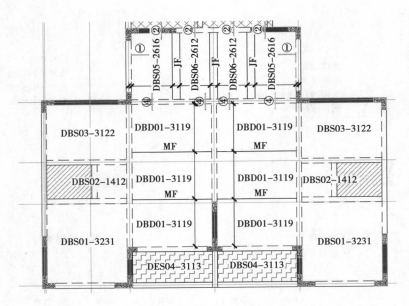

图 5.114　叠合板布置图

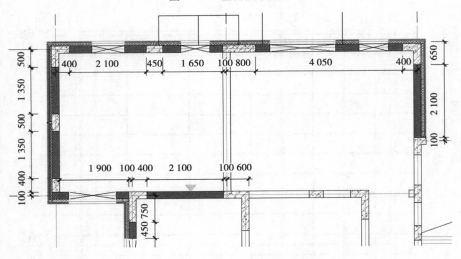

图 5.115　预制墙布置图

5）实际钢筋直径

加工图排布钢筋按实际钢筋直径绘制,实际钢筋直径比施工图表示的钢筋直径要大,明细表算质量用图面直径,常用的对应关系见表 5.1。

表 5.1　常用对应关系

图面直径/mm	实际直径/mm	图面直径/mm	实际直径/mm
6	7	12	13.9
8	9.3	14	16.2
10	11.6	16	18.4

图面直径/mm	实际直径/mm	图面直径/mm	实际直径/mm
18	20.5	32	35.8
20	22.7	36	40.2
22	25.1	40	45.1
25	28.4	50	54.9
28	31.6		

5.4.2　叠合板的深化设计

本节掌握如下内容(图 5.116):

(1)单向板和双向板;

(2)加工图的基本内容;

(3)钢筋的种类;

(4)钢筋的位置和尺寸;

(5)脱模计算和吊装计算;

(6)加工图绘制的实际操作。

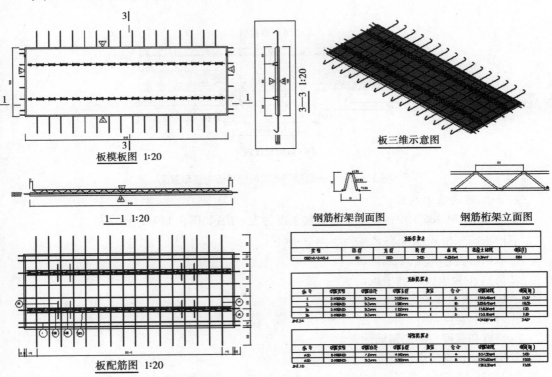

图 5.116　预制叠合底板加工图

1）叠合板

叠合板分单向板和双向板两种，其平面布置如图 5.117 所示，单向板接缝和双向板接缝如图 5.118 所示。

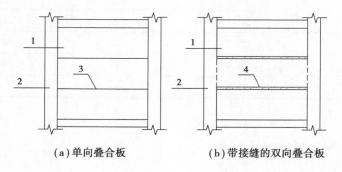

（a）单向叠合板　　　　　（b）带接缝的双向叠合板

图 5.117　叠合板平面布置图

1—预制板；2—梁或墙；3—板侧分离式接缝；4—板侧整体式接缝

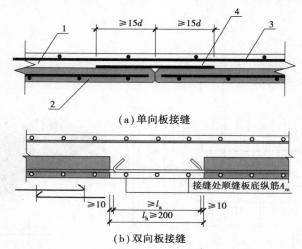

（a）单向板接缝

（b）双向板接缝

图 5.118　单向板接缝和双向板接缝构造示意图

2）加工图的基本内容

标准图集 15G366-1 中规定了叠合板加工图的表示法，如图 5.119 所示。

双向板编号格式：DBSX-××-×××××-××

①双向标志：DBS 代表双向板。

②类别：1 为边板，2 为中板。

③板厚：预制和现浇厚度，单位 cm。

④跨度和宽度，单位 dm。

⑤跨度和宽度方向的钢筋标志。

⑥钢筋加长调整后浇宽度。

如 DBS1-67-4212-43 为双向边板，6 cm 预制厚，7 cm 现浇厚，42 dm 长，12 dm 宽，43 表示长和宽方向的钢筋。

单向板编号格式：DBD××-×××××-×

图5.119 装配图集

①单向标志：DBD 代表单向板。

②板厚：预制和现浇厚度，单位 cm。

③跨度和宽度，单位 dm。

④跨度方向钢筋标志。

如 DB67-4212-1。

如图 5.120 所示的预制叠合底板加工图，由 10 张子图组成：板模板图、1—1 剖面、2—2 剖面、板配筋图、板三维示意图、钢筋桁架剖面图、钢筋桁架立面图、底板参数表、底板配筋表和桁架配筋表。

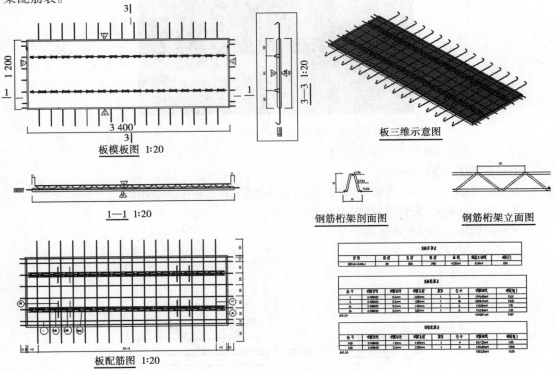

图5.120 预制叠合底板加工图

（1）板模板图（图5.121和图5.122）

①标注预制板尺寸，包括长、宽、切角宽度。

②剖切位置为1—1和2—2。

③粗糙面标志。

④若有洞口，标注洞口位置和尺寸。

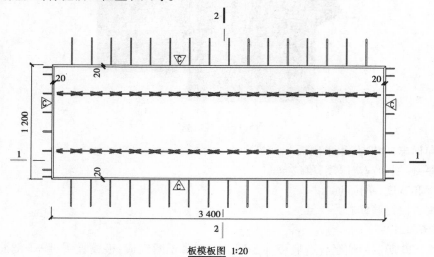

板模板图 1:20

图5.121　板模板图

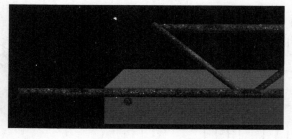

图5.122　三维钢筋

（2）1—1剖面（图5.123和图5.124）

①切角高度为20 mm。

②护层厚度为15 mm：宽度方向钢筋放在最下边，下皮到板下边的距离。

③桁架上弦钢筋端部到板边的距离为50 mm。

④粗糙面标志和模板面标志。

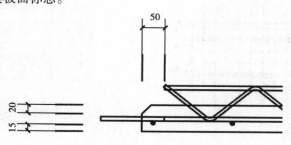

图5.123　1—1剖面细部

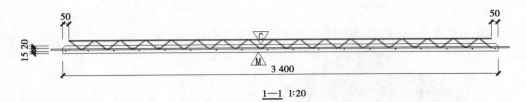

$\underline{1—1}$ 1:20

图 5.124   1—1 剖面

（3）2—2 剖面（图 5.125）

①切角高度为 20 mm。

②保护层厚度为 15 mm。

③桁架上弦钢筋位置。

④粗糙面标志和模板面标志。

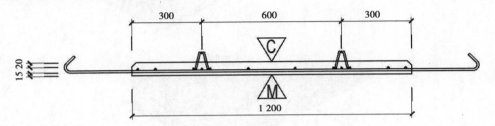

图 5.125   2—2 剖面

（4）板配筋图（图 5.126）

①跨度方向钢筋伸出长度为 90 mm，宽度方向钢筋位置。

②宽度方向钢筋伸出长度为 290 mm，跨度方向钢筋位置。

③钢筋编号对应的钢筋。

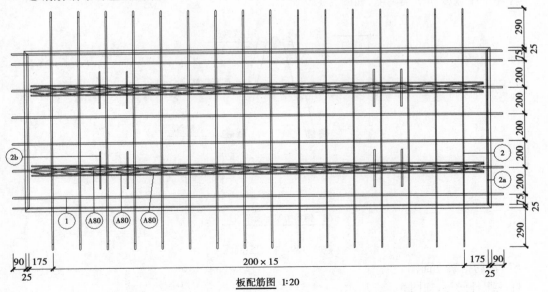

板配筋图 1:20

图 5.126   板配筋图

（5）板三维示意图

直观显示板和其中的钢筋，如图 5.127 和图 5.128 所示。

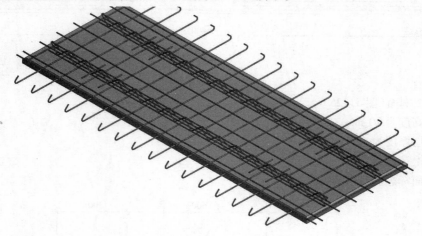

图 5.127　三维钢筋图

图 5.128　三维钢筋细部图

（6）钢筋桁架剖面图

标注下弦宽度和桁架高度，如图 5.129 所示。

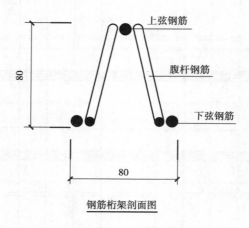

钢筋桁架剖面图

图 5.129　桁架剖面图

（7）钢筋桁架立面图

标注腹杆间距，如图 5.130 所示。

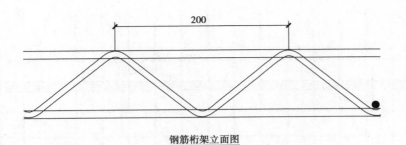

钢筋桁架立面图

图5.130　桁架立面图

（8）底板参数表（表5.2）

表5.2　底板参数表

类型	厚度/mm	宽度/mm	跨度/mm	面积/m²	混凝土体积/m³	质量/t
DBD1-67-3412-1	60	1 200	3 400	4.080	0.24	0.61

（9）底板配筋表（表5.3）

表5.3　底板配筋表

编号	钢筋类型	钢筋直径/mm	钢筋长度/mm	数量	合计	钢筋体积/cm³	质量/kg
1	8HRB400	9.3	3 580	1	8	1 945.49	15.27
2	8HRB400	9.3	1 920	1	16	2 086.78	16.38
2a	8HRB400	9.3	1 150	1	2	156.24	1.23
2b	8HRB400	9.3	280	1	8	152.16	1.19
合计					34	4 340.67	34.07

（10）桁架配筋表（表5.4）

表5.4　桁架配筋表

编号	钢筋类型	钢筋直径/mm	钢筋长度/mm	数量	合计	钢筋体积/cm³	质量/kg
A80	6HRB400	7.0	4 140	1	4	637.30	5.00
A80	8HRB400	9.3	3 300	1	6	1 345.00	10.56
合计					10	1 982.30	15.56

3）钢筋的种类：底板钢筋和桁架钢筋

（1）底板钢筋（图5.131）

①4种底板钢筋：跨度方向钢筋1、宽度方向钢筋2、宽度方向封边钢筋2a和吊点预埋钢筋2b。图集钢筋编号的一般规则为数字表示类型、大写字母表示用途及小写字母表示序号。

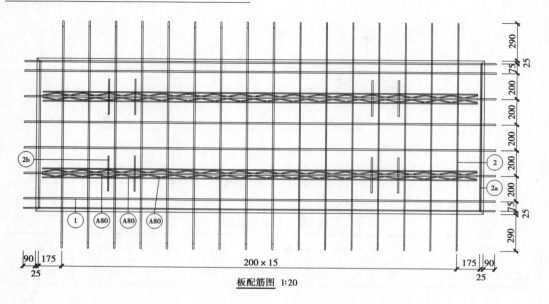

图5.131   板配筋图

②双向板中钢筋1,2,2a为受力筋,来自结构施工图。

③单向板中钢筋1为受力筋、只有钢筋2为构造筋6@200。

④吊点预埋钢筋2b直径为8 mm,长度为280 mm。

(2)两种桁架钢筋(图5.132)

上下弦钢筋和腹杆钢筋。A80中80表示腹杆高度。上下弦钢筋直径为8 mm,腹杆钢筋直径为6 mm。

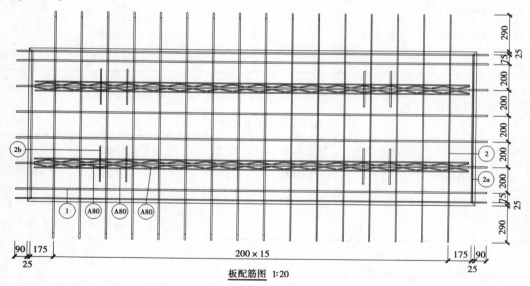

图5.132   板配筋图

4)钢筋的位置和尺寸

类型参数包括保护层厚度、平行于跨度方向的钢筋、平行于宽度方向的钢筋和桁架钢筋,如图5.133和图5.134所示。

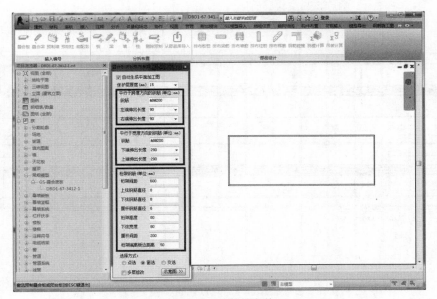

图 5.133 钢筋的参数

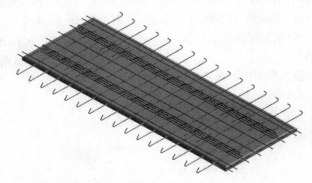

图 5.134 三维钢筋图

（1）保护层厚度

如图 5.135 所示为显示宽度方向钢筋、跨度方向钢筋 Z 向位置，保护层厚度为 15 mm，钢筋都采用 8 mm，实际直径 9.3 mm。

桁架下弦钢筋与跨度方向钢筋位置相同。

（2）平行于跨度方向的钢筋

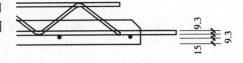

图 5.135 钢筋剖面

钢筋按给定间距对称布置，边钢筋中心到板边距离为 25 mm，如图 5.136 至图 5.138 所示。伸出长度决定总长度。

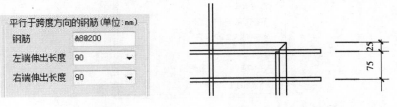

图 5.136 钢筋参数

图 5.137 钢筋细部平面

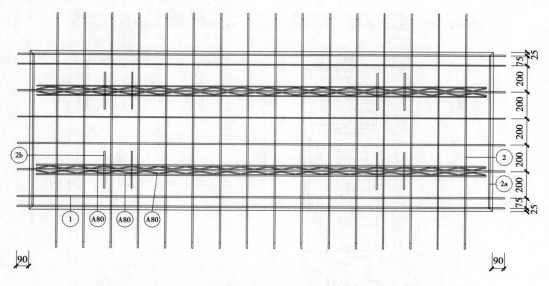

图 5.138　钢筋平面图

（3）平行于宽度方向的钢筋

如图 5.139 所示的钢筋按给定间距对称布置，边钢筋中心到板边距离为 25 mm。伸出长度决定总长度。

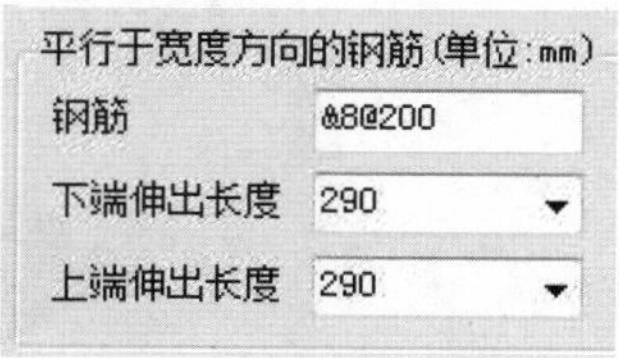

（4）吊点预埋钢筋

吊点预埋钢筋，如钢筋平面图按吊点布置。

5）脱模计算和吊装计算

（1）脱模计算

脱模计算参数，如图 5.140 至图 5.142 所示。

平行于宽度方向的钢筋(单位: mm)	
钢筋	&8@200
下端伸出长度	290
上端伸出长度	290

图 5.139　钢筋参数

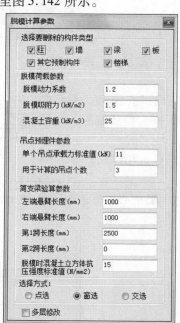

图 5.140　"脱模计算参数"对话框

用简支梁计算脱模支座和跨中弯矩

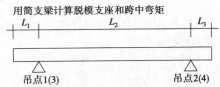

吊点1的固端弯矩$M_1=1.2 \times 1/2qL_1^2$，其中q为板边线荷载

吊点2的固端弯矩$M_2=1.2 \times 1/2qL_3^2$

板跨中的弯矩$M_{中}= [1/8qL_2^2 - (M_1+M_2)/2]$

当中间还有吊点时，输入中间两最大跨长，按最大跨长的$1/12qL^2$作为跨中近似支座弯矩

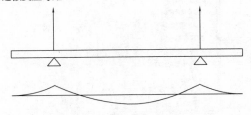

图 5.141　简支梁计算原理

DBD1-67-3412-1_脱模计算书.txt - 记事本
文件(F)　编辑(E)　格式(O)　查看(V)　帮助(H)

```
=======================================
            脱模计算书
=======================================
计算程序: Revit结构BIM正向设计系统GSRevit
开发单位: 广东省建筑设计研究院 深圳市广厦科技有限公司
计算时间: 2018年9月27日 16:45:27
---------------------------------------
项目名称:
设计单位:
设计:
审核:
审定:
---------------------------------------

叠合底板=DBD1-67-3412-1,混凝土容重=25kN/m3,脱模动力系数=1.2,脱模吸附力=1.5kN/m2
板长=3400mm,板宽=1200mm,板厚=60mm
1)脱模荷载计算:
  体积=0.243m3,自重=6.074kN,脱模动力系数*自重=7.289kN
  面积=4.080m2,脱模吸附力=6.120kN
  脱模动力系数*自重+脱模吸附力=13.409kN,1.5*自重=9.111kN
  脱模总荷载=13.409kN
2)吊件承载力验算:
  吊点数=3,每个吊点内力=脱模总荷载/3=4.470<=承载力标准值=11.000kN,满足要求
3)混凝土抗拉应力验算:
  1米宽板简支梁上线荷载q=脱模总荷载/面积=3.287kN/m
  左悬臂端弯矩=1/2*q*l*l=1/2*3.287*1*1=1.643kN.m
  右悬臂端弯矩=1/2*q*l*l=1/2*3.287*1*1=1.643kN.m
  跨中弯矩=1/8*q*l*l-(左端弯矩+右端弯矩)/2=1/8*3.287*2.5*2.5-(1.643+1.643)/2=0.924kN.m
  脱模时混凝土立方体抗压强度标准值=15.000N/mm2,混凝土抗拉强度标准值=1.270N/mm2
  钢筋等级=HRB400,直径=8,间距=200,0.7*钢筋抗拉强度标准值=280.0N/mm2,钢筋离板底距离=34mm
  吊点应力=6*弯矩/板厚/板厚=6*1.643/0.060/0.060/1000=2.739>1.270N/mm2,有裂缝
  吊点弯矩=1.643<=混凝土抵抗弯矩+钢筋抵抗弯矩=0.762+2.389=3.151kN.m,满足要求
  跨中应力=6*弯矩/板厚/板厚=6*0.924/0.060/0.060/1000=1.541>1.270N/mm2,有裂缝
  跨中弯矩=0.924<=混凝土抵抗弯矩+钢筋抵抗弯矩=0.762+1.833=2.595kN.m,满足要求
```

图 5.142　脱模计算书

（2）吊装计算

吊装计算与脱模计算参数不同，但计算原理相同，如图5.143和图5.144所示。

图5.143　"吊装计算参数"对话框

```
DBD1-67-3412-1_吊装计算书.txt - 记事本
文件(F)  编辑(E)  格式(O)  查看(V)  帮助(H)
=========================================
            吊装计算书
=========================================
计算程序：Revit结构BIM正向设计系统GSRevit
开发单位：广东省建筑设计研究院  深圳市广厦科技有限公司
计算时间：2018年9月27日 16:50:50
-----------------------------------------
项目名称：
设计单位：
设计：
审核：
审定：
-----------------------------------------
叠合底板=DBD1-67-3412-1,混凝土容重=25kN/m3,吊装动力系数=1.5
板长=3400mm,板宽=1200mm,板厚=60mm
1)吊装荷载计算：
  体积=0.243m3,自重=6.074kN
  吊装总荷载=吊装动力系数*自重=9.111kN
2)吊件承载力验算：
  吊点数=3,每个吊点内力=吊装总荷载/3=3.037<=承载力标准值=11.000kN,满足要求
3)混凝土抗拉应力验算：
  1米宽板简支梁上线荷载q=吊装总荷载/面积=9.111/4.080=2.233kN/m
  左悬臂端弯矩=1/2*q*l*l=1/2*2.233*1*1=1.117kN.m
  右悬臂端弯矩=1/2*q*l*l=1/2*2.233*1*1=1.117kN.m
  跨中弯矩=1/8*q*l*l-(左端弯矩+右端弯矩)/2=1/8*2.233*2.5*2.5-(1.117+1.117)/2=0.628kN.m
  预制构件混凝土等级=25,0.7*混凝土抗拉强度标准值=1.246N/mm2
  钢筋等级=HRB400,直径=8,间距=200,0.7*钢筋抗拉强度标准值=280.0N/mm2,钢筋离板底距离=34mm
  吊点应力=6*弯矩/板厚/板厚=6*1.117/0.060/0.060/1000=1.861>1.246N/mm2,有裂缝
  吊点弯矩=1.117<=混凝土抵抗弯矩+钢筋抵抗弯矩=0.748+2.389=3.137kN.m,满足要求
  跨中应力=6*弯矩/板厚/板厚=6*0.628/0.060/0.060/1000=1.047<=1.246N/mm2,满足要求
  跨中弯矩=0.628<=混凝土抵抗弯矩+钢筋抵抗弯矩=0.748+1.833=2.581kN.m,满足要求
```

图5.144　吊装计算书

6）加工图绘制的实际操作

GSRevit预制构件的部品作为单独的一个RVT文件，为一个独立的BIM模型。以下5个步骤是完成一个预制构件的加工图：

①从三维施工模型复制粘贴，或新创建并修改预制构件尺寸。

②采用命令参数化布置钢筋,并自动绘制相应的加工图。

③修改生成的加工图。

④脱模计算和吊装计算。

⑤钢筋碰撞检查。

(1)修改预制构件尺寸

在广厦主控菜单中,点按"Revit 建模",启动 GSRevit,如图 5.145 所示。

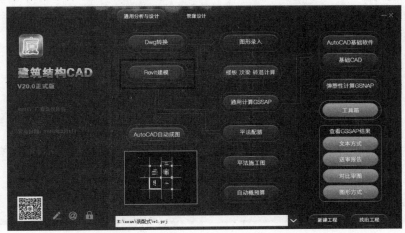

图 5.145　主控菜单

在 Revit 中,新建一个结构样板,从三维施工模型复制粘贴一块叠合底板,或打开一个已有的文件"DBS1-67-3412-1.rvt",如图 5.146 所示。

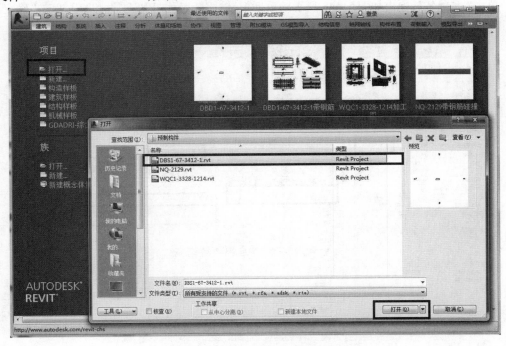

图 5.146　Revit 文件打开界面

用鼠标左键选中叠合板,用右键单击,弹出如图 5.147 所示的菜单,勾选"属性"。

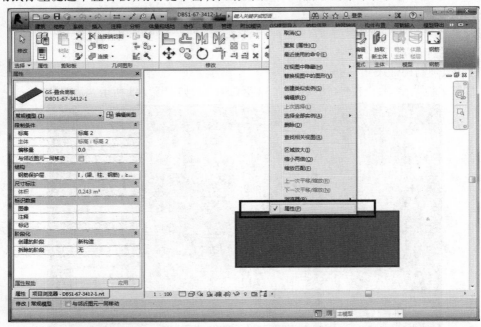

图 5.147　"属性"修改

用鼠标左键单击"编辑类型",弹出如图 5.148 所示的对话框,输入 $H = 4\ 020.0$ 和 $B = 2\ 200.0$。

单击"重命名",弹出如图 5.148 所示的对话框,输入新名称"DBS1-67-4022",单击"确定"按钮,再单击"确定"按钮即可。

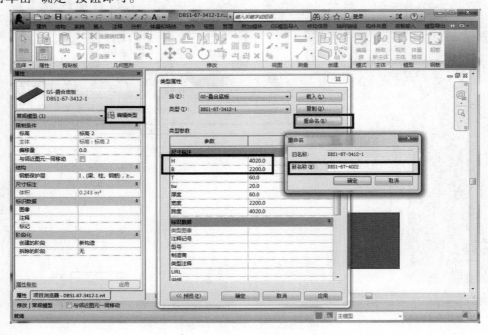

图 5.148　修改尺寸

（2）布置钢筋，并自动绘制相应的加工图

用鼠标左键单击"装配式设计"→"排布板筋"，弹出如图 5.149 所示的对话框，输入两方向钢筋 10@200，上端伸出长度为 90 mm，桁架间距为 400 mm，其他参数已满足要求不用修改。

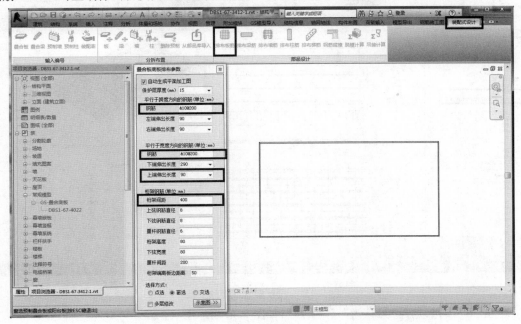

图 5.149　排布板筋

用鼠标左键框选叠合板，即可自动绘制叠合板加工图，如图 5.150 所示。

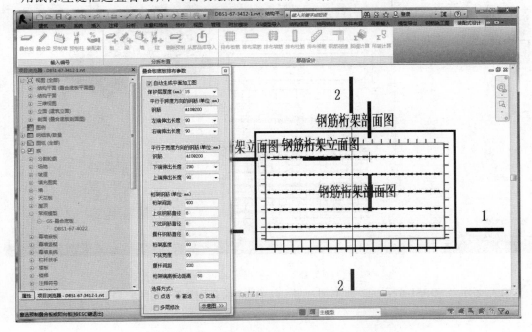

图 5.150　绘制叠合板加工图

　　按"Esc"键退出。在"项目浏览器"处，用鼠标左键单击"DBS1-67-4022-叠合底板加工图"，即可查看自动绘制的加工图，如图5.151所示。

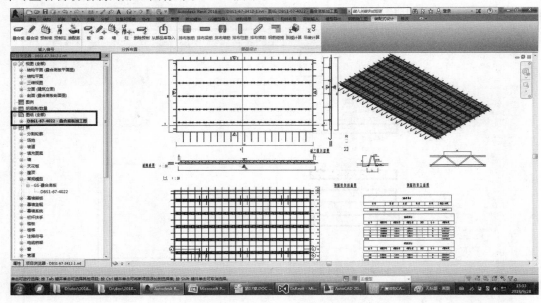

图5.151　预制叠合底板加工图

　　单击"R"按钮，选择"另存为"→"项目"，如图5.152所示。

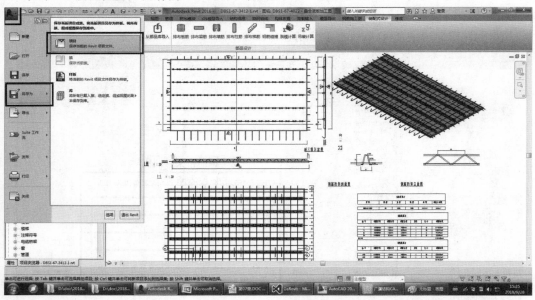

图5.152　"另存为"命令

　　输入文件名"DBS1-67-4022加工图.rvt"，再单击"保存"按钮，如图5.153所示。

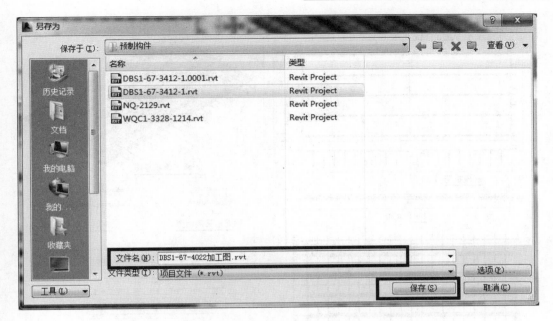

图 5.153 "保存"加工图

（3）修改生成的加工图

①在图纸中移动每个视图说明到视图正下方。

②在模板图中打断剖切线。

③修改明细表，取消表头后的空行和增加质量统计。

a.在图纸中移动每个视图说明到视图的正下方，如图 5.154 所示。

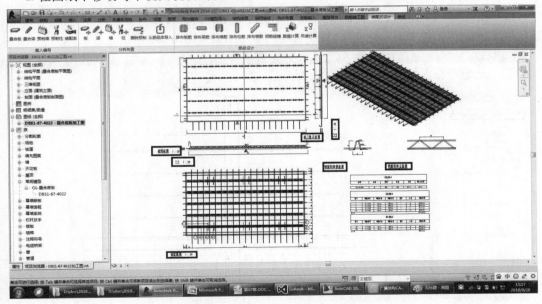

图 5.154 视图说明

用鼠标左键按住将其拖到每个视图正确的位置,如图 5.155 所示。

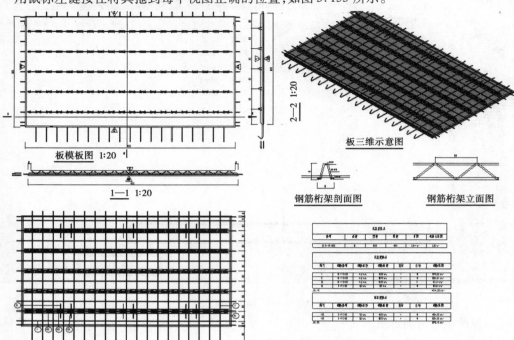

图 5.155　视图说明居中

b. 在模板图中打断剖切线。

在如图 5.156 所示的模板图中,剖切线自动贯穿显示,需人工打断。

用鼠标左键双击"DBS1-67-4022 板模板图",显示结果如图 5.156 所示。

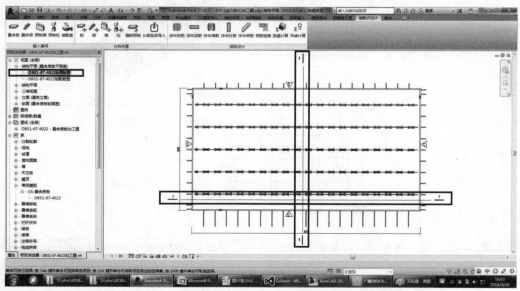

图 5.156　剖切线

用鼠标选择剖切线,剖切线中点显示如图5.157所示的"线段间隙"符号。

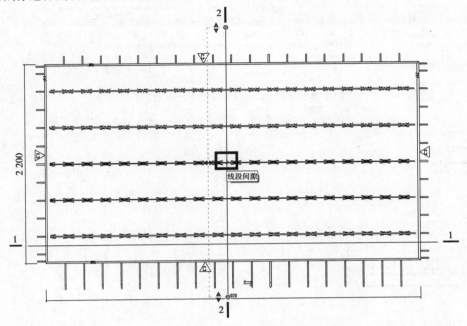

图5.157　打断剖切线

单击"线段间隙"符号,自动分段剖切线,移动如图5.158所示分段出的剖切线端点到两侧即可。

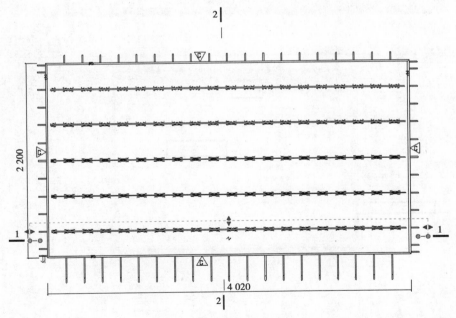

图5.158　最短剖切线

c.修改明细表:取消表头后的空行和增加质量统计。

取消"底板参数表"表头后的空行和增加质量统计。用鼠标左键双击"底板参数表",再用鼠标右键单击"底板参数表",选择"属性"按钮,如图 5.159 所示。

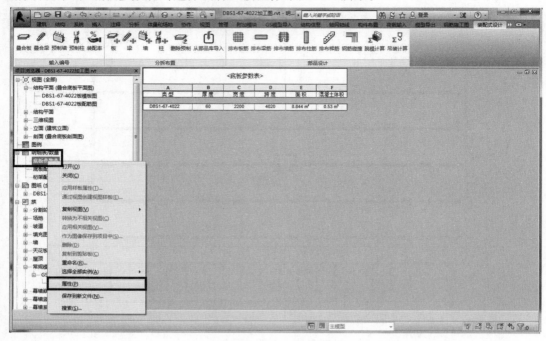

图 5.159　"明细表"属性

单击"外观"→"编辑",弹出如图 5.160 所示的对话框,取消"数据前的空行"。

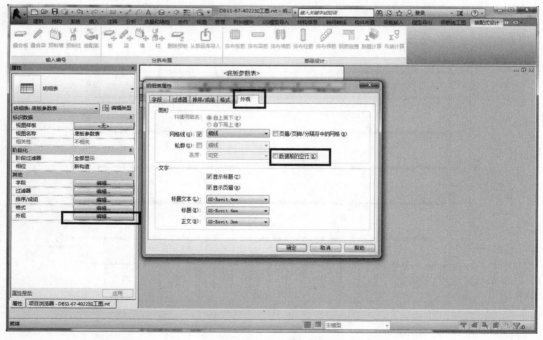

图 5.160　取消"数据前的空行"

在如图 5.161 所示的对话框中选择"字段",再选择"计算值",添加"重量(t)"计算公式,如

图 5.162 所示。

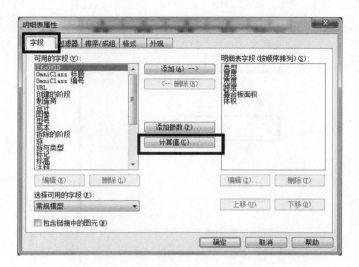

图 5.161　增加计算值

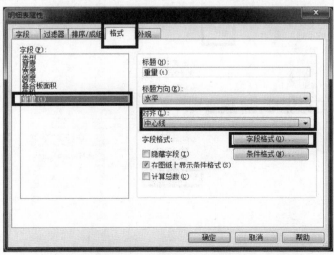

图 5.162　添加重量计算

单击"格式"选项卡,选择"重量(t)",再选择"中心线"对齐,如图 5.163 所示。

图 5.163　修改格式

单击"字段格式"按钮,弹出如图5.164所示的对话框,取消选择"使用项目设置",将单位符号设置为无。

图5.164　修改显示单位

同理,修改"底板配筋表"和"桁架配筋表"表头后的空行和增加质量统计,质量的计算值按图5.165设置。

图5.165　添加重量计算

在"格式"选项卡下,设置"重量(kg)"的计算总数,如图5.166所示。

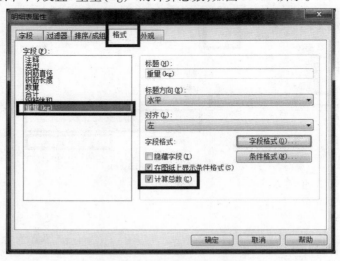

图5.166　修改格式

最终效果如图 5.167 所示。

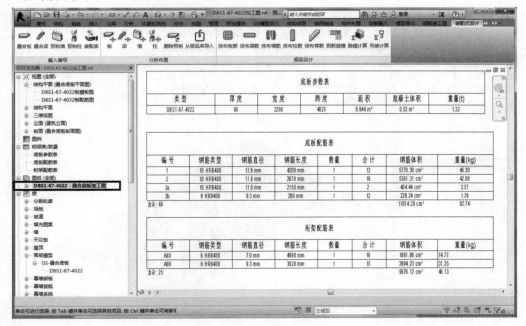

图 5.167　明细表

（4）脱模计算和吊装计算

用鼠标双击"DBS1-67-4022 板三维真实图"，选择"装配式设计"→"脱模计算"命令进行脱模计算，不满足要求时，增加和调整吊点。选择"装配式设计"→"吊装计算"命令进行吊装计算，如图 5.168 所示。

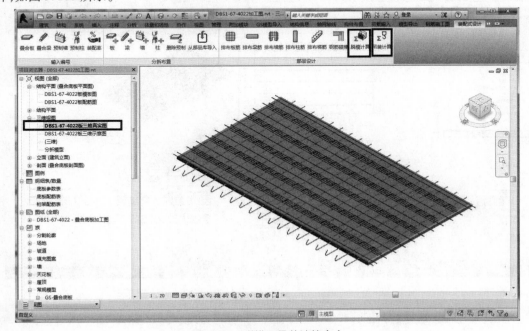

图 5.168　脱模和吊装计算命令

（5）钢筋碰撞检查

双击"DBS1-67-4022 板三维真实图"，选择"装配式设计"→"钢筋碰撞"命令进行钢筋碰撞检查。若显示红色，移动钢筋，再重新检查，如图 5.169 所示。

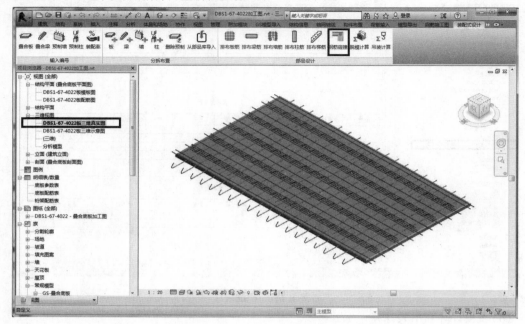

图 5.169　碰撞命令

叠合板加工图完成后，如图 5.170 所示。存盘即可。

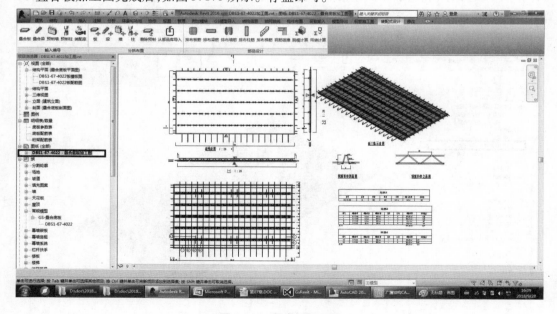

图 5.170　叠合板加工图

单击"R"按钮，选择"导出"→"CAD 格式"→"DWG"，方便与其他构件加工图合并到一个 DWG 文件中。Revit 2016 生成的是 AutoCAD 2016 的 DWG 格式，如图 5.171 和图 5.172 所示。

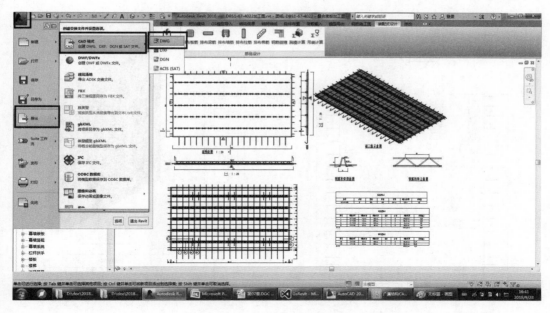

图 5.171 "导出"命令

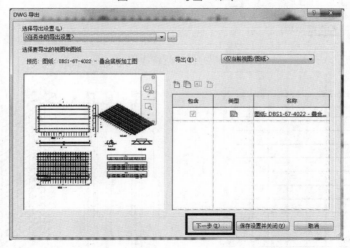

图 5.172 DWG 导出

5.4.3 预制内墙的深化设计

本节掌握如下内容(图 5.173 和图 5.174):

(1)加工图的基本内容;

(2)钢筋的种类;

(3)预埋件的种类;

(4)钢筋的位置和尺寸;

(5)预埋件的位置;

(6)脱模计算和吊装计算;

(7)绘制加工图的实际操作。

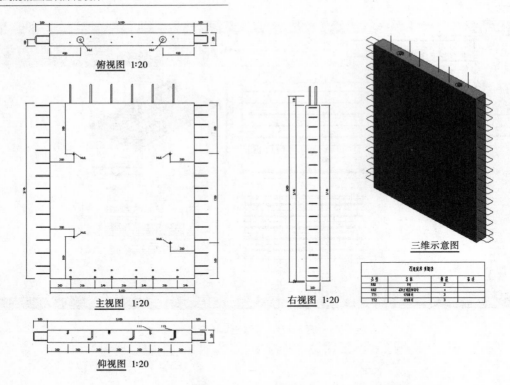

俯视图 1:20

主视图 1:20

右视图 1:20

三维示意图

仰视图 1:20

图 5.173　预制内墙模板图

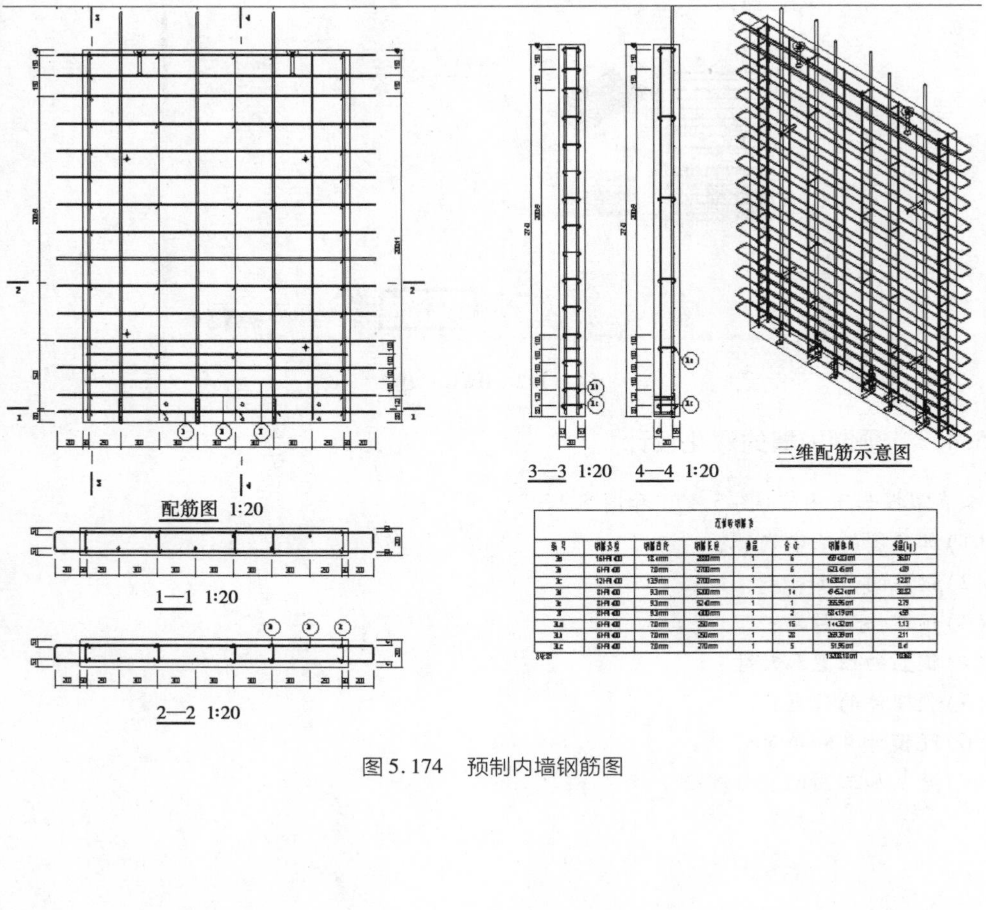

配筋图 1:20

1—1 1:20

2—2 1:20

3—3 1:20　4—4 1:20

三维配筋示意图

图 5.174　预制内墙钢筋图

1) 加工图的基本内容

标准图集 15G365-2 中规定了剪力墙内墙板加工图的表示法,如图 5.175 所示。

图 5.175 装配图集

无洞口内墙编号格式:NQ-××××。

①标志:NQ。

②宽度和层高。如 NQ-2128 表示:无洞口内墙宽度为 2 100 mm,层高为 2 800 mm。

有门洞内墙编号格式:NQMX-××××-××××。

①标志:NQM1 非对称门洞,NQM2 对称门洞,NQM2 刀把门洞。

②墙宽度和层高。

③门宽和门高。如 NQM1-3028-0921 表示:非对称门洞墙宽度为 3 000 mm,层高为 2 800 mm,门洞宽为 900 mm,门洞高为 2 100 mm。

有窗洞内墙编号格式:NQC-××××-××××。

①标志:NQC。

②墙宽度和层高。

③窗宽和窗高。如 NQC-3028-0915 表示:墙宽度为 3 000 mm,层高为 2 800 mm,窗洞宽为 900 mm,窗洞高为 1 500 mm。

墙加工图由模板图和钢筋图两部分组成。模板图由 6 张子图组成:主视图、俯视图、仰视图、右视图、三维示意图和预埋件明细表,如图 5.176 所示。

配筋图由 4 类子图组成:配筋图、各剖切图、三维配筋示意图和钢筋表,如图 5.177 所示。

(1)模板图

①主视图包括墙的尺寸、预埋件位置,如图 5.178 所示。

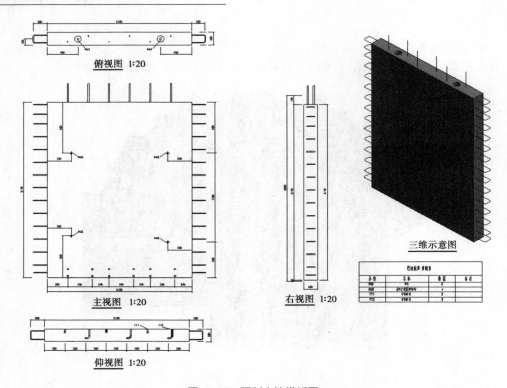

俯视图 1:20
主视图 1:20
右视图 1:20
仰视图 1:20
三维示意图

[illegible]			
类型	名称	数量	备注
MJ1	[illegible]	2	
MJ2	[illegible]	4	
TT1	[illegible]	3	
TT2	[illegible]	3	

图 5.176　预制内墙模板图

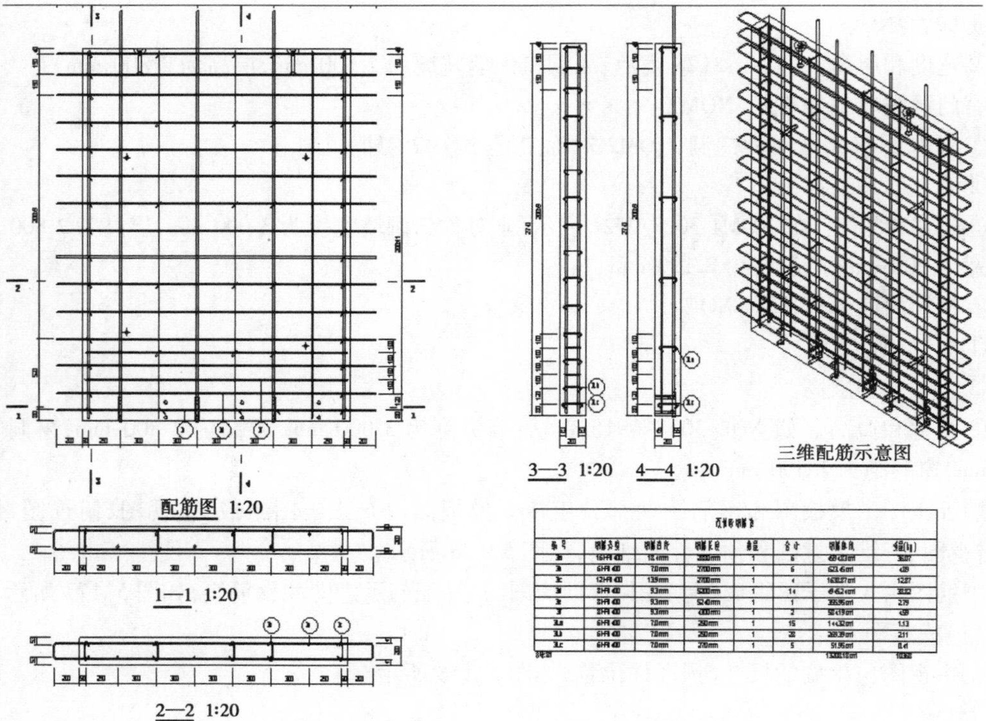

配筋图 1:20
3—3 1:20
4—4 1:20
三维配筋示意图
1—1 1:20
2—2 1:20

编号	钢筋类型	钢筋直径	钢筋长度	数量	合计	钢筋体积	质量(kg)
3a	16HRB400	18.4mm	2820mm	1	6	4594.23cm³	35.07
3b	6HRB400	7.0mm	2700mm	1	6	623.45cm³	4.89
3c	12HRB400	13.9mm	2700mm	1	4	1638.27cm³	12.87
3d	8HRB400	9.3mm	5200mm	1	14	4945.24cm³	38.82
3e	8HRB400	9.3mm	5240mm	1	1	355.95cm³	2.79
3f	8HRB400	9.3mm	4300mm	1	2	584.19cm³	4.59
3La	6HRB400	7.0mm	250mm	1	15	144.32cm³	1.13
3Lb	6HRB400	7.0mm	250mm	1	28	269.39cm³	2.11
3Lc	6HRB400	7.0mm	270mm	1	5	51.95cm³	0.41
总计						13200.10cm³	103.68

图 5.177　预制内墙钢筋图

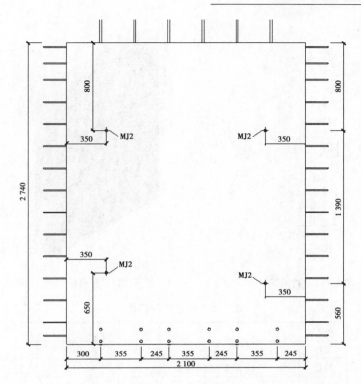

图 5.178　主视图

②俯视图:吊钉的位置,如图 5.179 所示。

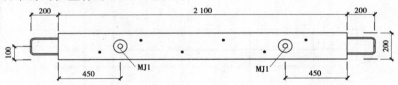

图 5.179　俯视图

③仰视图:套筒的位置,如图 5.180 所示。

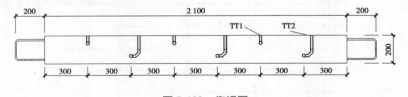

图 5.180　仰视图

④右视图:相对上下结构层的位置,下端相对层高为 20 mm,上端相对层高为 140 mm,如图 5.181 所示。

⑤三维示意图,如图 5.182 所示。

⑥预埋件明细表,见表 5.5。

(2)配筋图

①水平和竖向分布筋位置,如图 5.183 所示。

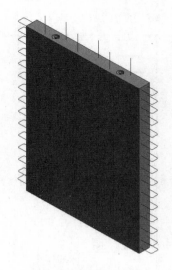

图 5.181 右视图

图 5.182 三维示意图

表 5.5 预埋件明细表

类型	名称	数量	备注
MJ1	吊件	2	
MJ2	临时支撑预埋螺母	4	
TT1	套筒组件	3	
TT2	套筒组件	3	

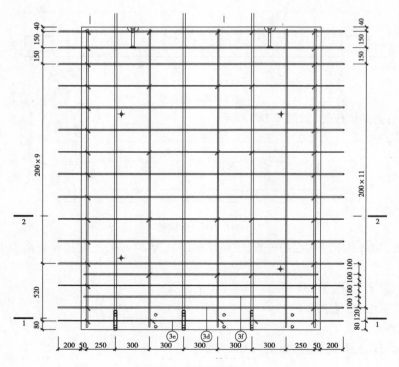

图 5.183 配筋图

②各剖切图：钢筋不同的截面都要剖切，如套筒位置和封边竖向筋，如图 5.184 所示。

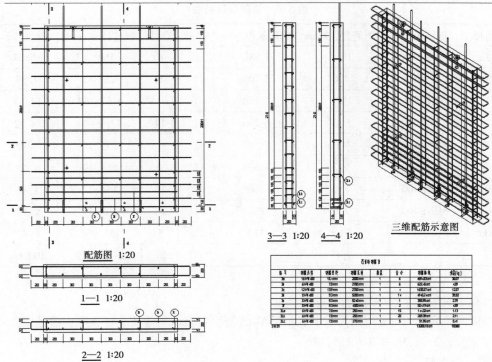

3—3 1:20　　4—4 1:20　　三维配筋示意图

配筋图 1:20

1—1 1:20

2—2 1:20

图 5.184　钢筋图

③三维配筋示意图，如图 5.185 所示。

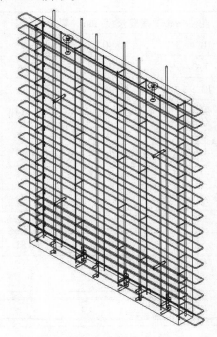

图 5.185　三维配筋示意图

④钢筋表,见表5.6。

表5.6 预制墙钢筋表

编号	钢筋类型	钢筋直径/mm	钢筋长度/mm	数量	合计	钢筋体积/cm³	质量/kg
3a	16HRB400	18.4	2 880	1	6	4 594.83	36.07
3b	6HRB400	7.0	2 700	1	6	623.45	4.89
3c	12HRB400	13.9	2 700	1	4	1 638.87	12.87
3d	8HRB400	9.3	5 200	1	14	4 945.24	38.82
3e	8HRB400	9.3	5 240	1	1	355.95	2.79
3f	8HRB400	9.3	4 300	1	2	584.19	4.59
3La	6HRB400	7.0	250	1	15	144.32	1.13
3Lb	6HRB400	7.0	250	1	28	269.39	2.11
3Lc	6HRB400	7.0	270	1	5	51.95	0.41
合计					81	13 208.19	103.68

2)钢筋的种类:竖向筋、水平筋和拉筋

图集钢筋编号的一般规则为数字表示类型、大写字母表示用途及小写字母表示序号。

(1)竖向筋:3a,3b 和 3c(图5.186)

①3a:受力筋。

②3b:构造钢筋直径为6 mm。

③3c:封边构造钢筋直径为12 mm。

编号	钢筋类型	钢筋直径/mm	钢筋长度/mm	数量	合计	钢筋体积/cm³	质量/kg
3a	16HRB400	18.4	2 880	1	6	4 594.83	36.07
3b	6HRB400	7.0	2 700	1	6	623.45	4.89
3c	12HRB400	13.9	2 700	1	4	1 638.87	12.87
3d	8HRB400	9.3	5 200	1	14	4 945.24	38.82
3e	8HRB400	9.3	5 240	1	1	355.95	2.79
3f	8HRB400	9.3	4 300	1	2	584.19	4.59
3La	6HRB400	7.0	250	1	15	144.32	1.13
3Lb	6HRB400	7.0	250	1	28	269.39	2.11
3Lc	6HRB400	7.0	270	1	5	51.95	0.41
合计					81	13 208.19	103.68

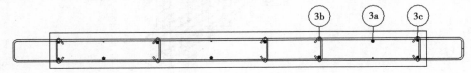

图5.186 钢筋剖面图

（2）水平筋：3d,3e 和 3f（图 5.187）

①3d：两端要伸出的水平筋；

②3e：套筒上的水平筋；

③3f：两端不伸出的水平筋。

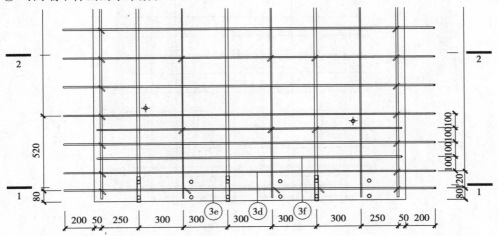

图 5.187　钢筋立面图

（3）拉筋：3La,3Lb 和 3Lc（图 5.188）

①3La：受力筋和构造直径 6 mm 之间的拉筋；

②3Lb：封边直径 12 mm 钢筋之间的拉筋；

③3Lc：套筒附近的拉筋。

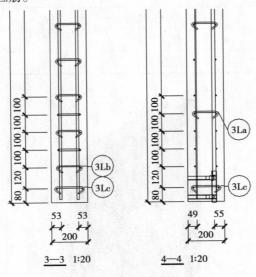

图 5.188　钢筋剖面图

④3Lb 和 3Lc：一般 600 mm 内拉一个，如图 5.189 所示。

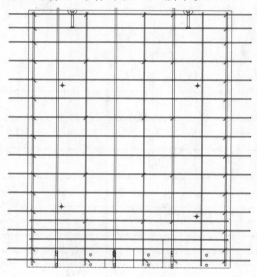

图 5.189　钢筋立面图

3）预埋件的种类

预埋件明细表，见表 5.7。三维图如图 5.190 所示。

表 5.7　预埋件明细表

类型	名称	数量	备注
MJ1	吊件	2	
MJ2	临时支撑预埋螺母	4	
TT1	套筒组件	3	
TT2	套筒组件	3	

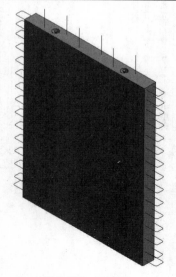

图 5.190　三维图

4）钢筋的位置和尺寸

①5 个参数：水平分布筋、竖向分布筋、拉筋、上端伸出长度和左右端伸出长度，如图 5.191 和图 5.192 所示。

墙身水平分布筋	&8@200
墙身竖向分布筋	&16@300
墙身拉筋	&6@600
钢筋上端伸出长度(mm)	290
钢筋左右端伸出长度(mm)	200

图 5.191　"参数设置"对话框

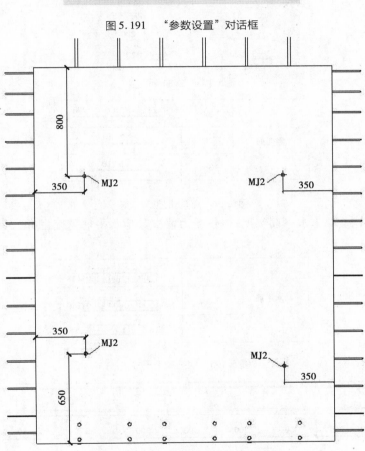

图 5.192　主视图

②墙宽方向竖向筋位置：套筒中心到墙边距离取 55 mm，55 mm－20 mm（套筒半径）－10 mm（水平筋直径）＝25 mm＞规范保护层要求 20 mm，如图 5.193 所示。

③本套筒长 174 mm，受力筋伸入套筒长度为 1.5d，d 受力筋直径为 16 mm，如图 5.194 和图 5.195 所示。

3—3 1:20　　4—4 1:20

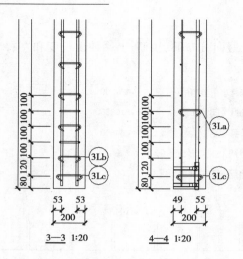

图 5.193　钢筋剖面图

竖向筋	3a	24 | 2 566 | 290
	3b	2 710
	3c	2 710

图 5.194　钢筋加工尺寸表

④包住套筒求套筒上水平筋宽度:包住受力筋求其他水平筋宽度,如图 5.195 和图 5.196 所示。

水平筋	3d	118 | 200 | 1 800 | 200 | 118
	3e	140 | 200 | 1 800 | 200 | 140
	3f	118 | 1 750 | 118

图 5.195　钢筋加工尺寸表

1—1 1:20

2—2 1:20

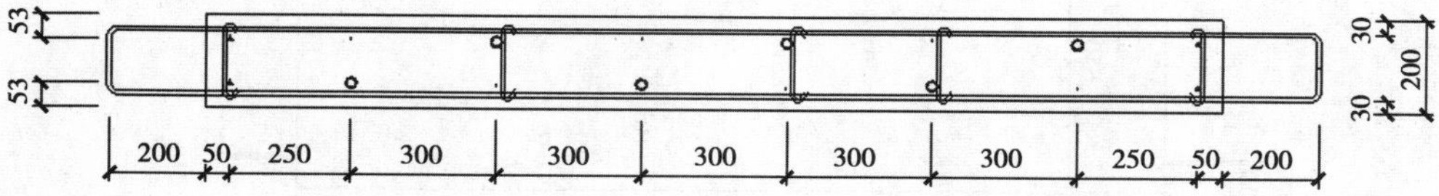

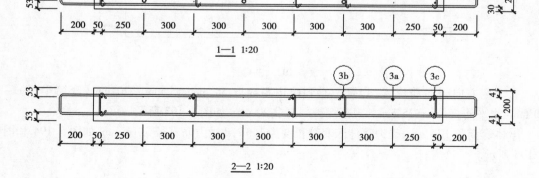

图 5.196　钢筋剖面图

⑤水平筋宽度 + 水平筋直径 = 拉筋长度，如图 5.197 和图 5.198 所示。

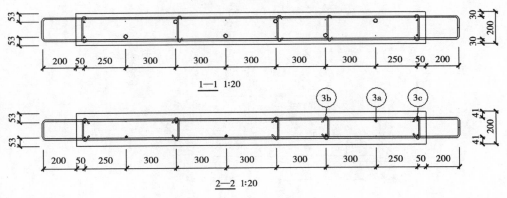

图 5.197　钢筋加工尺寸表

图 5.198　钢筋剖面图

5）预埋件的位置

预埋件的位置如图 5.199 和图 5.200 所示。

①吊钉位置按吊力中心与重心重叠。

②灌浆套筒隔一个布置一个。

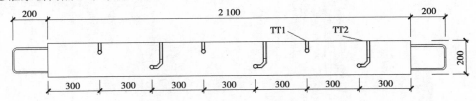

图 5.199　仰视图

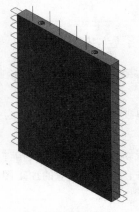

图 5.200　三维图

6）脱模计算和吊装计算

脱模吊点和吊装吊点分别如图 5.201 和图 5.202 所示。

①验算吊点的承载力。

②按"平躺着"制作，吸附力对应的面积为墙长×墙高。

③起吊不开裂要满足混凝土应力验算。

④吊装计算时只验算吊杆的承载力即可。

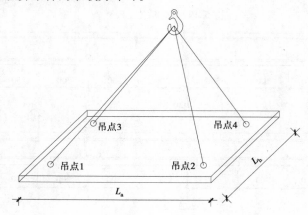

图 5.201　脱模吊点示意图

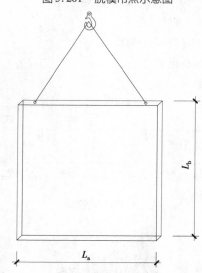

图 5.202　吊装吊点示意图

7）加工图绘制的实际操作

GSRevit 预制构件的部品作为单独的一个 RVT 文件，为一个独立的 BIM 模型。以下 5 个步骤是完成一个预制构件的加工图：

①从三维施工模型复制粘贴，或新创建并修改预制构件尺寸；

②采用命令参数化布置钢筋，并自动绘制相应的加工图；

③修改生成的加工图；

④脱模计算和吊装计算；

⑤钢筋碰撞检查。

（1）修改预制构件尺寸

在广厦主控菜单中，单击"Revit 建模"按钮，启动 GSRevit，如图 5.203 所示。

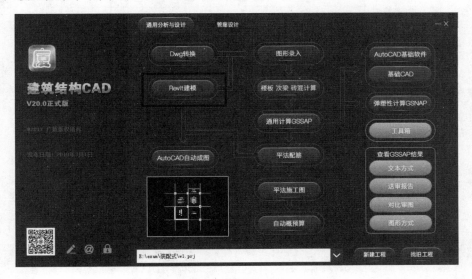

图 5.203 主控菜单

在 Revit 中，新建一个结构样板，从三维施工模型复制粘贴一块预制内墙，或打开一个已有的文件"NQ-2128.rvt"，如图 5.204 所示。

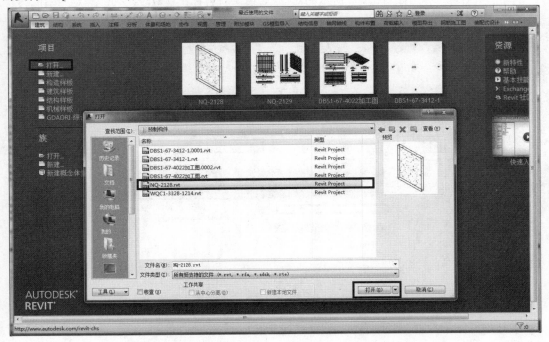

图 5.204 Revit 文件打开界面

用鼠标左键选中内墙，单击右键，弹出如图 5.205 所示的菜单，勾选"属性"。

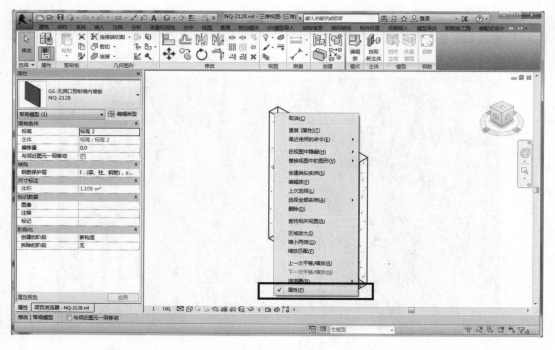

图 5.205　"属性"修改

用鼠标左键单击"编辑类型",弹出如图 5.207 所示的对话框,输入 $H = 2\ 740.0$。

单击"重命名",弹出如图 5.206 所示的对话框,输入新名称:NQ-2129,单击"确定"按钮,再单击"确定"按钮即可。

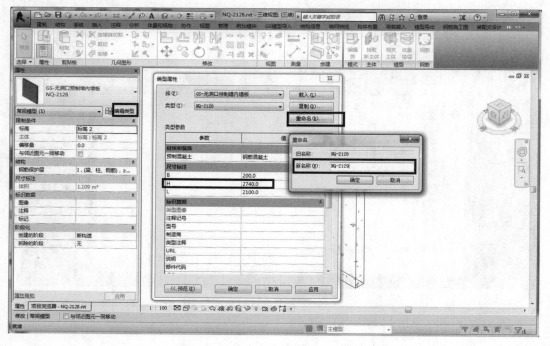

图 5.206　修改尺寸

（2）布置钢筋，并自动绘制相应的加工图

用鼠标左键单击"装配设计"→"排布参数"，弹出如图 5.207 所示的对话框，输入水平分布筋、竖向分布筋和拉筋。

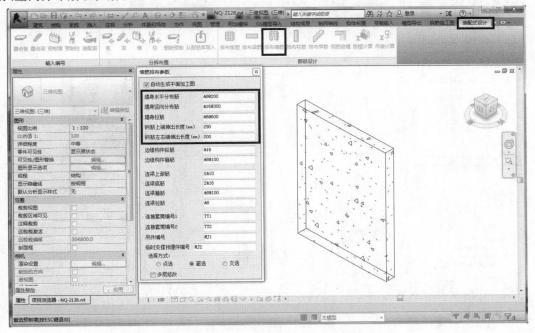

图 5.207　"墙筋排布参数"对话框

左键框选内墙，即可自动绘制内墙加工图，如图 5.208 所示。

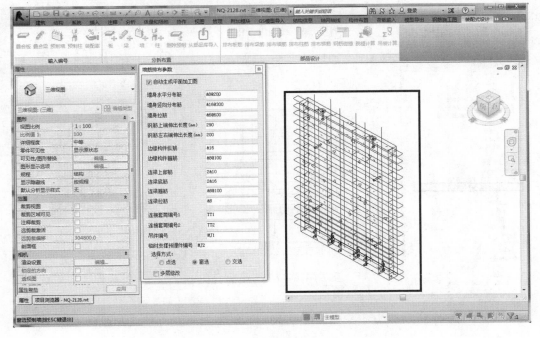

图 5.208　绘制内墙加工图

　　按"Esc"键退出。在"项目浏览器"左键单击"NQ-2129-预制墙模板图",即可查看自动绘制的墙模板图,如图5.209所示。

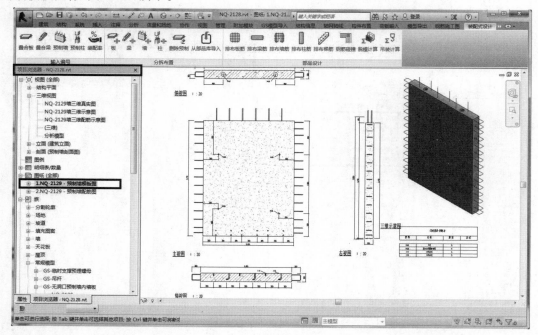

图5.209　预制内墙模板图

　　在"项目浏览器"处用鼠标左键单击"NQ-2129-预制墙配筋图",即可查看到自动绘制的墙配筋图,如图5.210所示。

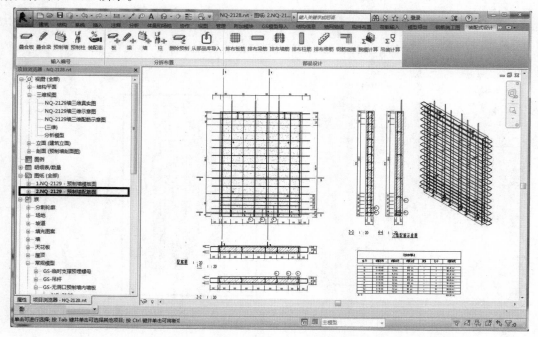

图5.210　预制内墙钢筋图

单击"R"按钮,选择"另存为"→"项目",如图5.211所示。

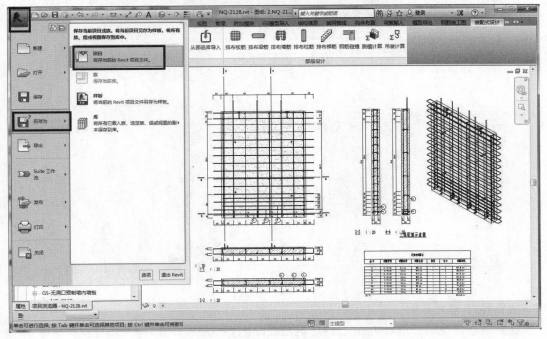

图5.211 "另存为"命令

输入文件名"NQ-2129加工图.rvt",再单击"保存"按钮,如图5.212所示。

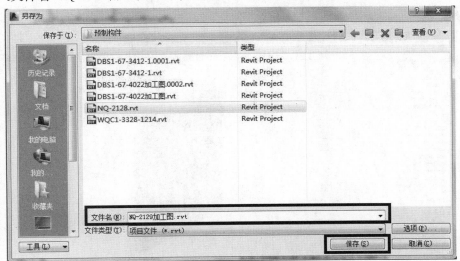

图5.212 新的文件名

(3)修改生成的加工图

①在图纸中移动每个视图说明到视图正下方。

②在模板图中打断剖切线。

③修改明细表,取消表头后的空行和增加质量统计,如图5.213所示。

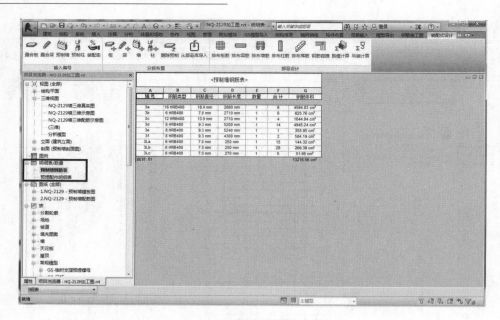

图 5.213　明细表

（4）脱模计算和吊装计算

双击"NQ-2129 墙三维真实图"，选择"装配式设计"→"脱模计算"命令进行脱模计算，不满足要求时，增加和调整吊点。选择"装配式设计"→"吊装计算"命令进行吊装计算，如图 5.214 所示。

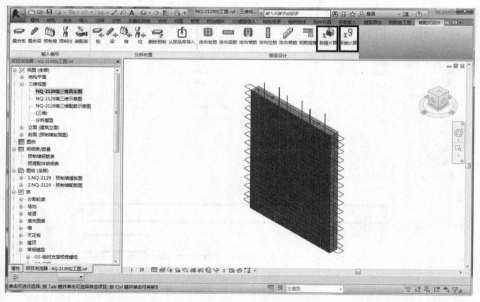

图 5.214　脱模和吊装计算命令

（5）钢筋碰撞检查

双击"NQ-2129 墙三维真实图"，选择"装配式设计"→"钢筋碰撞"命令进行钢筋碰撞检查。若显示红色，移动钢筋，再重新检查，如图 5.215 所示。

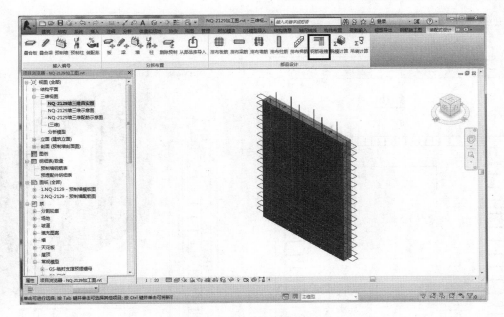

图 5.215   碰撞检查命令

内墙加工图完成后，如图 5.216 所示。存盘即可。

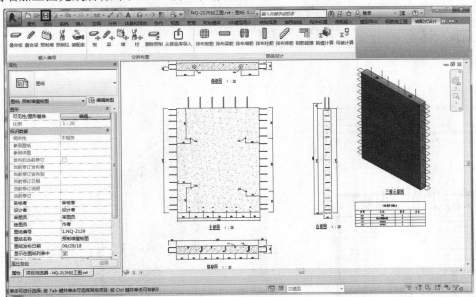

图 5.216   预制内墙加工图

5.4.4   预制外墙的深化设计

本节掌握如下内容（图 5.217 和图 5.218）：

（1）加工图的基本内容；

（2）钢筋的种类；

（3）钢筋的位置和尺寸；

（4）加工图绘制的实际操作。

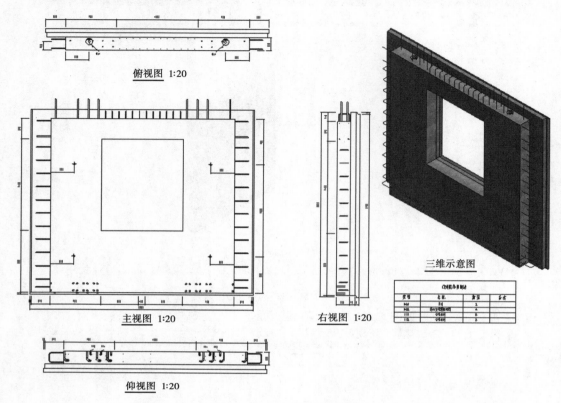

图 5.217　预制外墙模板图

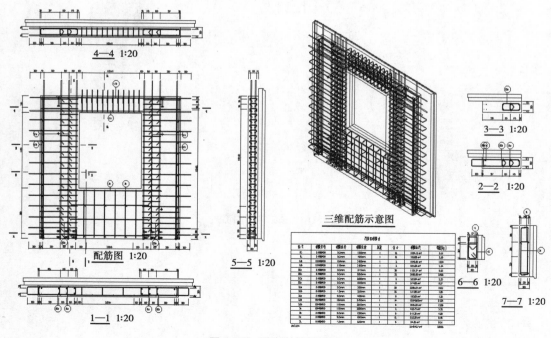

图 5.218　预制外墙钢筋图

1）加工图的基本内容

标准图集中 15G365-1 规定了剪力墙内墙板加工图的表示法，如图 5.219 所示。

图 5.219　装配图集

无洞口外墙编号格式：WQ-××××。

①标志：WQ。

②宽度和层高。如 WQ-2128 表示：无洞口外墙宽度为 2 100 mm，层高为 2 800 mm。

有门洞外墙编号格式：WQMX-××××-××××。

①标志：WQM1 非对称门洞，WQM2 对称门洞，WQM2 刀把门洞。

②墙宽度和层高。

③门宽和门高。如 WQM1-3028-0921 表示：非对称门洞墙宽度为 3 000 mm，层高为 2 800 mm，门洞宽为 900 mm，门洞高为 2 100 mm。

有窗洞外墙编号格式：WQC1-××××-××××。

①标志：WQC。

②洞口个数。

③墙宽度和层高。

④窗宽和窗高。如 WQC1-3028-0915 表示：墙宽度为 3 000 mm，层高为 2 800 mm，窗洞宽为 900 mm，窗洞高为 1 500 mm。

外墙加工图由模板图和钢筋图两部分组成。

模板图和钢筋图各子图类似内墙，钢筋图根据开洞情况，自动增加有关剖面，如图 5.220 所示。

2）钢筋的种类：连梁钢筋、暗柱钢筋和窗下墙身筋

图集钢筋（图 5.221）的编号一般规则为：数字表示类型，大写字母表示用途，小写字母表示序号，见表 5.8。

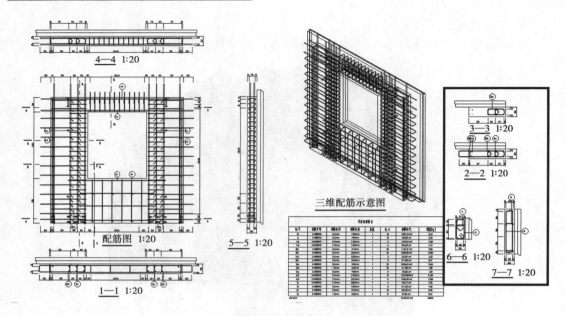

图 5.220　钢筋图

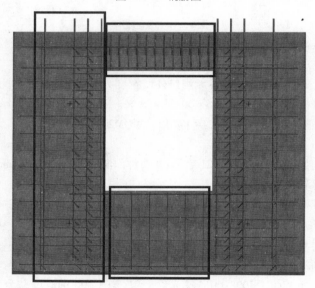

图 5.221　钢筋三维图

表 5.8　预制墙钢筋表

编号	钢筋类型	钢筋直径/mm	钢筋长度/mm	数量	合计	钢筋体积/cm³	质量/kg
1G	8HRB400	9.3	1 330	1	12	1 084.15	8.51
1L	8HRB400	9.3	400	1	12	326.06	2.56
1Za	16HRB400	18.4	3 100	1	2	1 648.61	12.94
1Zb	10HRB400	11.6	3 100	1	2	655.24	5.14

编号	钢筋类型	钢筋直径/mm	钢筋长度/mm	数量	合计	钢筋体积/cm³	质量/kg
2Ga	8HRB400	9.3	870	1	20	1 181.97	9.28
2Gb	8HRB400	9.3	2 050	1	22	3 063.60	24.05
2Gc	8HRB400	9.3	2 090	1	2	283.94	2.23
2Gd	8HRB400	9.3	1 610	1	8	874.93	6.87
2La	8HRB400	9.3	380	1	80	2 065.04	16.21
2Lb	6HRB400	7.0	250	1	22	211.66	1.66
2Lc	8HRB400	9.3	400	1	6	163.03	1.28
2Za	16HRB400	18.4	2 780	1	14	10 349.00	81.24
2Zb	10HRB400	11.6	2 610	1	6	1 655.00	12.99
3a	10HRB400	11.6	2 000	1	2	422.73	3.32
3b	8HRB400	9.3	1 500	1	6	611.36	4.80
3c	8HRB400	9.3	1 010	1	12	823.30	6.46
3L	6HRB400	7.0	280	1	6	64.65	0.51
合计					234	25 484.27	200.05

(1)连梁钢筋:1G,1L,1Za 和 1Zb(图 5.222 和图 5.223)

①1G:梁箍筋。

②1L:构造拉筋一、二、三抗震等级直径为 8 mm,四级和非抗震直径为 6 mm,弯钩长度 10d。

③1Za:底筋。

④1Zb:腰筋直径为 10 mm。

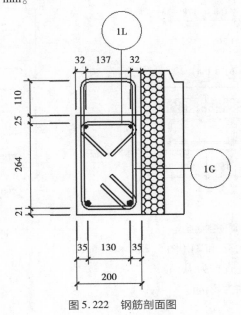

图 5.222　钢筋剖面图

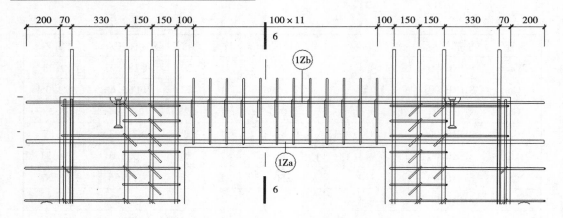

图 5.223　钢筋立面图

（2）暗柱钢筋（图 5.224 和图 5.225）

①2Zb：封边纵筋，构造直径为 10 mm。

②2Lb：封边拉筋，构造直径为 6 mm。

③2La/2Lc：暗柱和套筒上拉筋的弯钩长度 10 d。

④其他按暗柱施工图。

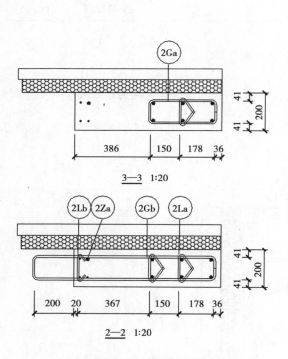

图 5.224　钢筋剖面图

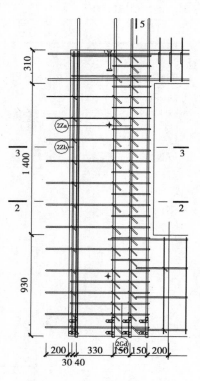

图 5.225　钢筋立面图

（3）窗下墙身筋：3a,3b,3c 和 3L（图 5.226 和图 5.227）

①3a：封边水平筋，构造直径为 10 mm。

②3b：水平筋，构造直径为 8 mm。

③3c:竖向筋,构造直径为 8 mm。

④3L:拉筋,构造直径为 6 mm。

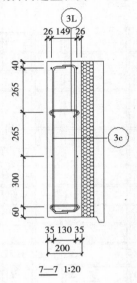

图 5.226 钢筋剖面图

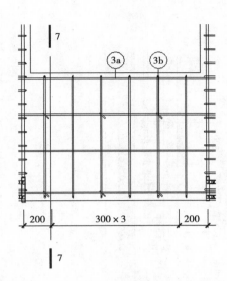

图 5.227 钢筋立面图

3)钢筋的位置和尺寸

(1)两类参数

边缘构件的钢筋和连梁的钢筋,如图 5.228 和图 5.229 所示。

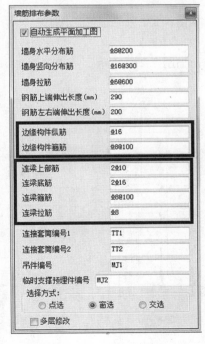

图 5.228 "墙筋排布参数"对话框

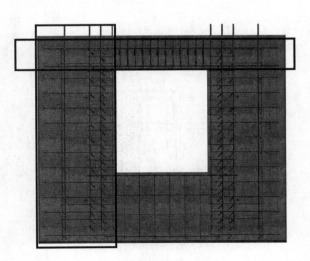

图 5.229 三维钢筋

（2）墙宽方向竖向筋位置

套筒中心到墙边的距离为 55 mm，决定了所有暗柱钢筋的位置，如图 5.230 和图 5.231 所示。

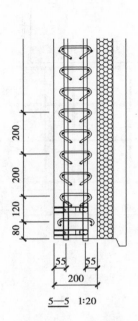

图 5.230　钢筋剖面图

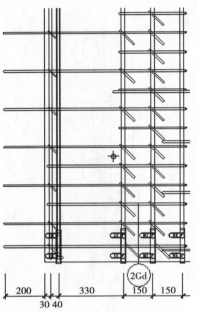

图 5.231　钢筋立面图

（3）墙宽方向连梁底筋位置

底筋中心到墙边距离 35 mm，决定了所有钢筋的位置，如图 5.232 所示。

（4）墙宽方向窗下墙身钢筋位置

水平筋中心到墙边距离 35 mm，决定了所有钢筋的位置，如图 5.233 所示。

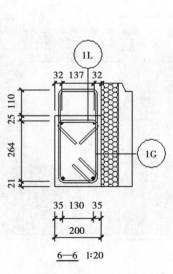

图 5.232　钢筋剖面图

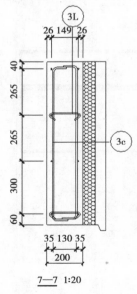

图 5.233　钢筋剖面图

4）加工图绘制的实际操作

GSRevit 预制构件的部品作为单独的一个 RVT 文件,是一个独立的 BIM 模型。如下 5 步完成一个预制构件的加工图:

①从三维施工模型复制粘贴,或新创建并修改预制构件尺寸。

②采用命令参数化布置钢筋,并自动绘制相应的加工图。

③修改生成的加工图。

④脱模计算和吊装计算。

⑤钢筋碰撞检查。

（1）修改预制构件尺寸

在广厦主控菜单中,单击"Revit 建模"按钮,启动 GSRevit,如图 5.234 所示。

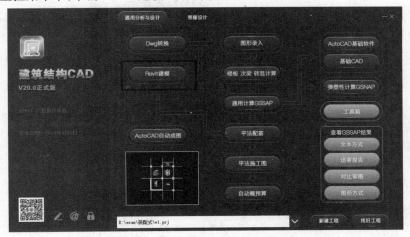

图 5.234　主控菜单

在 Revit 中,新建一个结构样板,从三维施工模型复制粘贴一块预制外墙,或打开一个已有的文件"WQC1-3328-1214.rvt",如图 5.235 所示。

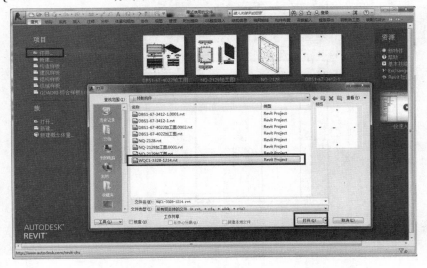

图 5.235　"Revit 文件打开"对话框

用鼠标左键选中内墙,再用右键单击,弹出如图 5.236 所示的菜单,勾选"属性"。

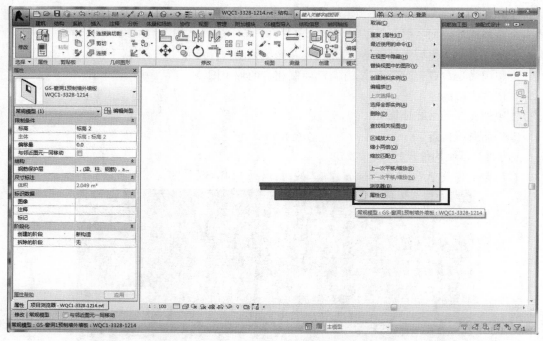

图 5.236　属性修改

用鼠标左键单击"编辑类型",在弹出如图 5.237 所示的对话框中输入参数。单击"重命名"按钮,在弹出的对话框中输入新名称:WQC1-3029-0914 ,单击"确认"按钮即可。

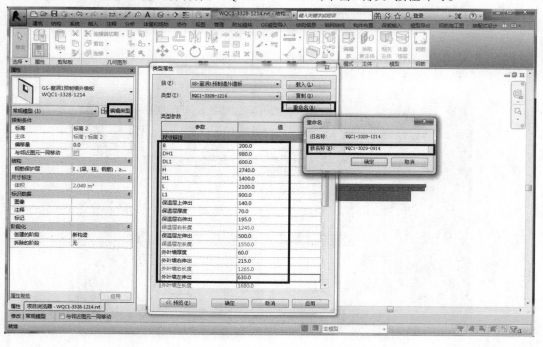

图 5.237　修改尺寸

（2）布置钢筋，并自动绘制相应的加工图

用鼠标左键单击"装配设计"→"排布墙筋"，弹出如图 5.238 所示的对话框，输入边缘钢筋和连梁钢筋。

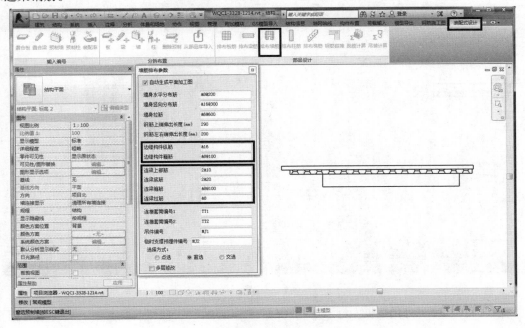

图 5.238　排布墙筋

用鼠标左键框选外墙，即可自动绘制外墙加工图，如图 5.239 所示。

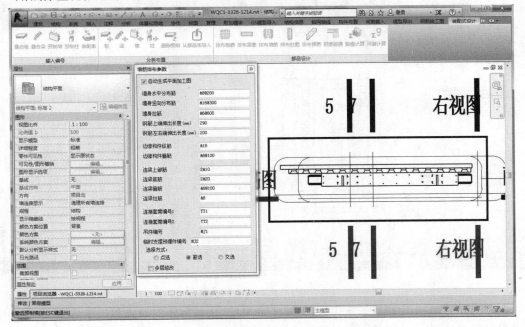

图 5.239　绘制加工图

按"Esc"键退出。在"项目浏览器"中左键单击"WQC1-3029-0914"→"预制墙模板图",即可查看到自动绘制的墙模板图,如图5.240所示。

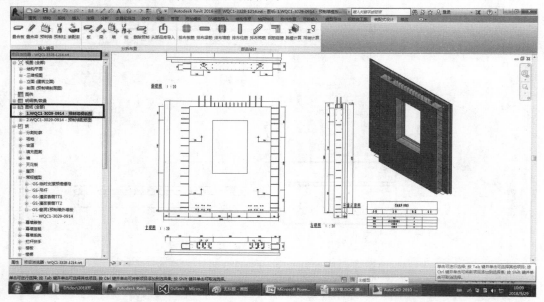

图5.240　预制外墙模板图

在"项目浏览器"处用鼠标左键单击"WQC1-3029-0914"→"预制墙配筋图",即可查看到自动绘制的墙配筋图,如图5.241所示。

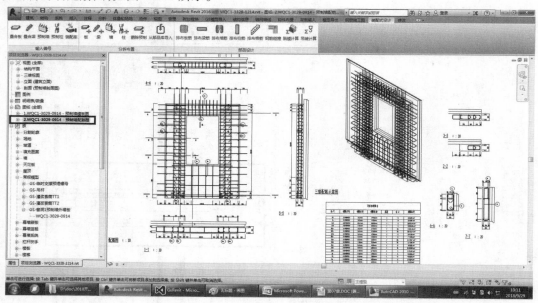

图5.241　预制外墙钢筋图

在 Revit 视图菜单中选择平铺窗口,删除多余窗口,显示钢筋明细表和三维真实图,单击明细表中钢筋编号,对应的钢筋会变色,可识别每类钢筋的位置,如图5.242所示。

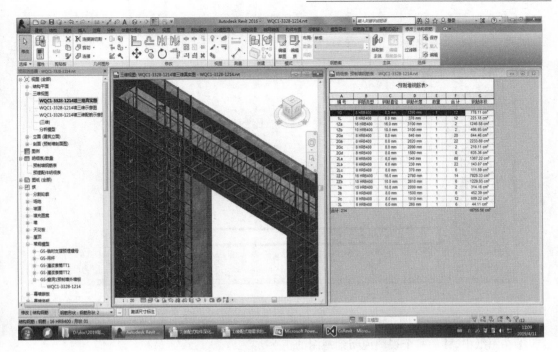

图 5.242　查看钢筋

单击"R"按钮,选择"另存为"→"项目",如图 5.243 所示。

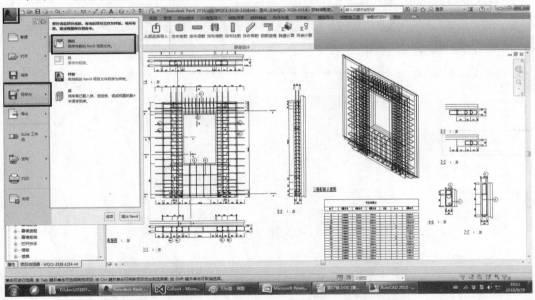

图 5.243　"另存为"命令

输入文件名"WQC1-3029-0914 加工图.rvt",再单击"保存"按钮,如图 5.244 所示。

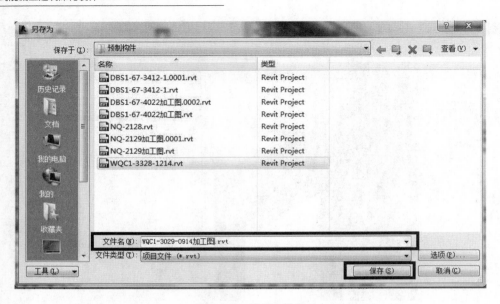

图 5.244　新的文件名

（3）修改生成的加工图（图 5.245）

①在图纸中，移动每个视图说明到视图的正下方。

②在模板图中打断剖切线。

③修改明细表：取消表头后的空行和增加质量统计。

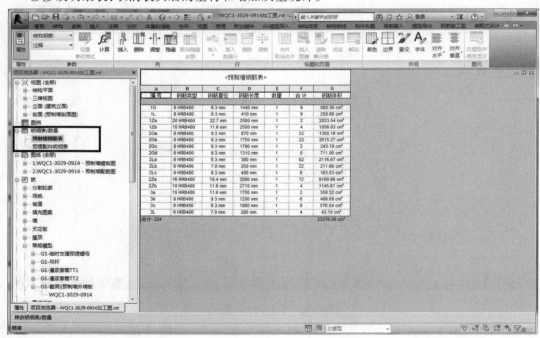

图 5.245　明细表

（4）脱模计算和吊装计算

双击"WQC1-3029-0914 墙三维真实图"，选择"装配式设计"→"脱模计算"命令进行脱模计算,不能满足要求时,增加和调整吊点。选择"装配式设计"→"吊装计算"命令进行吊装计算,如图 5.246 所示。

图 5.246　脱模和吊装计算命令

(5)钢筋碰撞检查

双击"WQC1-3029-0914 墙三维真实图",选择"装配式设计"→"钢筋碰撞"命令进行钢筋碰撞检查,如图 5.247 所示。若显示红色,移动钢筋,再重新检查。

图 5.247　碰撞检查命令

外墙加工图完成后如图 5.248 所示,存盘即可。

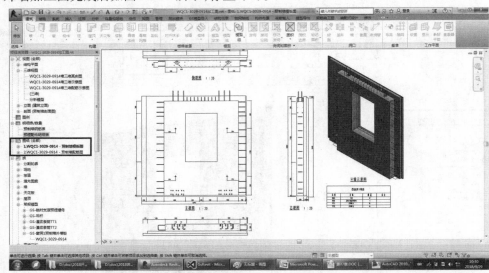

图 5.248　预制外墙加工图

5.4.5　预制楼梯的深化设计

本节掌握如下内容(图 5.249 和图 5.250):

(1)加工图的基本内容;

(2)钢筋的种类;

(3)钢筋的位置和尺寸;

(4)加工图绘制的实际操作。

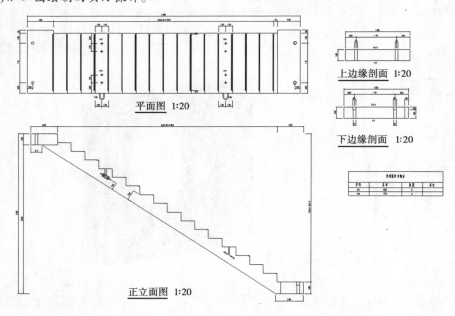

图 5.249　预制楼梯模板图

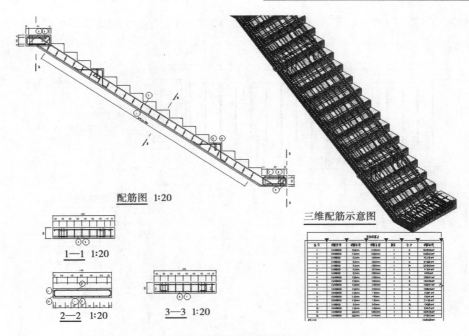

图 5.250　预制楼梯钢筋图

1）加工图的基本内容

标准图集中 15G367-1 规定了楼梯加工图的表示法，如图 5.251 所示。

图 5.251　装配图集

预制楼梯编号格式：JT-××-××。

①标志：JT。

②层高和梯间宽度。

如 JT-29-25 表示：层高为 2 900 mm，梯间宽度为 2 500 mm。

楼梯加工图由模板图和钢筋图两部分组成。

　　模板图由5张子图组成:平面图、正立面图、上边缘剖面、下边缘剖面和预埋件明细表,如图5.252所示。

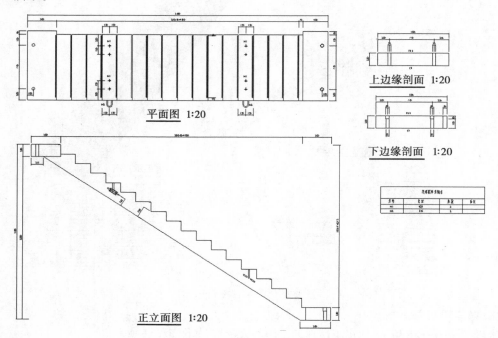

上边缘剖面 1:20

下边缘剖面 1:20

平面图 1:20

正立面图 1:20

图 5.252　预制楼梯模板图

　　配筋图由4类子图组成:配筋图、各剖切图、三维配筋示意图和钢筋表,如图5.253所示。

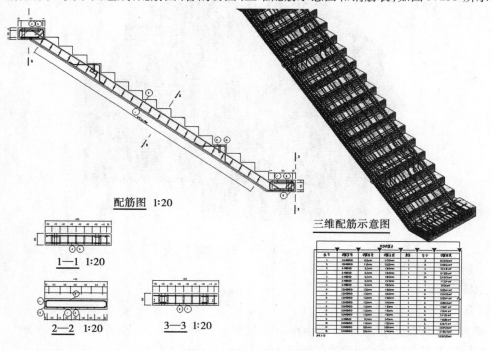

配筋图 1:20

1—1 1:20

2—2 1:20

3—3 1:20

三维配筋示意图

图 5.253　预制楼梯钢筋图

2）钢筋的种类：梯段钢筋（1～3，11～12）、上下边缘钢筋（4～8）和吊装预埋筋（9～10）

由于 Revit 洞口会自动微调钢筋位置，请在 AutoCAD 修改调错的钢筋位置和钢筋表内容，或点选每个不对的钢筋，取消平面对钢筋的限制，再修改钢筋，如图 5.254 和图 5.255 所示。

编号	钢筋类型	钢筋直径/mm	钢筋长度/mm	数量	合计	钢筋体积/cm³	质量/kg
1	14HRB400	16.2	5 780	1	8	9 530.98	74.82
2	10HRB400	11.6	5 520	1	6	3 500.23	27.48
3	8HRB400	9.3	1 240	1	5	421.16	3.31
	8HRB400	9.3	1 250	1	8	679.29	5.33
	8HRB400	9.3	1 260	1	34	2 910.08	22.84
	8HRB400	9.3	1 270	1	2	172.54	1.35
	8HRB400	9.3	1 280	1	1	86.95	0.68
4	12HRB400	13.9	1 190	1	6	1 083.47	8.51
5	12HRB400	13.9	1 550	1	8	1 881.66	14.77
6	12HRB400	13.9	1 190	1	6	1 083.47	8.51
7	12HRB400	13.9	1 540	1	8	1 869.52	14.68
8	10HRB400	11.6	710	1	2	150.07	1.18
	10HRB400	11.6	740	1	2	156.41	1.23
	10HRB400	11.6	750	1	4	317.05	2.49
9	8HRB400	9.3	970	1	12	790.69	6.21
10	10HRB400	11.6	1 120	1	2	236.73	1.86
11	18HRB400	20.5	5 960	1	2	3 934.36	30.88
12	18HRB400	20.5	5 740	1	2	3 789.13	29.74
合计					118	32 593.80	255.86

图 5.254　楼梯钢筋表

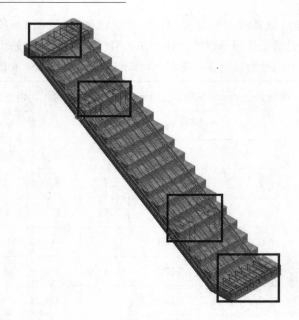

图 5.255　三维钢筋

（1）梯段钢筋(1～3,11～12)

钢筋剖面图如图 5.256 所示。

①1:下部纵筋。

②2:上部纵筋。

③3:分布筋。

④11～12:梯段边缘加强筋。

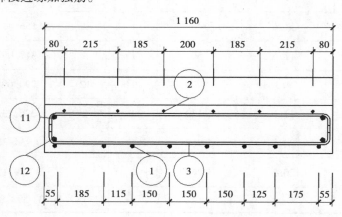

图 5.256　钢筋剖面

（2）上下边缘钢筋(4～8)

上下边缘钢筋如图 5.257 和图 5.258 所示。

①4 和 6:纵筋。

②5 和 7:箍筋。

③8:洞口加强筋。

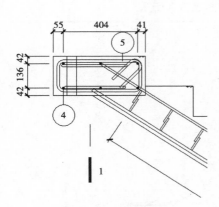

图 5.257　1—1 钢筋剖面

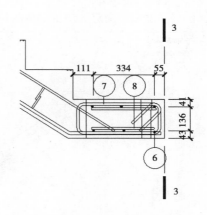

图 5.258　3—3 钢筋剖面

（3）吊装预埋筋（9~10）

钢筋立面图如图 5.259 所示。

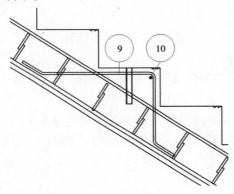

图 5.259　钢筋立面图

3）钢筋的位置和尺寸

①两类参数：梯段的钢筋和上下边缘的钢筋，如图 5.260 所示。预埋钢筋构造如图 5.261 所示。

图 5.260　钢筋参数

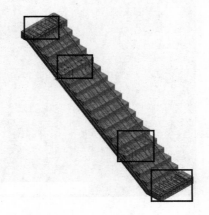

图 5.261　三维钢筋

②保护层厚度和钢筋避让决定钢筋的位置,如图 5.262 所示。

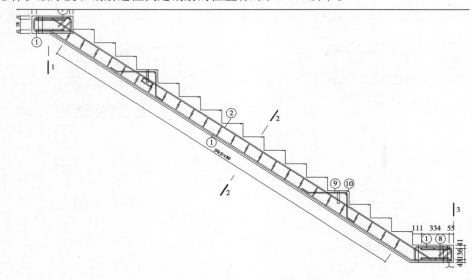

图 5.262　钢筋立面图

4)加工图绘制的实际操作

GSRevit 预制构件的部品作为单独的一个 RVT 文件,是一个独立的 BIM 模型。完成一个预制构件的加工图步骤如下:

①从三维施工模型复制粘贴,或新创建并修改预制构件尺寸;

②采用命令参数化布置钢筋,并自动绘制相应的加工图;

③修改生成的加工图;

④脱模计算和吊装计算;

⑤钢筋碰撞检查。

(1)修改预制构件尺寸

在广厦主控菜单中,单击"Revit 建模"按钮,启动 GSRevit,如图 5.263 所示。

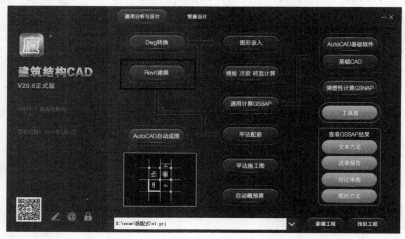

图 5.263　主控菜单

　　在 Revit 中,新建一个结构样板,从三维施工模型复制粘贴一块预制楼梯,或打开一个已有的文件"JT-29-25.rvt",如图 5.264 所示,如何修改楼梯尺寸参数参见"装配式三维施工模型建模专题培训"材料。

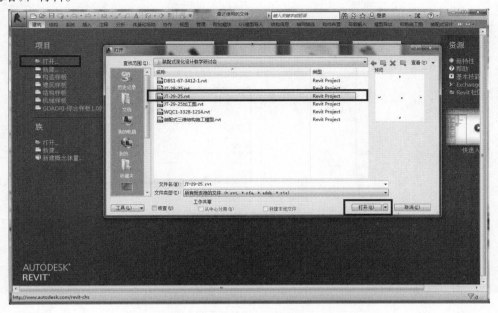

图 5.264　Revit 文件打开对话框

（2）布置钢筋,并自动绘制相应的加工图

　　用鼠标左键单击"装配设计"→"排布梯筋",弹出如图 5.265 所示的对话框,输入梯段钢筋和边缘钢筋。

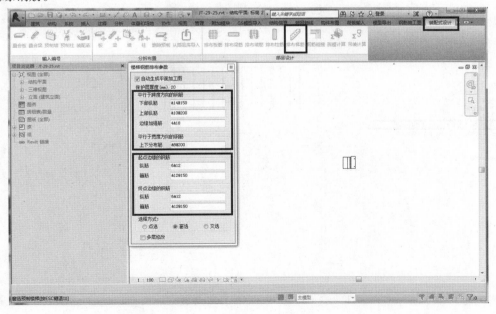

图 5.265　排布梯筋

用鼠标左键框选楼梯，即可自动绘制楼梯加工图，如图 5.266 所示。

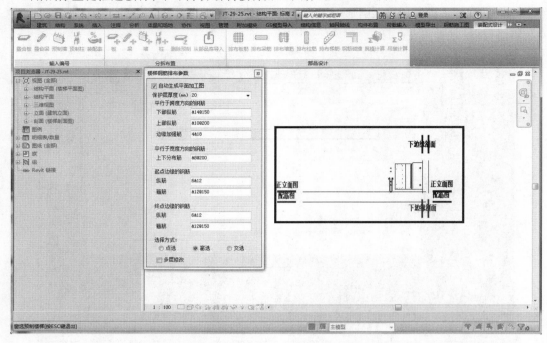

图 5.266　绘制加工图

按"Esc"键退出。在"项目浏览器"左键单击"GS-预制楼梯 JT-29-25-预制楼梯模板图"，即可查看到自动绘制的楼梯模板图，如图 5.267 所示。

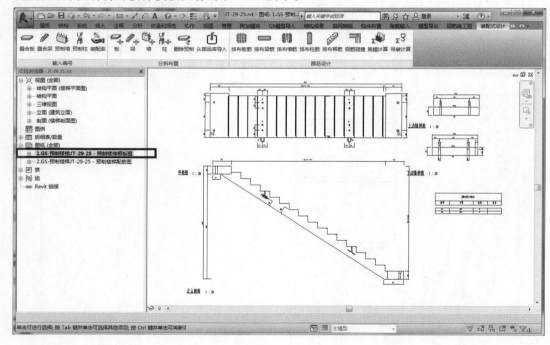

图 5.267　楼梯模板图

在"项目浏览器"中用鼠标左键单击"GS-预制楼梯 JT-29-25-预制楼梯配筋图",即可查看到自动绘制的楼梯配筋图,如图5.268所示。

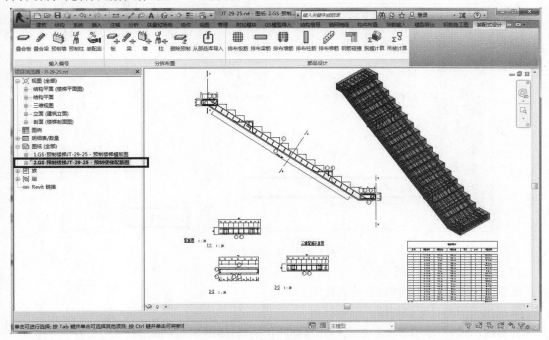

图5.268　楼梯钢筋图

单击"R"按钮,选择"另存为"→"项目",如图5.269所示。

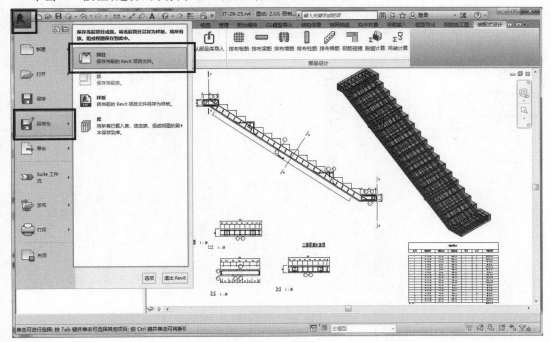

图5.269　"另存为"命令

输入文件名"JT-29-25 加工图. rvt",再单击"保存"按钮即可完成,如图 5.270 所示。

图 5.270　输入新文件名

(3)修改生成的加工图

①在图纸中移动每个视图说明到视图正下方。

②在模板图中打断剖切线。

③修改明细表:取消表头后的空行和增加质量统计,如图 5.271 所示。

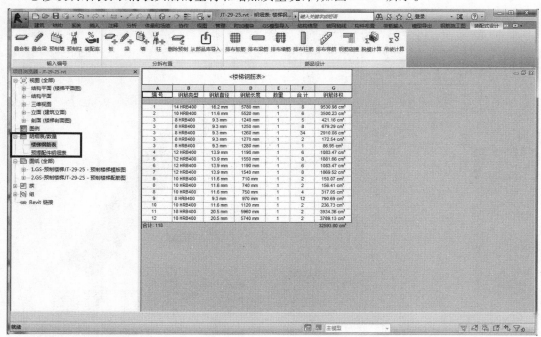

图 5.271　明细表

(4)脱模计算和吊装计算

双击"GS-预制楼梯 JT-29-25 楼梯三维真实图",选择"装配式设计"→"脱模计算"命令进行脱模计算,不满足要求时,增加和调整吊点。选择"装配式设计"→"吊装计算"命令进行吊装计算,如图 5.272 所示。

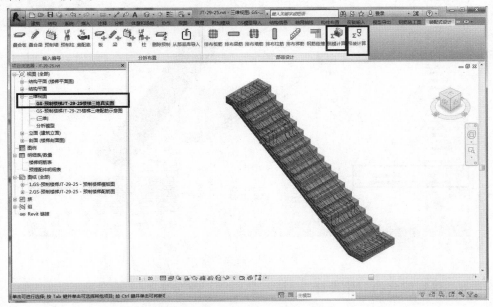

图 5.272　脱模和吊装计算命令

（5）钢筋碰撞检查

双击"GS-预制楼梯 JT-29-25 楼梯三维真实图",选择"装配式设计"→"钢筋碰撞"命令进行钢筋碰撞检查,如图 5.273 所示。若显示红色,移动钢筋,再重新检查。

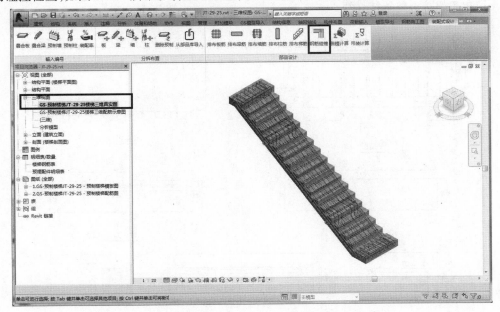

图 5.273　碰撞检查命令

外墙加工图完成后,如图 5.274 所示。存盘即可。

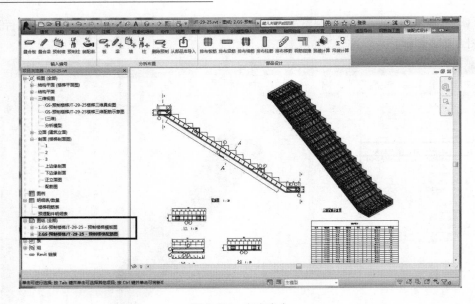

图 5.274　存盘命令

5.4.6　预制阳台的深化设计

本节掌握如下内容(图 5.275 和图 5.276):

(1)加工图的基本内容;

(2)钢筋的种类;

(3)钢筋的位置和尺寸;

(4)加工图绘制的实际操作。

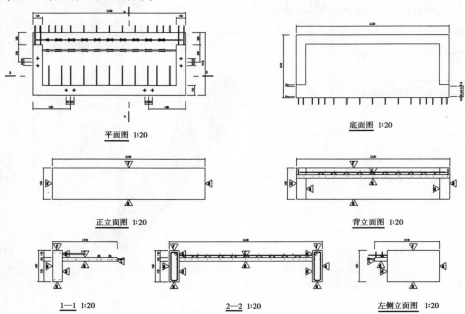

平面图 1:20   底面图 1:20

正立面图 1:20   背立面图 1:20

1—1 1:20   2—2 1:20   左侧立面图 1:20

图 5.275　阳台模板图

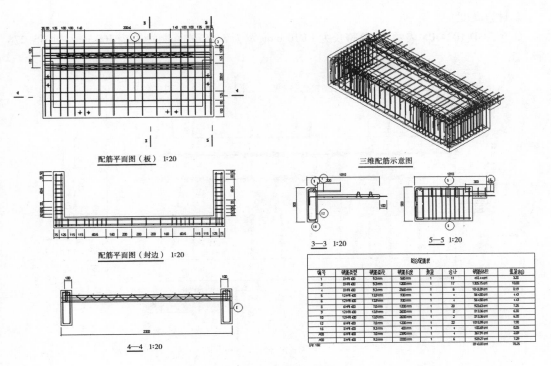

图 5.276 阳台钢筋图

1）加工图的基本内容

标准图集中 15G368-1 规定了阳台加工图的表示法，如图 5.277 所示。

图 5.277 装配图集

叠合板式预制阳台编号格式：YTB-D-××××-××。

①标志：YTB-D。

②悬挑长度和房间轴线之间的宽度。

③封边高度。

如 YTB-D-1024-05 表示:阳台跨长为 1 010 mm,宽为 2 380 mm,封边高为 500 mm,如图5.278 所示。

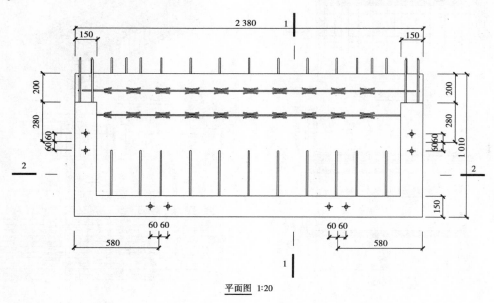

图 5.278　平面图

阳台加工图由模板图和钢筋图两部分组成。

模板图由 7 张子图组成:平面图、底面图、正立面图、背立面图、左侧立面图、1—1 和2—2,如图 5.279 所示。

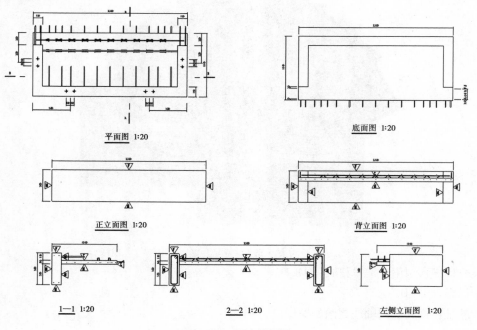

图 5.279　阳台模板图

配筋图由 4 类子图组成:配筋图、各剖切图、三维配筋示意图和钢筋表,如图 5.280 所示。

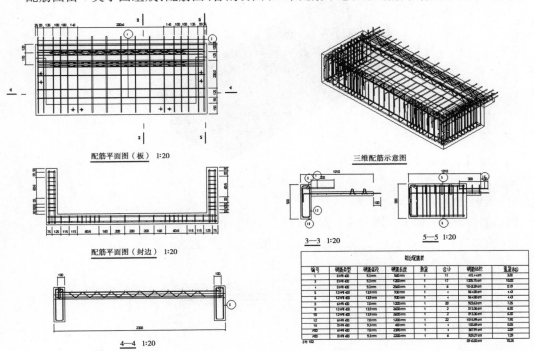

图 5.280   阳台钢筋图

2)钢筋的种类

板钢筋(1~4)、封边钢筋(5~17)和桁架钢筋(A80),如图 5.281、图 5.282 所示。

编号	钢筋类型	钢筋直径/mm	钢筋长度/mm	数量	合计	钢筋体积/cm³	质量/kg
1	8HRB400	9.3	560	1	11	418.44	3.28
3	8HRB400	9.3	1 200	1	17	1 385.75	10.88
4	8HRB400	9.3	2 560	1	6	1 043.39	8.19
5	12HRB400	13.9	930	1	4	564.50	4.43
6	12HRB400	13.9	930	1	4	564.50	4.43
8	6HRB400	7.0	1 200	1	20	923.63	7.25
9	12HRB400	13.9	2 680	1	2	813.36	6.38
10	12HRB400	13.9	2 680	1	2	813.36	6.38
12	6HRB400	7.0	1 200	1	22	1 015.99	7.98
16	8HRB400	9.3	400	1	4	108.69	0.85
A80	6HRB400	7.0	2 390	1	4	367.91	2.89
A80	8HRB400	9.3	2 280	1	6	929.27	7.29
合计					102	8 948.80	70.23

图 5.281   钢筋表

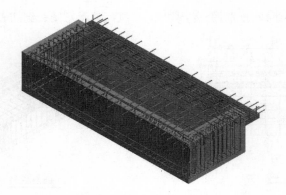

图 5.282　三维钢筋

（1）板钢筋（1～4）

钢筋剖面图和立面图分别如图 5.283 和图 5.284 所示。

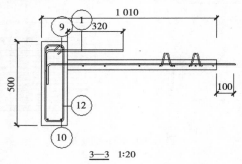

3—3　1:20

图 5.283　钢筋剖面图

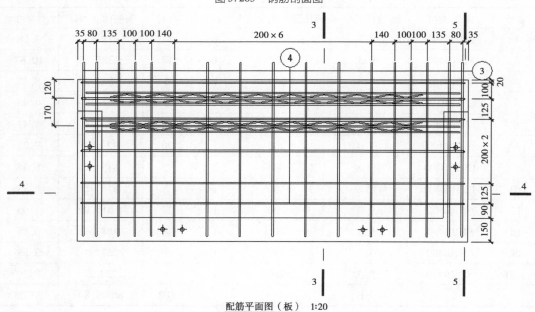

配筋平面图（板）　1:20

图 5.284　钢筋平面图

（2）封边钢筋（5～17）

钢筋剖面图和平面图分别如图 5.285—图 5.287 所示。

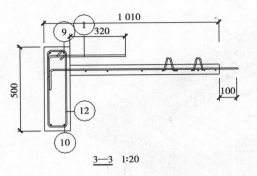

3—3 1:20

图 5.285　钢筋剖面图（1）

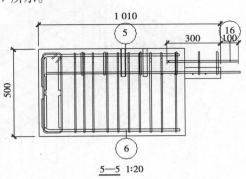

5—5 1:20

图 5.286　钢筋剖面图（2）

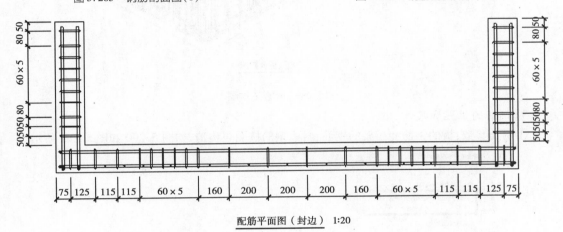

配筋平面图（封边）　1:20

图 5.287　钢筋平面图

（3）桁架钢筋（A80）

钢筋剖面图和三维图分别如图 5.288 和图 5.289 所示。

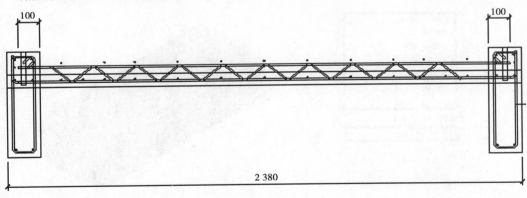

4—4 1:20

图 5.288　钢筋剖面图

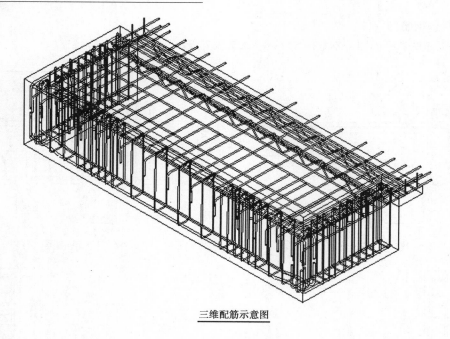

三维配筋示意图

图 5.289　钢筋三维图

3)钢筋的位置和尺寸

①两类参数:板的钢筋和桁架的钢筋,封边钢筋按图集构造,如图 5.290 和图 5.291 所示。

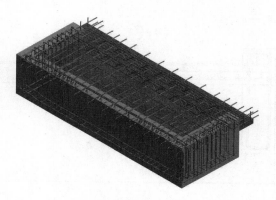

图 5.290　"叠合板底板排布参数"对话框　　　　图 5.291　三维钢筋

②封边纵筋中心到边距离 35 mm,其他保护层厚度 20 mm 和钢筋避让决定钢筋的位置,如

图 5.292 所示。

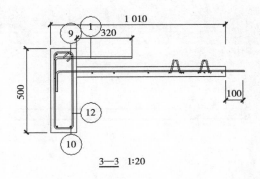

图 5.292   钢筋剖面图

4)加工图绘制的实际操作

GSRevit 预制构件的部品作为单独的一个 RVT 文件,为一个独立的 BIM 模型。完成一个预制构件的加工图的步骤如下:

①从三维施工模型复制粘贴,或新创建并修改预制构件尺寸。

②采用命令参数化布置钢筋,并自动绘制相应的加工图。

③修改生成的加工图。

④脱模计算和吊装计算。

⑤钢筋碰撞检查。

(1)修改预制构件尺寸

在广厦主控菜单中,单击"Revit 建模"按钮,启动 GSRevit,如图 5.293 所示。

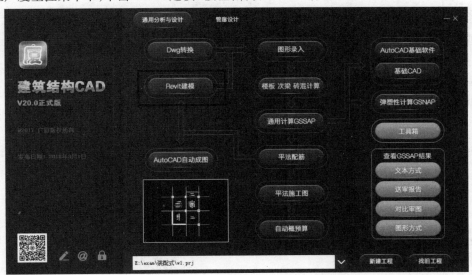

图 5.293   主控菜单

在 Revit 中,新建一个结构样板,从三维施工模型中复制粘贴一块预制阳台,或打开一个已有的文件"YTB-D-1024-05.rvt",如图 5.294 所示。

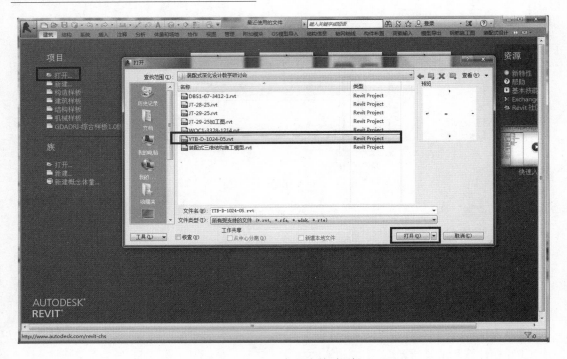

图 5.294　Revit 打开文件对话框

用鼠标左键选中阳台，单击右键，在弹出如图 5.295 所示的菜单中，勾选"属性"，即可修改阳台尺寸。

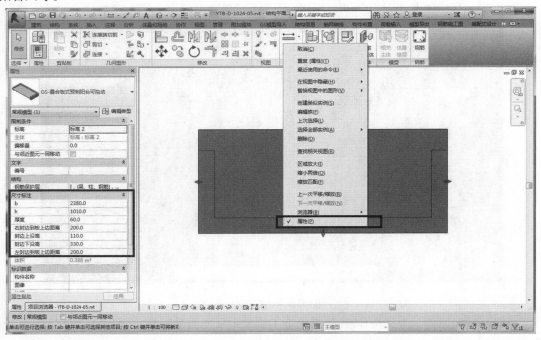

图 5.295　修改尺寸

（2）布置钢筋，并自动绘制相应的加工图

用鼠标左键单击"装配设计"→"排布板筋"，弹出如图 5.296 所示的对话框，输入底板钢筋和桁架钢筋。

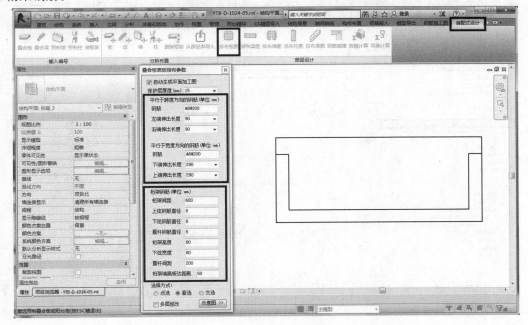

图 5.296　排布板筋

用鼠标左键框选阳台，即可自动绘制阳台加工图，如图 5.297 所示。

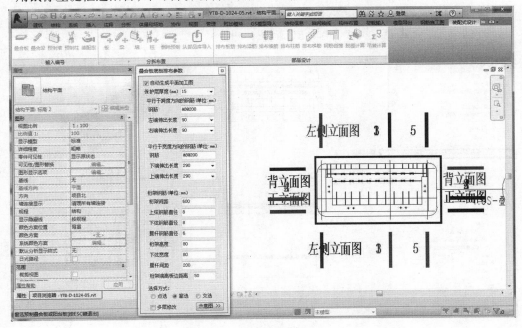

图 5.297　绘制加工图

按"Esc"键退出。在"项目浏览器"中用鼠标左键单击"GS-叠合板式预制阳台可拖动 - 叠合板式阳台模板图",即可查看到自动绘制的阳台模板图,如图5.298所示。

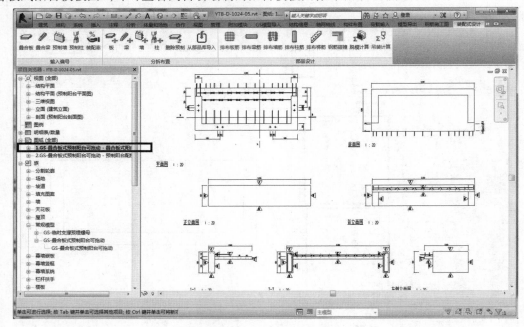

图5.298 阳台模板图

在"项目浏览器"中用鼠标左键单击"GS-叠合板式预制阳台可拖动-预制阳台配筋图",即可查看到自动绘制的阳台配筋图,如图5.299所示。

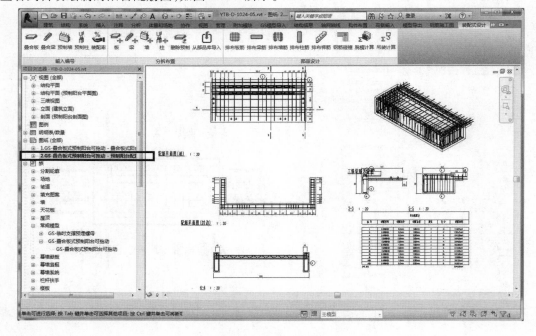

图5.299 阳台钢筋图

单击"R"按钮,选择"另存为"→"项目",如图 5.300 所示。

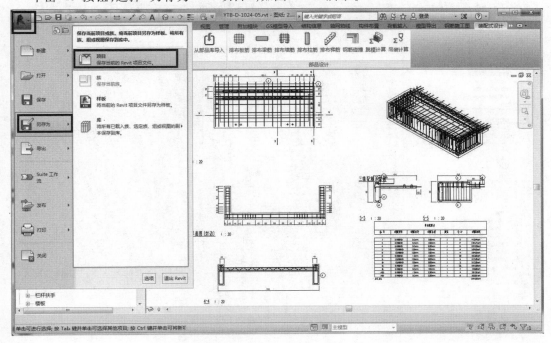

图 5.300   "另存为"命令

输入文件名"YTB-D-1024-05 加工图.rvt",单击"保存"按钮即可,如图 5.301 所示。

图 5.301   输入新文件名

(3)修改生成的加工图

①在图纸中移动每个视图说明到视图正下方。

②在模板图中打断剖切线。

③修改明细表:取消表头后的空行和增加质量统计,如图 5.302 所示。

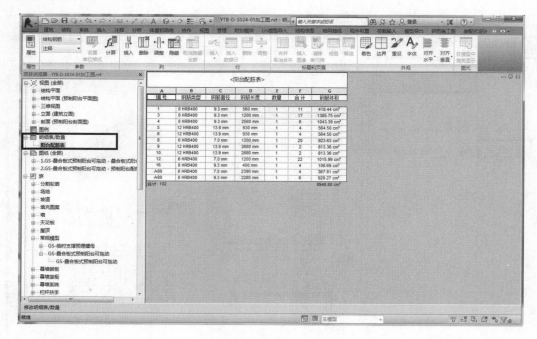

图 5.302　明细表

（4）脱模计算和吊装计算

　　双击"GS-叠合板式预制阳台可拖动阳台板三维真实图"，选择"装配式设计"→"脱模计算"命令进行脱模计算，不满足要求时，增加和调整吊点。选择"装配式设计"→"吊装计算"命令进行吊装计算，如图 5.303 所示。

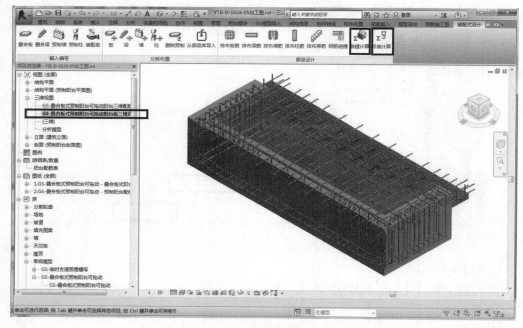

图 5.303　吊装和脱模计算命令

（5）钢筋碰撞检查

双击"GS-叠合板式预制阳台可拖动阳台板三维真实图"，选择"装配式设计"→"钢筋碰撞"命令进行钢筋碰撞检查，如图5.304所示。若显示红色，移动钢筋，再重新检查。

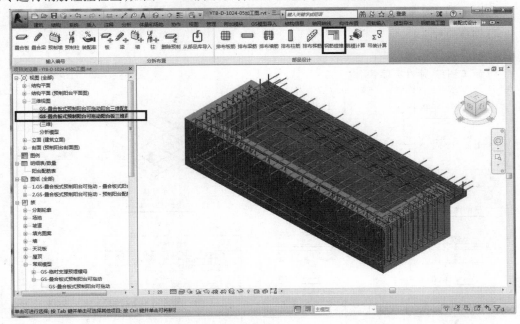

图5.304　碰撞检查命令

外墙加工图完成后，如图5.305所示。存盘即可。

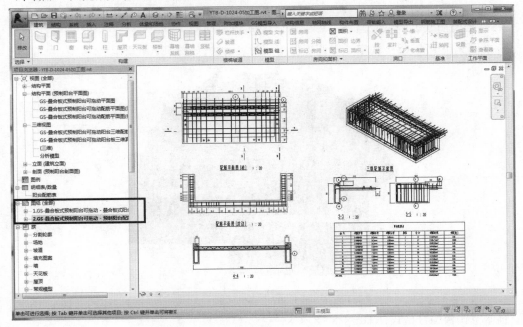

图5.305　阳台加工图

5.4.7　预制空调板的深化设计

本节掌握如下内容(图5.306)：

(1)加工图的基本内容；

(2)钢筋的种类；

(3)钢筋的位置和尺寸；

(4)加工图绘制的实际操作。

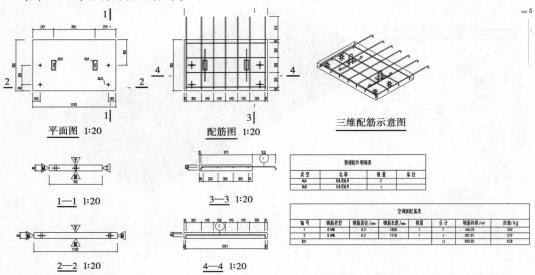

图5.306　空调板加工图

1)加工图的基本内容

标准图集中15G368-1规定了空调板加工图的表示法,如图5.307所示。

图5.307　装配图集

预制空调板编号格式:KTB-××-×××。

①标志:KTB。

②长度。

③宽度。

如 KTB-70-110 表示:空调板长为 700 mm,宽为 1 100 mm,如图 5.308 所示。

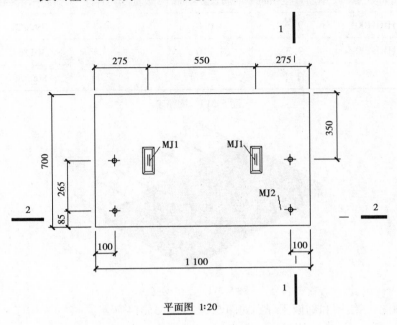

平面图 1:20

图 5.308 平面图

空调板加工图由模板图和钢筋图两部分组成。

加工图由 9 张子图组成:平面图、配筋图、三维配筋示意图、1—1、2—2、3—3、4—4、预埋件明细表和空调板配筋表,如图 5.309 所示。

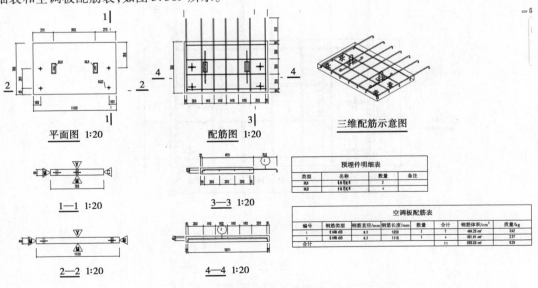

图 5.309 空调板加工图

2)钢筋的种类:板钢筋(1~2)

钢筋表三维图分别如图5.310和图5.311所示。

编号	钢筋类型	钢筋直径/mm	钢筋长度/mm	数量	合计	钢筋体积/cm³	质量/kg
1	8HRB400	9.3	1 050	1	7	499.28	3.92
2	8HRB400	9.3	1 110	1	4	301.61	2.37
合计					11	800.89	6.29

图5.310　钢筋表

图5.311　三维钢筋

钢筋平面图、三维图和剖面图分别如图5.312—图5.314所示。

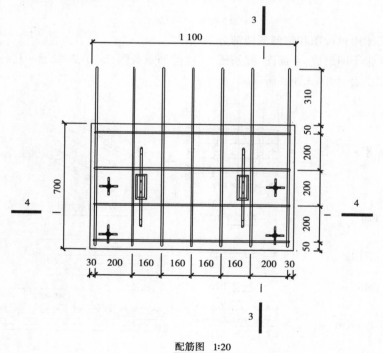

配筋图 1:20

图5.312　钢筋平面图

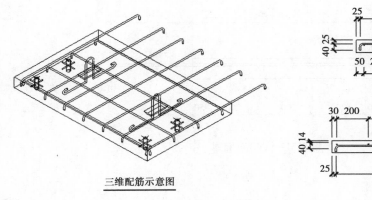

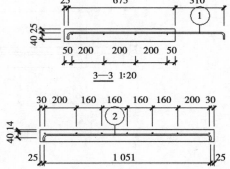

三维配筋示意图

图 5.313   钢筋三维图

图 5.314   钢筋剖面图

3)钢筋的位置和尺寸

①参数:板的钢筋直径,最大间距为 200 mm,如图 5.315 所示。三维钢筋图如图 5.316 所示。

图 5.315   "叠合板底板排布参数"对话框

图 5.316   三维钢筋

②保护层厚度 20 mm 决定钢筋的位置,程序按 C30 求钢筋伸出长度 = 1.1 L_a,锚固长度 $L_a = 0.14 f_y/f_t \times$ 钢筋直径,如图 5.317 所示。

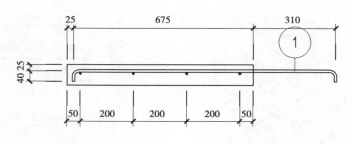

图 5.317　钢筋剖面图

4)加工图绘制的实际操作

GSRevit 预制构件的部品作为单独的一个 RVT 文件,是一个独立的 BIM 模型。完成一个预制构件的加工图的步骤如下:

①从三维施工模型复制粘贴,或新创建并修改预制构件尺寸;

②采用命令参数化布置钢筋,并自动绘制相应的加工图;

③修改生成的加工图;

④脱模计算和吊装计算;

⑤钢筋碰撞检查。

(1)修改预制构件尺寸

在广厦主控菜单中,单击"Revit 建模"按钮,启动 GSRevit,如图 5.318 所示。

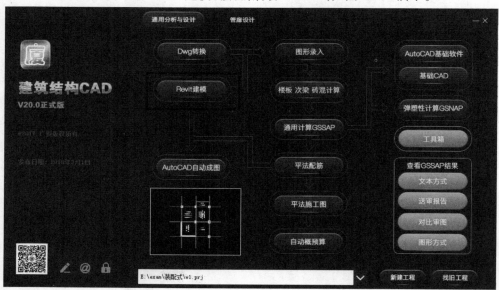

图 5.318　主控菜单

在 Revit 中,新建一个结构样板,从三维施工模型复制粘贴一块预制空调板,或打开一个已有的文件"KTB-70-110.rvt",如图 5.319 所示。

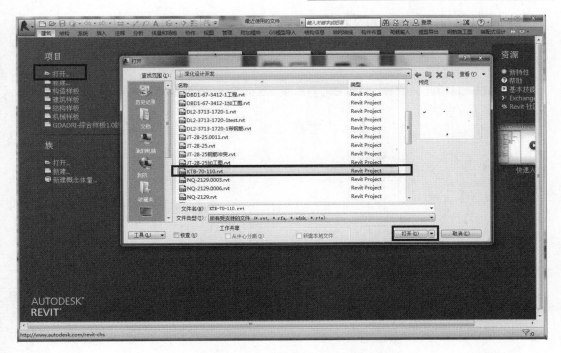

图 5.319　"打开"文件对话框

　　用鼠标左键选中空调板,单击右键,弹出如图 5.320 所示的菜单,勾选"属性",即可修改空调板尺寸。

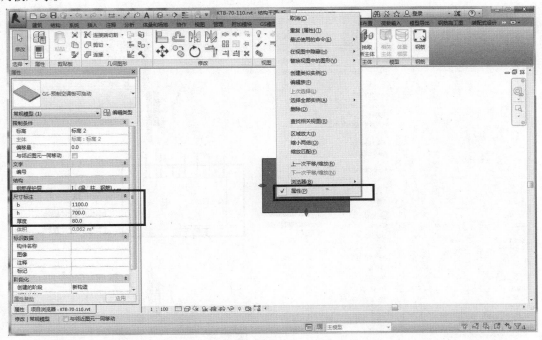

图 5.320　修改尺寸

（2）布置钢筋，并自动绘制相应的加工图

用鼠标左键单击"装配设计"→"排布板筋"，弹出如图 5.321 所示的对话框，输入底板钢筋直径。

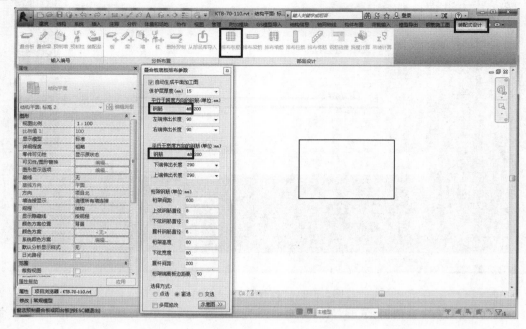

图 5.321　排布板筋

用鼠标左键框选阳台，即可自动绘制空调板加工图，如图 5.322 所示。

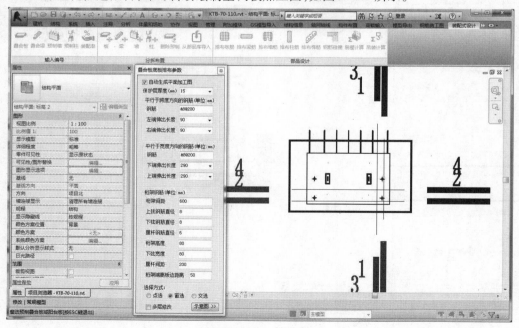

图 5.322　绘制加工图

按"Esc"键退出。在"项目浏览器"中,用鼠标左键单击"GS-预制空调板可拖动-预制空调板加工图",即可查看到自动绘制的空调板加工图,如图 5.323 所示。

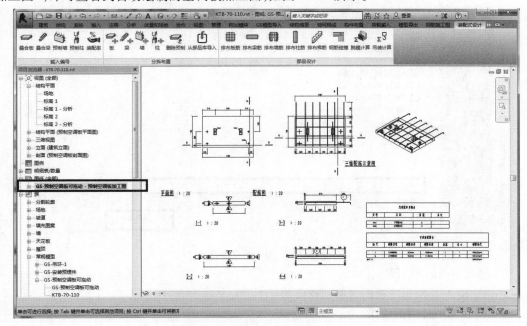

图 5.323　空调板加工图

单击"R"按钮,选择"另存为"→"项目",如图 5.324 所示。

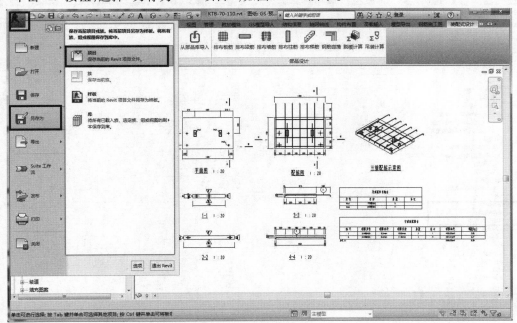

图 5.324　"另存为"命令

输入文件名"KTB-70-110 加工图.rvt",单击"保存"按钮即可,如图 5.325 所示。

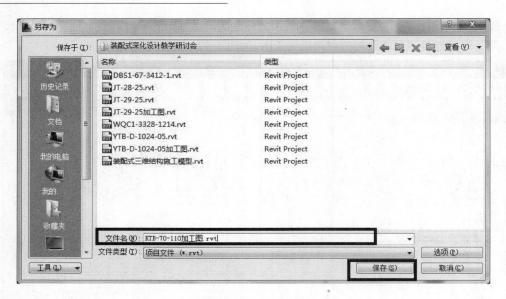

图5.325　输入新文件名

（3）修改生成的加工图

①在图纸中,移动每个视图说明到视图的正下方。

②在模板图中打断剖切线。

③修改明细表:取消表头后的空行和增加质量统计,如图5.326所示。

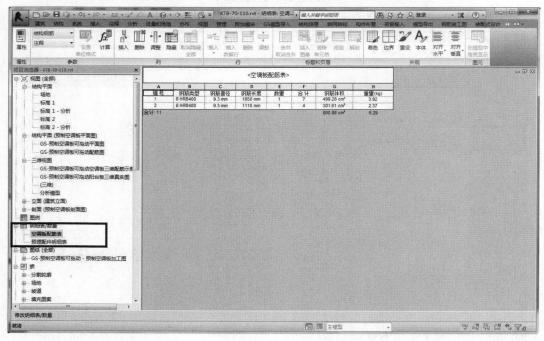

图5.326　明细表

（4）脱模计算和吊装计算

双击"GS-预制空调板可拖动空调板三维真实图",选择"装配式设计"→"脱模计算"命令进行脱模计算,不满足要求时,增加和调整吊点。

选择"装配式设计"→"吊装计算"命令进行吊装计算,如图5.327所示。

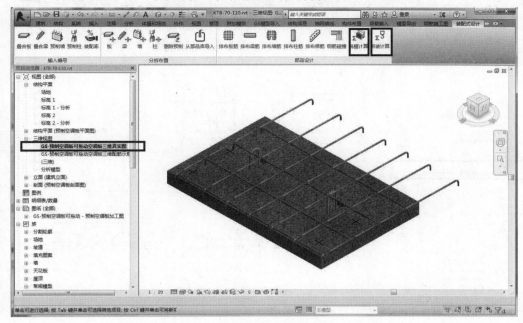

图5.327 脱模和吊装计算命令

(5)钢筋碰撞检查

双击"GS-预制空调板可拖动空调板三维真实图",选择"装配式设计"→"钢筋碰撞"命令进行钢筋碰撞检查,如图5.328所示。若显示红色,移动钢筋,再重新检查。

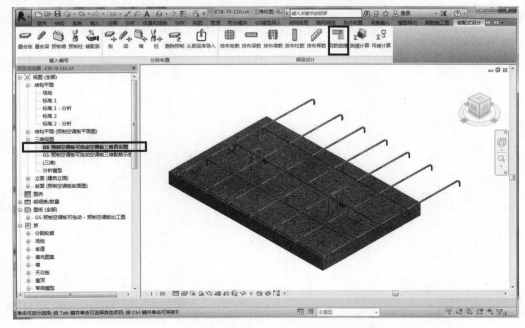

图5.328 碰撞检查命令

空调板加工图完成后,如图 5.329 所示。存盘即可。

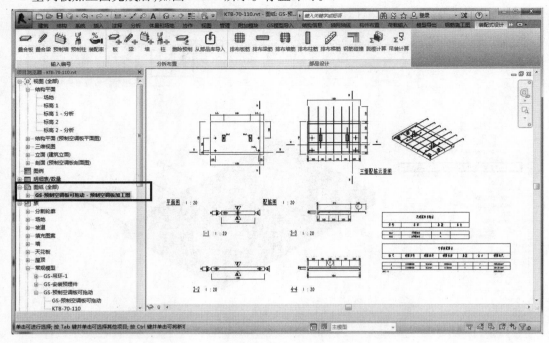

图 5.329　空调板加工图

参考文献

［1］中华人民共和国住房和城乡建设部.预制钢筋混凝土阳台板、空调板及女儿墙:15G368-1 ［S］.北京:中国计划出版社,2015.

［2］中华人民共和国住房和城乡建设部.预制钢筋混凝土板式楼梯:15G367-1［S］.北京:中国计划出版社,2015.

［3］中华人民共和国住房和城乡建设部.预制混凝土剪力墙内墙板:15G365-2［S］.北京:中国计划出版社,2015.

［4］中华人民共和国住房和城乡建设部.预制混凝土剪力墙外墙板:15G365-1［S］.北京:中国计划出版社,2015.

［5］中华人民共和国住房和城乡建设部.装配式混凝土结构连接节点构造:2015年合订本:G301-1~2［S］.北京:中国计划出版社,2015.

［6］中华人民共和国住房和城乡建设部.混凝土结构设计规范:2015版:GB 50010—2010［S］.北京:中国建筑工业出版社,2015.

［7］中华人民共和国住房和城乡建设部.混凝土结构工程施工质量验收规范:GB 50204—2015［S］.北京:中国建筑工业出版社,2015.

［8］中华人民共和国住房和城乡建设部.装配式混凝土结构技术规程:JGJ 1—2014［S］.北京:中国建筑工业出版社,2014.

［9］中华人民共和国住房和城乡建设部.混凝土结构工程施工规范:GB 50666—2011［S］.北京:中国建筑工业出版社,2012.

［10］中华人民共和国住房和城乡建设部.装配式混凝土建筑技术标准:GB/T 51231—2016［S］.北京:中国建筑工业出版社,2017.

［11］中华人民共和国住房和城乡建设部.建筑施工高处作业安全技术规范:JGJ 80—2016［S］.北京:中国建筑工业出版社,2016.

［12］中华人民共和国住房和城乡建设部.建筑机械使用安全技术规程:JGJ 33—2012［S］.北京:中国建筑工业出版社,2012.

［13］中华人民共和国住房和城乡建设部.建筑抗震设计规范(附条文说明):2016年版:GB 50011—2010［S］.北京:中国建筑工业出版社,2016.

［14］中华人民共和国住房和城乡建设部.高层建筑混凝土结构技术规程:JGJ 3—2010［S］.北京:中国建筑工业出版社,2010.

［15］中华人民共和国住房和城乡建设部.钢筋套筒灌浆连接应用技术规程:JGJ 355—2015［S］.北京:中国建筑工业出版社,2015.

[16] 中华人民共和国住房和城乡建设部. 预制预应力混凝土装配整体式框架结构技术规程:JGJ 224—2010[S]. 北京:中国建筑工业出版社,2011.

[17] 中华人民共和国住房和城乡建设部. 混凝土结构施工图平面整体表示方法绘制图规则和构造详图:现浇混凝土框架、剪力墙、梁、板:16G 101-1[S]. 北京:中国计划出版社,2016.

[18] 中华人民共和国住房和城乡建设部. 钢筋机械连接技术规程:JGJ 107—2016[S]. 北京:中国建筑工业出版社,2016.